输变电工程三维设计应用丛书

变电站工程

主　编　吴小忠　肖　辉
副主编　徐志强　甘　星　陆　俊　沈晓隶

中国电力出版社
CHINA ELECTRIC POWER PRESS

内 容 提 要

《输变电工程三维设计应用丛书》是在国网湖南省电力有限公司多年输变电工程三维设计与工程建设实践的基础上编写的，从变电站工程、输电线路工程和勘测技术三方面，系统介绍输变电工程范围内相关的标准规范、技术要求及其工程实例。本册为《变电站工程》，主要聚焦变电站工程相关的三维设计技术及其工程应用，详细介绍变电站工程三维设计过程中三维建模阶段、三维设计阶段、数字化移交阶段的技术设计内容，阐述变电站工程三维设计的技术要点与典型工程实践，内容丰富，资料新颖，实用性强。

本书可以作为输变电工程规划设计相关工程技术人员的通识教育培训教材和工具书，也可作为高等院校相关专业师生的教材和参考书。

图书在版编目（CIP）数据

变电站工程 / 吴小忠，肖辉主编. —北京：中国电力出版社，2022.3
（输变电工程三维设计应用丛书）
ISBN 978-7-5198-5954-1

Ⅰ. ①变…　Ⅱ. ①吴… ②肖…　Ⅲ. ①变电所—工程施工—施工设计—高等学校—教材
Ⅳ. ① TM63

中国版本图书馆 CIP 数据核字（2021）第 180956 号

出版发行：中国电力出版社
地　　址：北京市东城区北京站西街 19 号（邮政编码 100005）
网　　址：http://www.cepp.sgcc.com.cn
责任编辑：陈　硕
责任校对：黄　蓓　朱丽芳
装帧设计：赵姗姗
责任印制：吴　迪

印　　刷：三河市万龙印装有限公司
版　　次：2022 年 3 月第一版
印　　次：2022 年 3 月北京第一次印刷
开　　本：710 毫米 ×1000 毫米　16 开本
印　　张：14.75
字　　数：216 千字
定　　价：86.00 元

《输变电工程三维设计应用丛书　变电站工程》
编写组

主　　编　吴小忠　肖　辉

副 主 编　徐志强　甘　星　陆　俊　沈晓隶

编　　写　李　文　郭镔峤　蒋　哲　唐利松　肖　雯

谭卜铭　李志远　罗磊鑫　刘立洪　罗正经

刘宇彬　彭康博　程　津　江志文　陈　卫

谢春光　洪　峰　梁　浩　任　浪　齐增清

苏秀兰　肖　洁　高士虎　庄洪波　范　皓

宋　明　侯国涛　张启全　李　志　李瑞清

新一轮信息技术革命蓬勃发展，推动了全球加速进入数字经济时代。随着大云物移智等现代信息技术和能源技术深度融合、广泛应用，输变电工程的数字化特征及其数字化数据重要性进一步凸显。输变电工程项目设计阶段的数据准确性和完整性，是输变电工程实现设计、建设、数字化移交和运行维护的全寿命周期有效数字化管理的前提。输变电工程三维设计是以输变电工程勘测信息和地理信息等数据为基础，通过构建工程对象三维数字化模型，整合工程现场地形地貌和建设过程数据，以三维数字化形式最大程度呈现真实工程现场的设计。输变电工程三维设计具有涉及技术面广而不易理解掌握的特点，因此从工程应用角度系统介绍输变电工程三维设计的相关标准规范、技术要求及工程实例，具有重要的借鉴意义。

《输变电工程三维设计应用丛书》是国网湖南省电力有限公司在多年输变电工程三维设计与工程建设实践的基础上编写的，从变电站工程、输电线路工程和勘测技术三方面系统介绍了输变电工程范围内相关的标准规范、技术要求及工程实例。丛书旨在为输变电工程三维设计及应用从业人员、高校电力系统专业在读学生提供整体知识理论与完整实务实践。

《输变电工程三维设计应用丛书》共分三册，为《变电站工程》《输电线路工程》《勘测技术》。本册为《变电站工程》，主要聚焦变电站工程相关的三维设计技术及工程应用，从变电站工程三维设计相关的标准规范解读、三维设计建模、三维设计和数字化移交方面介绍了设计过程中的技术要点与设计实例，具体章节为概述、变电三维设计标准规范解读、变电三维设计建模、变电三维设计流程、变电数字化移交和变电站工程三维设计实例。

在本书编写过程中，国网湖南省电力有限公司、湖南经研电力设计有限公司、国网湖南省电力有限公司经济技术研究院、华北电力大学、湖南国电瑞驰电力勘测设计有限公司、永州电力勘测设计院有限公司、中国能源建设集团湖南省电力设计院有限公司、BENTLEY 软件（北京）有限公司、成都英华科技有限公司、北京博超时代软件有限公司、上海金曲信息技术有限公司、北京国遥新天地信息技术有限公司、江西博微新技术有限公司、广东南海电力设计院工程有限公司，以及很多相关领域专家和学者给予了大力支持和帮助，在此一并表示衷心感谢。

限于作者水平，错误和遗漏在所难免，恳切希望读者提出宝贵建议。

编者

2021 年 11 月

目录
CONTENTS

第1章

概　述

输变电工程三维设计是工程设计技术手段的一次重大革新，是输变电工程行业设计技术发展的必然趋势。本章概述了输变电工程三维设计和变电站工程三维设计的基础知识。

1.1

输变电工程三维设计

1.1.1 输变电工程三维设计概述

新一轮信息技术革命的蓬勃发展，推动了全球加速进入数字经济时代。随着大云物移智等现代信息技术和能源技术深度融合、广泛应用，输变电工程的数字化特征进一步凸显。传统输变电工程设计技术不能完全满足设计数字化要求，而三维设计技术因具有完全支持数字化设计特征成为输变电工程设计的技术发展趋势。

输变电工程三维设计是以输变电工程勘测信息和地理信息等数据为基础，通过构建工程对象三维数字化模型，整合工程现场地形地貌和建设过程数据，以三维数字化形式最大程度呈现真实工程现场的设计。输变电工程三维设计能够为输变电工程的设计和建设提供重要的数字化数据支持，同时也能够为输变电工程从设计、建设、数字化移交到运行维护的全寿命周期管理提供完整的数字化支撑数据。典型变电站工程三维设计效果图如图 1-1 所示。

● 图 1-1　典型变电站工程三维设计效果图

输变电工程三维设计内容按照工程对象和实施阶段可分成变电站工程三维设计、输电线路工程三维设计和输变电工程勘测三部分，如图 1–2 所示。

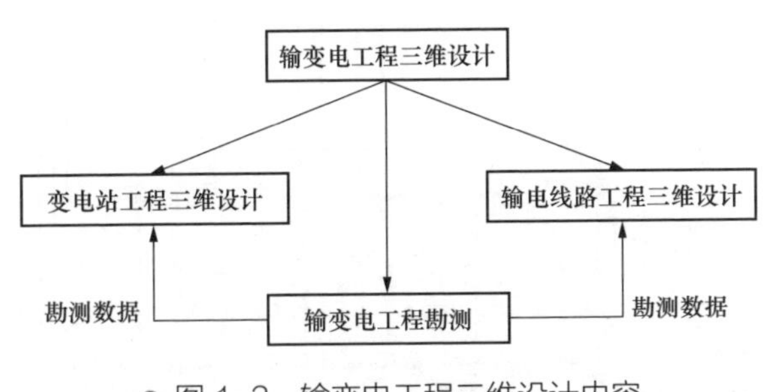

● 图 1–2 输变电工程三维设计内容

1.1.2 输变电工程三维设计发展历程

输变电工程三维设计按照技术特征可划分成三个发展阶段，即手工制图阶段、计算机制图阶段和三维数字化设计阶段，如图 1–3 所示。

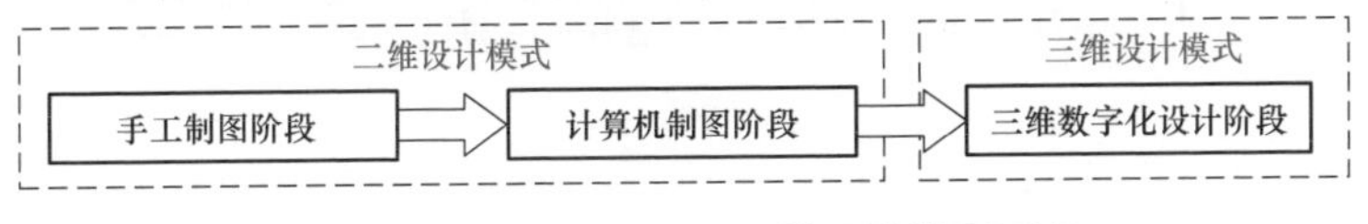

● 图 1–3 输变电工程三维设计发展历程

（1）手工制图阶段。其设计工具主要是手工制图工具，如铅笔橡皮和图板；全部过程手工化，工作效率较低，制图准确度较差；属于传统的二维设计模式。

（2）计算机制图阶段。其设计工具主要是计算机制图工具，如计算机制图软件；将原来手工制图替代为计算机制图，实现纸质图纸及文档的电子化；属于二维设计模式。

（3）三维数字化设计阶段。其设计工具主要是一体化设计平台，如三维设计平台和空间地理信息平台；可实现“一个平台，全专业，全过程”集成协同设计，支持设计成果的三维可视化。

与传统二维设计模式相比，三维设计模式更加直观、方便，可进行空间碰撞检查、电气距离校验等，更利于专业间协同设计，以及各种工程量、材料统计和报送，确保数据唯一性和准确性。典型变电站工程的二维和三维设计图如图 1-4 所示。

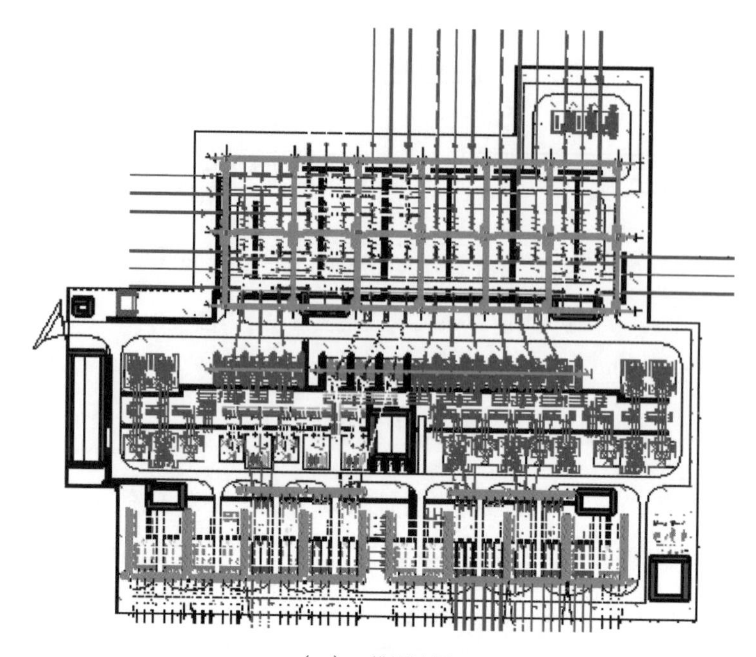

（a）二维设计图

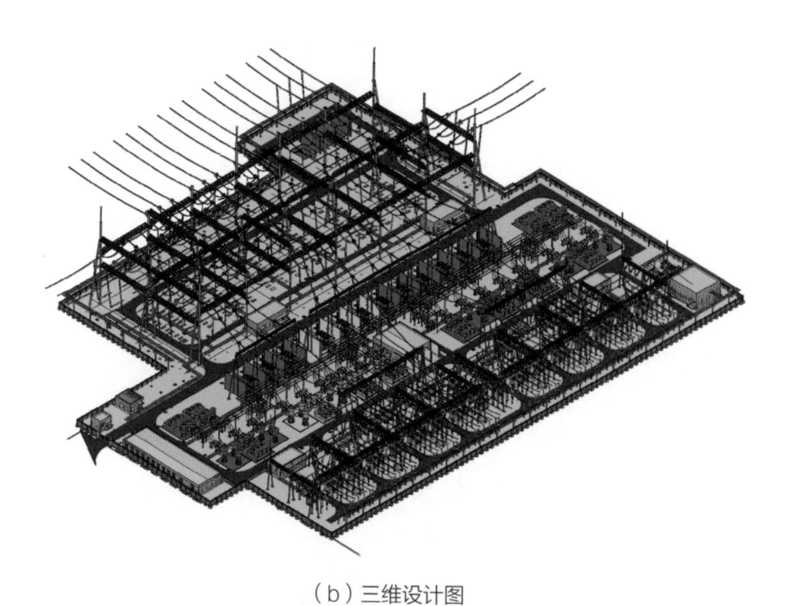

（b）三维设计图

● 图 1-4　典型变电站工程二维和三维设计图

1.1.3 输变电工程三维设计特点

输变电工程三维设计主要表现为设计流程标准化、设计过程可视化、多专业协同化、分析绘图自动化四方面特点。

（1）设计流程标准化。通过设计对象统一建模规范，多专业统一设计平台，设计成果统一数字化移交，促进设计流程的标准化，进而规范设计成果和提高设计成果质量。

（2）设计过程可视化。通过设计对象的三维数字化模型，实现设计对象以及对象与对象间空间布置在三维数字化模型实时显现。

（3）多专业协同化。各专业采用统一设计平台开展设计工作，通过协同平台部署、协同设计企标建立、项目协同设计初始化，实现专业间（如多专业间的碰撞检查与动态模型校核等）的协同设计。

（4）分析绘图自动化。通过不同专业设计软件与制图建模软件的信息共享与联动，实现设计的同步修改更新；通过专业设计软件实现设计的计算、校验和材料统计等设计分析；通过定义剖切面、抽取平断面图和安装图，实现设计成果自动化出图。

1.2 变电站工程三维设计

1.2.1 变电站工程三维设计概述

变电站工程三维设计是以变电站（换流站）为设计对象，以运用勘测技术获得的变电站（换流站）勘测数据为设计基础，借助变电站（换流站）相关设备对象的三维可视化模型，采用统一的三维设计平台和多专业间协同设计方式，实现变电站工程的初步设计和施工图设计。

变电站工程三维设计按照设计实施阶段可分成变电三维设计建模、变电三维设计和变电数字化移交三部分，如图 1-5 所示。变电三维设计建模是实现变电站（换流站）工程设备对象的三维建模；变电三维设计是以三维模型为核心，通过协同设计技术和三维可视化技术实现变电站（换流站）工程“所见即所得”的设计；变电数字化移交是将与变电站（换流站）工程相关的规划、前期、设计、施工等投运前的所有技术资料，按照一定的规范或标准进行数字化存储与逐阶段移交。

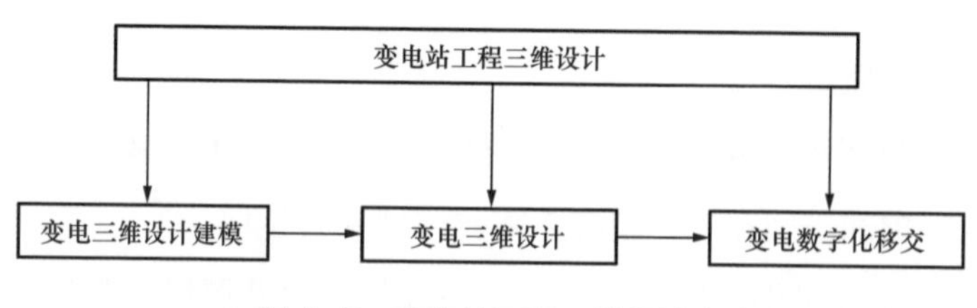

● 图 1-5　变电站工程三维设计内容

1.2.2　变电站工程三维设计过程

变电站工程三维设计过程包括设计前准备、协同设计、变电三维设计建模、变电三维设计、变电专业校核和变电数字化移交六部分，如图 1-6 所示。

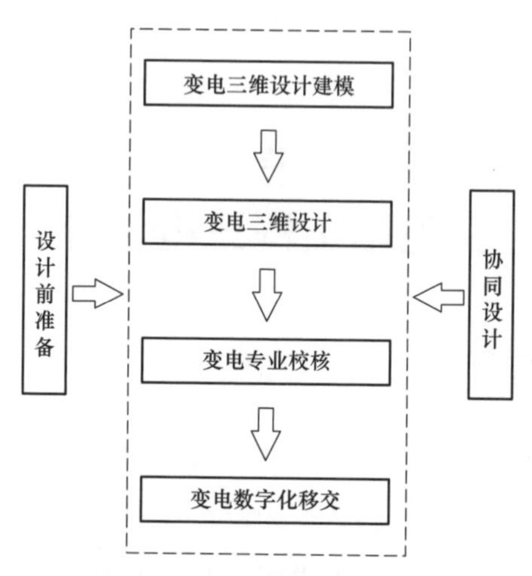

● 图 1-6　变电站工程三维设计过程

1. 设计前准备

设计前准备是对变电站工程项目的三维设计开展基础性与规划性准备工

作。按照三维设计技术标准规范原则，确定设计技术原则、技术方案、设计平台、设计数据库管理构架、三维建模规范、三维设计规范、编码规则和数字化移交规范等；在确定的技术原则和技术方案框架内，三维设计各专业按照项目合同及相关设计规程进行数字化设计、校核及设计成果成图。

2. 协同设计

三维设计采用统一设计平台及其兼容的变电专业设计软件开展设计工作。统一设计平台对设计资料以工程为单位进行划分，对变电专业间的设计环境进行统一设定。协同设计基于统一定位点，并借助统一设计平台管理，实现变电各专业间的并行设计，同时可对设计资料成果管理过程中的成品图纸与中间版本图纸按照不同的专业进行有效管理，满足保存、修改和查询等设计需要。

3. 变电三维设计建模

变电三维设计建模是将变电站工程中的设备几何特征、属性特性和设备间空间关系映射为三维数字空间中的各种数据表示的过程。变电站工程三维设计的基础是变电设备的三维建模。变电设备三维建模对象主要包括变电站（换流站）相关的一次设备、二次设备和其他设备，如主变压器、组合电器、二次屏柜、蓄电池、绝缘子串和管母线金具等。

4. 变电三维设计

变电三维设计通过多专业多设计人员之间协同合作，完成变电站工程三维空间布置协同、三维安全静距校核和材料统计等设计工作，以满足变电站工程设计成果数字化移交的要求。具体地，电气专业接受系统提资，根据系统提资借助二维数字化设计功能完成数字化电气主接线设计；根据数字化电气主接线，完成短路计算、导体设备选型，从模型库中选取设备、导体、金具等模型，进行电气三维布置设计，且同步完成导体布置、导体力学计算、避雷针布置、防雷计算、接地网设计和接地计算等；电气、总交、土建、水、暖等专业在同一个三维模型空间中同时开展工作，在电气专业进行电气三维布置设计的同时，其他专业可以实时获得电气专业需求，应用各专业计算绘图一体化完成变电站工程相关模型设计工作。

5. 变电专业校核

变电专业校核包括变电专业自查和变电专业间检查。变电专业自查的内容应当包括变电站相关模型的位置正确性、模型完整性、信息属性正确性、形状正确性、是否有内部碰撞、相对位置是否正确等。变电专业间检查应检查专业间变电站相关模型的位置关系，通过组合模型浏览或借助碰撞检测模块发现专业间模型的位置关系及是否有碰撞。各专业在同一个三维模型空间中完成各自专业模型设计的同时，也初步完成了变电站三维模型设计。专业校核完成后就可得到变电数字化三维设计成果。

6. 变电数字化移交

变电数字化移交是输变电工程设计单位、监理单位、施工单位通过数据采集、加工、整理，将设计图纸、设备信息、地理信息及工程建设文件等工程信息与三维模型融为一体，随实体工程同步进行移交的工作。变电站数字化移交的内容就是地理信息模型、数字化变电站模型和含结构化的工程数据的电子文档资料。

1.2.3 变电站工程三维设计工作流程

在开始变电站工程三维设计之前，应先明确相关岗位职责及分工，制订合理的各专业设计流程和协同、配合机制，采取与传统设计工作流程相区别的差异化措施；制订本工程的详细三维设计实施细则，包括项目策划、专业策划、协同设计、方案会审、碰撞检查、模型确认、工程出图、数字化移交等。变电站工程三维设计工作流程如图 1-7 所示。

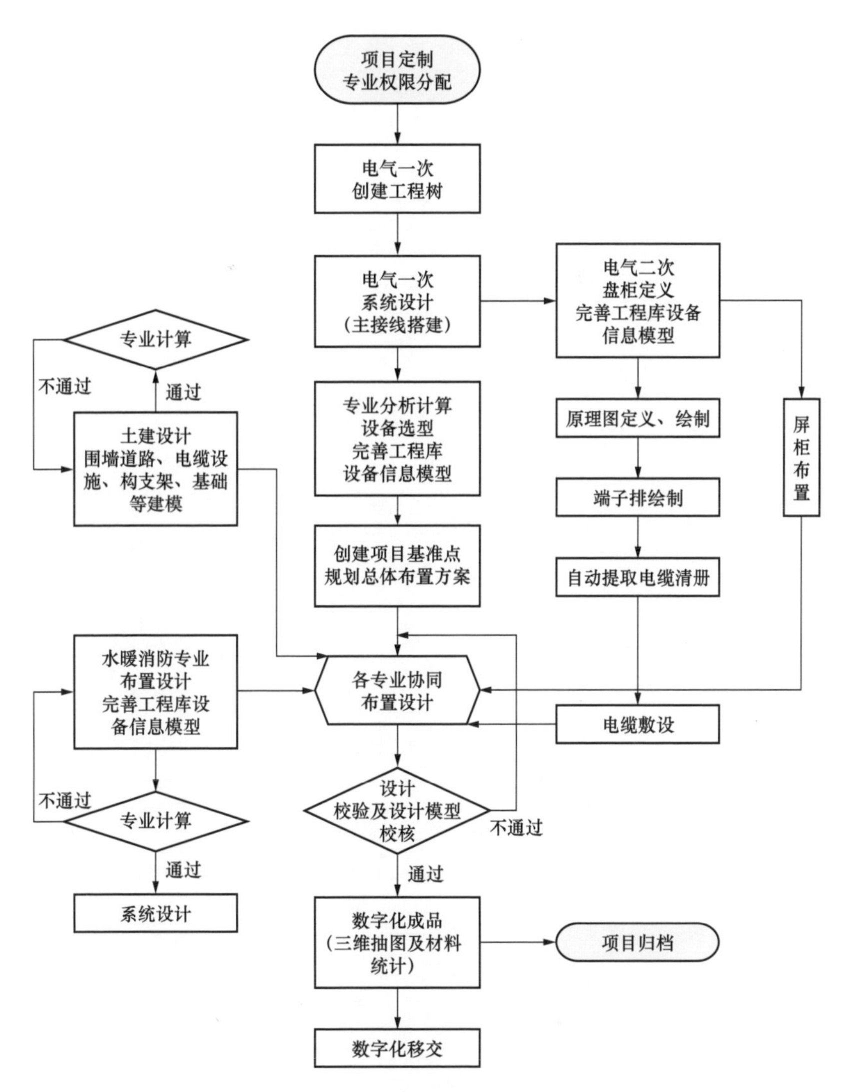

● 图 1-7　变电站工程三维设计工作流程

02

第2章

变电三维设计标准规范解读

变电站工程三维设计的技术标准规范是指导变电站工程三维设计的技术依据与技术准则，正确掌握和领会变电站工程三维设计规范与导则中的重要条款内容是实现变电站工程三维设计合理性和正确性的关键前提。本章结合工程设计实践对变电站工程三维设计相关规范导则进行了解读，包括三维设计建模规范、三维设计技术导则和数字化移交技术导则。

2.1 变电三维设计建模规范解读

2.1.1 规范简介

输变电工程三维设计建模规范主要包括 Q/GDW 11810.1—2018《输变电工程三维设计建模规范　第 1 部分：变电站（换流站）》、Q/GDW 11810.2—2018《输变电工程三维设计建模规范　第 2 部分：架空输电线路》、Q/GDW 11810.3—2018《输变电工程三维设计建模规范　第 3 部分：电缆输电线路》。这些规范依据《国家电网公司关于下达 2017 年度公司第 2 批技术标准制修订计划的通知》（国家电网科〔2017〕952 号）的要求编写。Q/GDW 11810.1—2018 用于规范变电站（换流站）工程三维设计建模范围、内容及深度，指导设计单位开展变电站（换流站）工程三维设计建模；规定了 110（66）kV 及以上电压等级变电站（换流站）三维模型构建的几何信息、属性信息的要求，明确了变电站（换流站）建模的详细要求。该规范内容分为 8 部分，包括范围、规范性引用文件、术语和定义、一般规定、专用几何体、设备建模、材料建模和土建建模，如图 2-1 所示。本节对 Q/GDW 11810.1—2018 的关键条款技

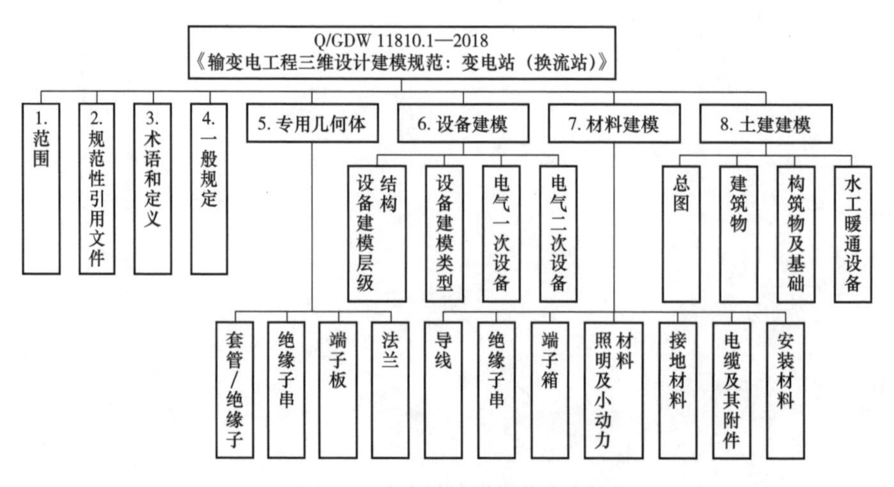

● 图 2-1　变电站建模规范内容结构

术进行解读。

2.1.2 条款解读

◎条款 3.2：基本图元

描述：三维建模时使用的最小几何图形单元，包括常规几何体和专用几何体，由一组控制参数进行描述。

解读：该条款定义了建立模型的最小几何图形单元，包括常规几何体和特殊几何体，其中常规几何体包括长方体、球体、圆柱、圆环、棱台等，特殊几何体包括瓷套、绝缘子串、端子板等。

◎条款 4：一般规定

描述：4.1 变电站（换流站）工程三维设计，应建立关键尺寸准确（精确到毫米）、属性参数满足工程需求的设备、材料、建（构）筑物及其他设施三维模型。4.2 通用模型应满足初步设计阶段深度要求。4.3 产品模型应满足施工图设计阶段深度要求，装配模型反映产品模型的安装、加工细节，以链接的方式关联到对应的产品模型。4.4 在施工图和竣工图设计阶段，提供设备、材料、建（构）筑物和其他设施的装配模型，包括设备及材料安装模型、钢结构节点模型、钢筋混凝土结构钢筋模型等。4.5 属性信息分为基本属性和扩展属性。基本属性具体要求见本规范第 6、7、8 章。扩展属性根据实际应用需求扩充。4.6 主要电气设备三维模型应以本规范中规定的基本图元来完成建模，除特别说明外，不应采用其他形式。4.7 导体、电缆及安装材料宜采用参数化方式进行建模。4.8 变电站（换流站）的物理模型宜减少对基本图元进行布尔运算操作。4.9 除特别规定外，主要设备、材料、建（构）筑物及其他设施交付模型配色原则按照附录 A 执行。

解读：该条款归纳了变电站（换流站）工程三维设计建模基本要求。条款对于三维设计建模的要求有硬性规定，包括模型尺寸精度（精确到毫米)、设备属性参数要求、通用模型深度要求(初步设计深度)、产品模型深度要求(施工图设计深度)以及材料类模型建模要求等。

◎条款 5:专用几何体

描述: 5.1 套管 / 绝缘子,套管 / 绝缘子建模的最小几何单元以圆台表示,整个模型由支撑棒和伞片构成,支撑棒用圆台表示,定义上下面直径,一组大小伞用两个圆台表示作为一个单元,一个单元定义一个高度;需要定义支撑棒上端的大伞直径、总高度,建模时按照从上向下自动生成模型。5.2 绝缘子串,绝缘子串应采用圆台及圆柱按绝缘子轴向组合建模。需要定义圆柱半径、大小伞半径、伞裙数量、总高度,建模时根据圆柱总长等分大小伞间距完成建模。5.3 端子板。端子板模型主体板身采用切角(若有)长方体建立,具有端子板螺栓孔。5.4 法兰,法兰采用不等径圆柱体组合建模。

解读: 该条款归纳了变电站(换流站)三维设计建模中可直接使用的专用几何体。规定了专用几何体的范围以及专用几何体的建模标准,包括套管 / 绝缘子、绝缘子串、端子板以及法兰。

◎条款 6.1:变电站(换流站)设备建模层级结构

描述: 变电站(换流站)设备建模层级结构图如图 2-2 所示。

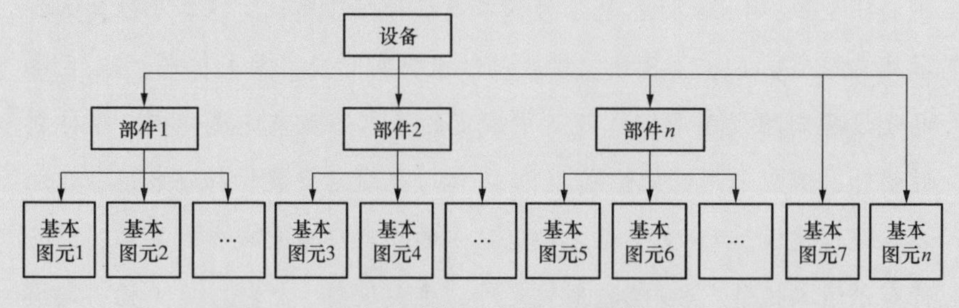

● 图 2-2 变电站(换流站)设备建模层级结构图

解读: 该条款中的设备建模层级结构图明确了设备的组成结构,按照设备到部件和部件到基本图元的三层结构组成。

◎条款 6.2：变电站（换流站）设备建模类型

描述：变电站（换流站）设备建模分类表（部分）见表 2-1，详见 Q/GDW 11810.1—2018。

表 2-1 变电站（换流站）设备建模类型表（部分）

一次设备		
序号	设备类型	备注
1	变压器	油浸式、干式
2	高压并联电抗器	—
…	…	…
二次设备		
序号	设备类型	备注
1	屏柜及装置	—
2	安防系统	—
…	…	…

解读：该条款归纳了变电站（换流站）中主要设备建模分类，包括电气一次设备和二次设备，明确了设备建模范围。

◎条款 6.3：电气一次设备

描述：6.3.1 变压器，6.3.2 高压并联电抗器，6.3.3 组合电器 GIS，6.3.4 组合电器 HGIS，6.3.5 断路器，6.3.6 隔离开关，6.3.7 接地开关，6.3.8 中性点设备，6.3.9 电流互感器，6.3.10 电压互感器，6.3.11 并联电容器，6.3.12 低压并联电抗器，6.3.13 避雷器，6.3.14 支柱绝缘子，6.3.15 开关柜，6.3.16 站用电柜，6.3.17 穿墙套管，6.3.18 消弧线圈及接地变压器成套装置，6.3.19 串补电容器成套装置，6.3.20 换流变压器，6.3.21 换流阀，6.3.22 平波电抗器，6.3.23 直流转换开关，6.3.24 旁路开关，6.3.25 直流隔离开关，6.3.26 直流接地开关，6.3.27 直流测量装置，6.3.28 滤波器电容器，6.3.29 滤波器电抗器，6.3.30 滤波电阻器，

6.3.31 直流避雷器 / 滤波避雷器，6.3.32 直流穿墙套管，6.3.33 直流支柱绝缘子，6.3.34 调相机，6.3.35 柜式 SVG，6.3.36 SVC 无功补偿装置，详见 Q/GDW 11810.1—2018。

解读：该条款对每一种电气一次设备建模结构和属性参数给出了详细技术要求。以油浸式变压器为例，对设备模型的几何细度进行了详细要求，主要规定了建模内容、基本图元要求、特殊要求、是否定义为部件、通用模型以及产品模型。建模内容中规定了油浸式变压器模型中需要建模的部分，对油浸式变压器中建模内容所使用的基本图元作出要求，比如变压器本体，仅可采用长方体和棱台两种基本图元建模。对油浸式变压器中建模内容的特殊要求作出明确要求，比如变压器本体须示意出加筋板的位置（如有）以及油枕须包含油位计。油浸式变压器模型几何精细度表（部分）见表 2-2，详见 Q/GDW 11810.1—2018。

表 2-2　油浸式变压器模型几何精细度表（部分）

类型	设备名称	建模内容	基本图元要求	特殊要求	是否定义为部件	通用模型	产品模型
变电设备	油浸式变压器	本体	长方体、棱台	示意出加筋板位置（如有）	√	√	√
		油枕	圆柱体、长方体、棱柱体	—	√	√	√
		均压屏蔽装置	均压环	—	—	√	√
		安装底座	长方体	—	—	—	√
		分接开关	长方体	箱体（如有），包含门柜及把手	√	√	√
		高压套管（A/B/C）	套管/绝缘子、锥形套管、端子板	参照 Q/GDW 11810.1—2018 的 5.1 条	√	√	√
		中压套管（A/B/C）（如有）	套管/绝缘子、锥形套管、端子板	参照 Q/GDW 11810.1—2018 的 5.1 条	√	√	√

◎条款 6.4：电气二次设备

描述： 6.4.1 屏柜及装置，6.4.2 安防系统，6.4.3 火灾报警系统，6.4.4 蓄电池组，6.4.5 预制舱，详见 Q/GDW 11810.1—2018。

解读： 该条款对每一种电气二次设备建模结构和属性参数给出了详细技术要求，类似条款 6.3 对电气一次设备的要求。

◎条款 7：材料建模

描述： 7.1 概述，7.2 导体，7.3 绝缘子，7.4 端子箱，7.5 照明及小动力材料，7.6 接地材料，7.7 电缆及其附件，7.8 安装材料，详见 Q/GDW 11810.1—2018。

解读： 该条款规定了材料类模型的建模要求，包括导体、端子箱、绝缘子串、照明设施、接地、电缆及电缆附件等模型，对各材料建模的精度及参数要求以表格的形式表达。例如，管形母线模型几何精细度见表 2-3，管形母线属性精细度见表 2-4。

表 2-3　管形母线模型几何精细度表

类型	材料名称	基本图元要求
安装材料	管形母线	圆柱体

表 2-4　管形母线属性精细度表

属性名称	数据类型	单位	说明
型号	字符型	—	—
单位	字符型	m	—
实物 ID	字符型	—	—
电网标识系统编码	字符型	软件自动生成	—
物料编码	字符型	软件自动生成	—

◎条款 8：土建建模

描述： 8.1 总图，8.2 建筑物，8.3 构筑物及基础，8.4 水工暖通设备，详见 Q/GDW 11810.1—2018。

解读：该条款规定了材料类模型的建模要求，包括总图、建筑物、构筑物及基础、水工暖通设备等模型，对各材料建模的精度及参数要求以表格的形式表达。以总图中的围墙为例，围墙模型几何精细度见表2-5，围墙属性精细度见表2-6。

表2-5 围墙模型几何精细度表

类型	建模内容	通用模型	产品模型	装配模型
围墙	墙体	√	√	√
	柱	√	√	√
	墙压顶	—	√	√
	柱帽	—	√	√
	隔声屏障	—	√	√
	铁艺围墙	√	√	√
	装配式构件	—	√	√
	基础	—	√	√
	地基梁	—	√	√
	钢筋	—	—	√

表2-6 围墙属性精细度表

属性名称	数据类型	单位	示例	通用模型	产品模型	装配模型
围墙类型	字符型		现浇式、装配式、砌筑式、格栅式等	√	√	√
围墙结构形式	字符型		铁艺、混凝土、砌体等	—	√	√
围墙基础类型	字符型		条形基础、独立基础、桩基础等	—	√	√
基础材质强度	字符型		C25、C30、C35等	—	√	√

续表

属性名称	数据类型	单位	示例	通用模型	产品模型	装配模型
电网标识系统编码	字符型		软件自动生成	—	√	—
物料编码	字符型		软件自动生成	—	√	—
附件编号	字符型		附件 1、附件 2……附件 n	—	√	—

2.2 变电三维设计技术导则解读

2.2.1 导则简介

输变电工程三维设计技术导则主要包括 Q/GDW 11798.1—2018《输变电工程三维设计技术导则　第 1 部分：变电站（换流站）》、Q/GDW 11798.2—2018《输变电工程三维设计技术导则　第 2 部分：架空输电线路》和 Q/GDW 11798.3—2018《输变电工程三维设计技术导则　第 3 部分：电缆输电线路》。这些导则依据《国家电网公司技术标准管理办法》（国家电网企管〔2014〕455 号）的要求编写。

Q/GDW 11798.1—2018 用于规范变电站（换流站）工程三维设计范围、内容及深度，指导设计单位开展变电站（换流站）工程三维设计；规定了变电站（换流站）工程三维设计中对三维设计模型、各专业三维设计范围和深度、各专业三维协同设计和数字化移交的要求。该导则适用于 110（66）kV 及以上变电站（换流站）新建工程初步设计、施工图设计和竣工图设计阶段的三维设计，以及设计成果的交付，改扩建等工程、可行性研究阶段的三维设计可参照执行。该导则内容分为 11 部分，包括范围、规范性引用文件、术语和定义、总的要求、一般规定、变电站三维设计模型、电气部分、土建部分、水工暖通部分、协同设计和数字化移交要求，如图 2-3 所示。本节对 Q/GDW 11798.1—2018 的关键条款技术进行解读。

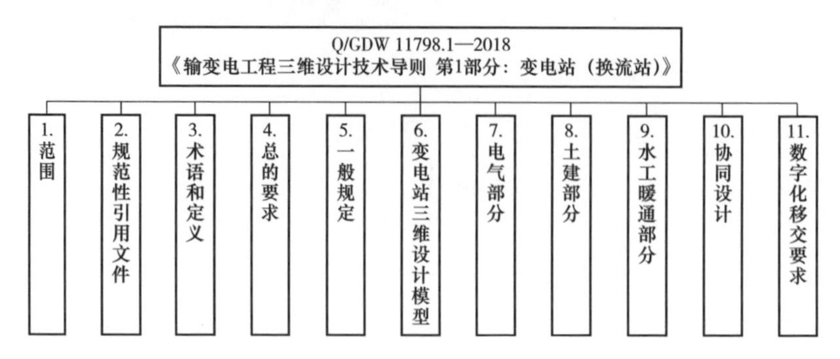

● 图 2-3 变电站工程三维设计技术导则内容结构

2.2.2 条款解读

◎条款 5：一般规定

描述：5.1 变电站（换流站）三维设计应满足模块化建设相关文件中关于标准化、装配式、智能化、工业化、通用互换、造价合理等方面的总体要求。5.2 变电站（换流站）三维设计应统一建模标准，统一输入输出格式。采用统一坐标原点、度量单位、建模要求、层级划分、配色原则和属性定义。5.3 三维设计成果应采用统一的地理坐标系统、高程基准和数据格式，地理坐标系统采用 2000 国家大地坐标系（CGCS2000），高程采用 1985 国家高程基准，数据格式应满足 CH/T 9015—2012、CH/T 9016—2012、CH/T 9017—2012 的相关要求。5.4 初步设计、施工图设计阶段均应采用三维设计，主要图纸应从变电站（换流站）三维设计模型中直接提取，图纸应满足 DL/T 5028.1～4《电力工程制图标准》的要求，竣工图设计阶段应按照现场施工的最终结果更新三维设计成果，保证三维设计成果和实际工程一致。从变电站

（换流站）三维设计模型中提取的各设计阶段图纸范围基本要求参见附录A，并可根据实际情况提取轴测图等相关图纸。5.5 初步设计、施工图设计阶段应从变电站（换流站）三维设计模型中提取工程量，并通过辅助工具录入未建模的设备、设施及材料的工程量，完成自动统计。5.6 三维设计应包含基于逻辑模型、物理模型的各类分析计算。5.7 按照国家电网有限公司对三维设计模型交互和成果移交的相关要求，完成工程设计成果的数字化移交，满足国家电网有限公司输变电工程全寿命周期管理的需要。5.8 变电站（换流站）编码应包括标识系统编码、物料编码等，分别按照 GB/T 51061—2014《电网工程标识系统编码规范》和 Q/GDW 1936—2013《国家电网公司物料主数据分类与编码规范》进行编码，标识系统编码与物料编码的对应规则参照 Q/GDW 11600.1—2016《输变电工程数字化设计编码应用导则　第1部分：变电工程》的要求执行。5.9 变电站（换流站）三维设计可基于不同三维设计软件完成，软件的输入输出应符合国家电网有限公司对三维设计模型交互的相关要求。

解读：该条款规定了变电站（换流站）三维设计的模块化、统一性、设计阶段、成果内容、编码及模型交互等要求。该条款对于三维设计的要求有硬性规定，在遵循正向设计的前提下，满足模块化建设相关文件，统一输入输出格式等要求，最终按照国家电网有限公司对三维设计模型交互和成果移交的相关要求，完成工程设计成果的数字化移交，满足国家电网有限公司输变电工程全寿命周期管理的需要。

◎条款6：变电站（换流站）三维设计模型

描述：6.1 三维设计应建立变电站（换流站）数字高程模型、逻辑模型和物理模型。6.2 数字高程模型基于工程地理信息系统数据建立，并且应满足各设计阶段相应精度要求。6.3 逻辑模型包含全站电气主接线、站用电系统接线、二次系统图等，逻辑模型中的各设备、设施图形符号按照 GB/T 4728.1～13《电气简图用图形符号》中的规定建立。6.4 物理模型包含全站建（构）筑物、设备、材料及其他设施的几何模型和属性，几何模型应反映外形、尺寸、位置、结构等几何信息，属性应包含基本属性和扩展属性，具体参见国家电网有限公司关于变电站（换流站）工程三维设计建模规范的相关要求。6.5 变电站（换流站）三维设计模型架构。6.6 设备、设施及材料模型应采用基本图元和参数化建模，模型满足不同应用软件之间数据共享的要求。6.7 初步设计阶段宜采用通用模型，施工图、竣工图设计阶段宜采用产品模型完成工程的三维设计。6.8 各专业三维模型统一采用毫米为单位，基于统一的坐标系统和坐标原点，相对坐标系采用直角坐标系，坐标原点应有明显标识。

解读：该条款规定三维设计应建立变电站（换流站）数字高程模型、逻辑模型和物理模型，并对各模型进行详细描述，变电站（换流站）三维设计模型内容架构如图 2-4 所示。该条款规定建立基于工程地理信息系统数据的数字高程模型，是考虑电网基础数据的准确性直接影响工程的建设必要性，也对接入系统设计方案的合理性产生很大影响。建立多元地理信息系统，作为可靠和准确的电网基础数据来源，将数字化设计成果与其进行对接，一方面能保证设计基础的准确性，另一方面

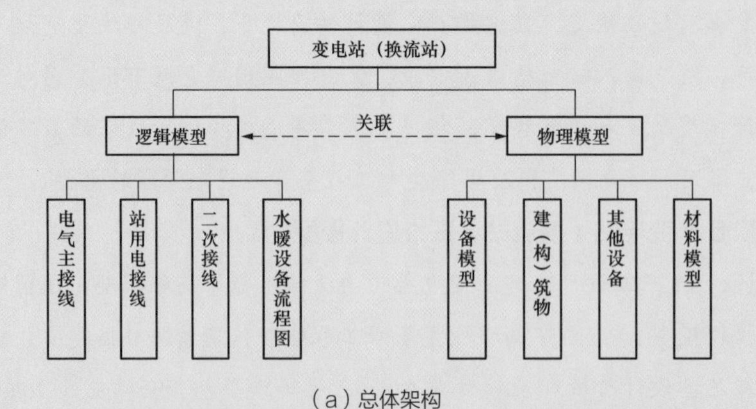

（a）总体架构

● 图 2-4　变电站（换流站）三维设计模型内容架构（一）

可以不断充实相关系统，实时更新，为更好地完成工程设计创造条件。变电站（换流站）三维设计模型架构及树状结构按 Q/GDW 11798.1—2018 划分，便于模型导入时的查找。设备、设施及材料模型应采用基本图元和参数化建模，模型满足不同应用软件之间数据共享的要求。

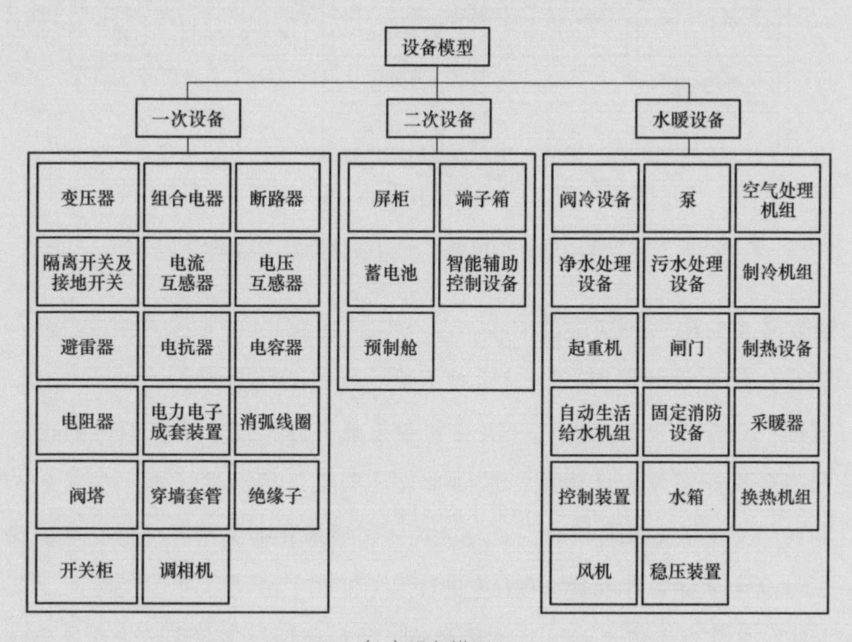

（b）设备模型

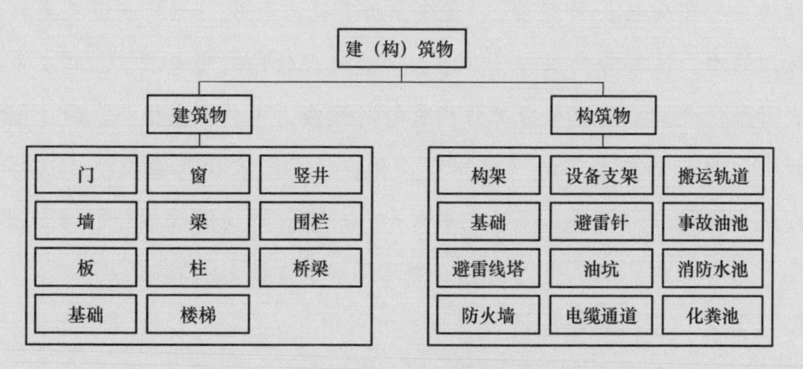

（c）建（构）筑物

● 图 2-4　变电站（换流站）三维设计模型内容架构（二）

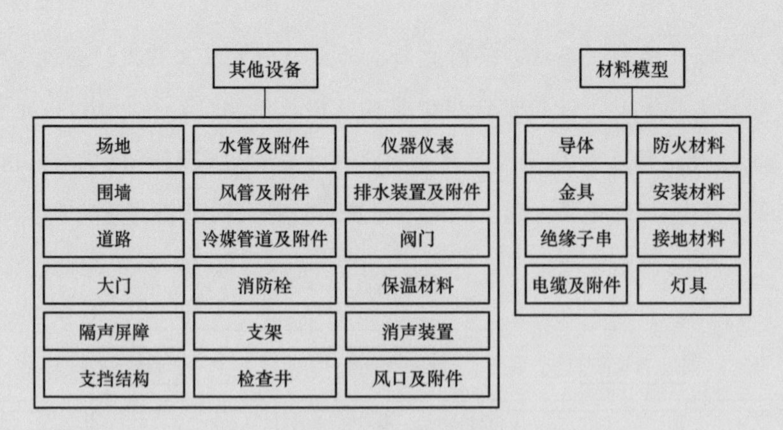

（d）其他设备和材料模型

● 图 2-4　变电站（换流站）三维设计模型内容架构（三）

◎条款 7.1：电气一次设计

描述：7.1.1 设计范围，7.1.2 设计深度。详见 Q/GDW 11798.1—2018。

解读：该条款规定了电气一次在初步设计、施工图和竣工图时的设计范围和设计深度。具体地，在初步设计和施工图的描述中，在满足本导则相关技术要求的同时，还要满足《国网基建部关于开展输变电工程三维设计评价工作的通知》（基建技术〔2020〕25 号）中相关要求。条款中“宜实现光缆 / 电缆的路径自动规划和分层”这部分功能在现阶段软件中暂不完善，待完善；“宜建立所有动力电缆、控制电缆及光缆的物理模型”这部分的工作量非常大，建议在软件实现电缆 / 控缆 / 光缆自动敷设之前，将这部分工作内容暂时删减，不作审查依据。竣工图设计中，建议具体设备的三维模型及相应的参数表由厂家提供，这样可以减小设计工作强度，提高完成效率。厂家仅需提供设备外形的三维模型，内部结构可以不提供，也不会对厂家造成技术泄密的影响。

◎条款 7.2：二次系统设计

描述：7.2.1 设计范围，7.2.2 设计深度。详见 Q/GDW 11798.1—2018。

解读：该条款规定了二次系统在初步设计、施工图和竣工图时的设计范围和设计深度，具体如下：

（1）二次设计管理模拟：为方便用户的数据输入，设置了二次标准信息模板。该模板中可通过Excel表导入二次设计中常用的安装单位、装置、回路描述、回路编号、回路类型等标准名称，根据这些标准信息，可组织成典型接线形式的标准装置数据模型，便于各个工程的直接调用和复用。

（2）项目信息编辑：将项目信息以工程—间隔—安装单位—装置的逻辑树的形式创建至系统中，并将项目数据与模板数据相关联，方便进一步调用。所有数据都可以Excel形式进行导入与导出，方便数据复用。

（3）屏柜信息编辑：编辑工程中全站所有二次屏柜信息。创建二次屏柜，并按照工程实际组屏方式，将保护、测控、安全自动装置、交换机等放置于各个二次屏柜当中。

（4）回路信息编辑：编辑每个装置下的回路信息，包括该回路的对侧信息和端子信息。编辑回路时，可批量从标准装置模型中加载，并支持批量导入，修改和匹配校验；端子信息编辑时，可从设备厂家原理图中读取端子信息并且将信息写入插入的端子中。

（5）端子排生成：读取已插入的端子信息，自动电缆编码和选型，读取厂家端子信息表，生成端子排图和电缆清册，端子排和报表均可根据各个设计单位实际需求定制模板，方便灵活。

（6）读取二次原理图，直接生成端子排图和报表：该二次设计模块支持从原理图中直接读取电缆信息、端子信息、屏柜信息和连接关系，进而生成端子排图和各类报表。竣工图设计中，由于二次设备厂家众多，不同二次设备厂家的二次设备模型不尽相同，建议工程施工图时，由中标的厂家提供其二次设备三维模型，以减轻设计单位工作强度，提高工作效率。

◎**条款 8.1：总图设计**

描述：8.1.1 设计范围，8.1.2 设计深度，详见 Q/GDW 11798.1—2018。

解读：该条款规定了总图在初步设计、施工图和竣工图时的设计范围和设计深度。初步设计时，能够使用专业软件建立数字高程化模型，进行护坡、挡土墙、进站道路及其他三通一平的工程量估算。施工图设计时，需进行场地内地质土层分析，从而确定基础处理方案，土方量、土石方比的计算，道路做法的断面图等。由于采用的数字高程地形图为实际坐标，模型在移交时需挪至原点，以满足移交规范中规定的原点坐标要求。但现阶段专业三维软件无法实现挡土墙、护坡做法及工程量的统计。

◎**条款 8.2：建筑物设计**

描述：8.2.1 设计范围，8.2.2 设计深度，详见 Q/GDW 11798.1—2018。

解读：该条款规定了建筑物在初步设计、施工图和竣工图时的设计范围和设计深度。具体地，初步设计时，需结合国家电网有限公司模块化建设要求对变电站建筑物进行设计工作，充分考虑变电站建筑物墙板、门窗样式尺寸、预埋管线、预留孔等方面的三维设计。施工图设计时，在建筑物的建模过程中，模型本身可以达到 Q/GDW 11798.1—2018 的基本要求，但实际上各类软件均有缺失，在构配件、建筑做法、建筑构造中无法提供详图和准确的工程量，不能达到指导施工的作用。结构部分，在使用软件建模时可以达到某些工程量计算的要求，但无法提供细部设计，也指导不了施工。变电站建筑物结构模型包括三维布置模型和专业计算软件建立的计算模型，由于目前大部分计算软件还不能实现与三维建模软件之间的数据交换，为推进结构专业内部协同设计的实现，变电站建筑信息模型应结合相关的国家及行业标准，逐步实现计算软件与布置软件之间的数据交换。

◎**条款 8.3：构支架及设备基础设计**

描述：8.3.1 设计范围，8.3.2 设计深度，详见 Q/GDW 11798.1—2018。

解读：该条款规定了构支架及设备基础在初步设计、施工图和竣工图时的设计范围和设计深度。具体地，初步设计时，对各类构支架和基础进行建模，预估工程量，进行各类软硬碰撞校验，满足进入施工图设计的要求。施工图设计时，完成各类构支架和基础的建模，需统计准确的工程量和材料表，进行各类软硬碰撞校验，通过各类软件生成结构计算书，保证构架的稳定安全。现阶段建模和结构计算为没有接口的两类软件，无法进行建模后的计算，计算时需重新建模，且无法生成详图，指导不了施工。

◎条款9：水工暖通部分

描述：9.1设计范围，9.2设计深度，详见Q/GDW 11798.1—2018。

解读：该条款规定了水工暖通部分在初步设计、施工图和竣工图时的设计范围和设计深度。具体地，初步设计时，完成基本构件的建模、工程量估算。施工图设计时，主要包括通风管道、给排水管道、空气调节、消防措施、消防给水系统、消防给水管网等三维模型，并将其布置在已有建筑物三维模型内，预先检验管道与其他构件、电气设备等有无碰撞，避免现场施工时发现而无法调整和返工。完成各类水暖构件的建模后，需形成水暖材料表，各类设备需提供型号、规格，各类管线的走向，以及与电气的对接。

◎条款10：协同设计

描述：10.1基于三维设计平台，实现各专业内、专业间的协同设计，包括原理接线设计的协同、三维布置设计的协同，并可实现异地协同和跨设计单位的协同。10.2各专业设计数据和文件宜统一存放、统一管理，并引入权限管理机制，确保数据的唯一性和安全性。10.3各专业间宜采用发布的形式开展协同设计，按阶段发布经校审的设计数据，供相关专业参考使用。10.4原理接线设计的协同宜实现电气一次、电气二次、供水、暖通等专业内、专业间设计数据及计算数据的交互。10.5 三维布置设计的协同应实现所有专业间空间占位信息及计算数据的交互。10.6 各专业设计时，应按阶段参考相关专业的模型和数据。10.7 各专业提取图纸之前，应完成软硬碰撞检查，解决碰撞问题。10.8 结构模型与外专业开展协同设计时，宜降低模型的颗粒度，过滤掉不影响软硬碰撞检查等相关部分。10.9 变电站（换流站）三维设计过程中，宜与输电线路设计专业（单位）开展协同设计。

解读： 该条款规定了基于三维设计平台，实现各专业内、专业间的协同设计，包括原理接线设计的协同、三维布置设计的协同，并可实现异地协同和跨设计单位的协同。具体地，采用协同平台对各专业进行软硬碰撞，实时更新，无需纸质提资。多专业协同设计的总原则是采用智能参考的方式来实现的。具体就是基于项目模板及公共基准点的设定，各专业设计人员同步开展设计，设计的图纸存储在服务器上，每个设计人员在设计时均可参考相关专业的设计图纸。这样就形成并行的协同设计模式，当某个专业的设计人员完成某个部分的设计时，可以附加相关的说明信息，比如完成某部分的设计、修改了某部分的设计等信息，相关专业的设计人员就能实时获得设计信息的更新通知，并在平台实现校审修改一体化机制，保证设计成果的正确性。

◎条款 11：数字化移交要求

描述： 11.1 数字化移交成果应具有合法性、规范性、完整性、正确性、唯一性、一致性、现势性。11.2 成果提交单位应向验收单位提交工程地理信息系统数据、变电站（换流站）三维设计模型、设计图纸、文档资料、装配模型及自检报告等。11.3 验收单位对提交的设计成果进行审查，对不符合要求的部分，成果验收单位将出具质量报告通知成果提交单位进行修改完善。11.4 成果提供单位提供的移交成果全部审查通过后，由成果管理单位进行数字化成果验收，验收通过后将形成验收审查意见，最终进行数字化成果归档。11.5 以上相关细则按照国家电网有限公司对三维设计成果数字化移交的相关要求执行。

解读： 该条款规定了设计成果数字化移交时的数据提交、成果审查、成果验收、成果归档等要求。具体地，在初步设计、施工图设计阶段、竣工图编制阶段由设计单位完成设计数据的制作，初步设计阶段应在初设评审批复后进行数字化移交，施工图设计阶段应在设计交底完成后进行数字化移交，竣工图编制阶段应在工程投运后进行数字化移交。数字化移交文件存储结构、格式与命名规则应完全符合相关移交导则的规定。

◎附录 A：变电工程三维设计图纸目录清单

描述： A.1 说明，A.2 初步设计阶段，A.3 施工图设计阶段，详见 Q/GDW 11798.1—2018。

解读： 该附录规定了初步设计和施工图设计时的出图清单，分别从基本要求，推荐出图和现阶段暂不实现三个方面来区分；根据三维软件的不同，能实现的出图功能也有区别，但“基本要求”的图纸是可以实现的，“推荐出图”中的图纸有部分软件可以实现。

2.3 变电数字化移交技术导则解读

2.3.1 导则简介

输变电工程数字化移交技术导则主要包括 Q/GDW 11812.1—2018《输变电工程数字化移交技术导则 第 1 部分：变电站（换流站）》、Q/GDW 11812.1—2018《输变电工程数字化移交技术导则 第 2 部分：架空输电线路》、Q/GDW 11812.1—2018《输变电工程数字化移交技术导则 第 3 部分：电缆输电线路》。

这些导则依据《关于下达2018年国家电网有限公司技术标准制修订计划项目建议的通知》(国家电网科〔2018〕23号)的要求编写。

Q/GDW 11812.1—2018用于规范变电站(换流站)工程初步设计、施工图设计和竣工图编制阶段的数字化移交;规定了输变电工程变电站(换流站)数字化移交总则、一般规定,移交流程,移交内容,移交文件存储结构、格式与命名规则,移交成果审核的技术要求;适用于110(66)kV及以上电压等级变电站(换流站)新建工程初步设计、施工图设计和竣工图编制阶段的数字化移交,变电站(换流站)其他电压等级工程及扩建工程可进行参考。该导则内容分为10部分,包括范围、规范性引用文件、术语和定义、缩略词、总则、一般规定、移交流程、移交内容、移交文件存储结构格式与命名方式和移交成果审核,如图2-5所示。本节对Q/GDW 11812.1—2018的关键条款技术进行解读。

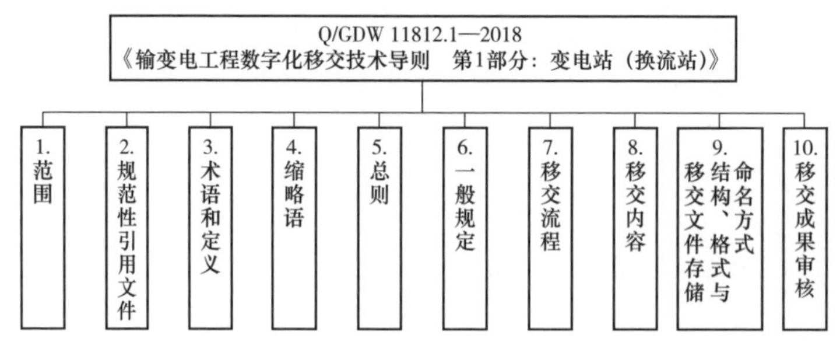

● 图2-5 变电站数字化移交技术导则内容结构

2.3.2 条款解读

◎**条款5:总则**

描述: 5.1 移交数据的来源、保存、传递及应用应符合现行的国家相关法律法规,遵守国家信息安全相关要求。5.2 数字化移交应满足国家、行业及国家电网有限公司相关规程、规范要求。5.3 移交数据应遵循完整性、正确性、通用性等原则。

解读：该条款规定了移交数据遵循原则，明确了移交应遵循的标准及规范，三维数字化移交应符合表2-7所列标准与规范的要求。

表2-7　数字化移交相关标准与规范

序号	编号	名称
1	GB 50150—2016	电气装置安装工程电气设备交接试验标准
2	GB/T 50832—2013	1000kV 系统电气装置安装工程电气设备交接试验标准
3	GB/T 51061—2014	电网工程标识系统编码规范
4	CH/T 9015—2012	三维地理信息模型数据产品规范
5	CH/T 9016—2012	三维地理信息模型生产规范
6	CH/T 9017—2012	三维地理信息模型数据库规范
7	DA/T 28—2018	国家重大建设项目文件归档要求与档案整理规范
8	DL/T 274—2012	±800kV 高压直流设备交接试验标准
9	Q/GDW 111—2004	直流换流站高压直流电气设备交接试验规程
10	Q/GDW 118—2005	直流换流站二次电气设备交接试验规程
11	Q/GDW 135—2005	国家电网公司纸质档案数字化技术规范
12	Q/GDW 310—2009	1000kV 电气安装工程电气设备交接试验规程
13	Q/GDW 1175—2015	±800kV 直流系统电气设备交接试验
14	Q/GDW 1936—2013	国家电网公司物料主数据分类与编码规范
15	Q/GDW 11447—2015	10～500kV 输变电设备交接试验规程
16	Q/GDW 11600.1—2016	输变电工程数字化设计编码应用导则　第1部分：变电工程
17	Q/GDW 11712—2017	电网资产统一身份编码技术规范
18	Q/GDW 11798.1—2018	输变电工程三维设计技术导则　第1部分：变电站（换流站）
19	Q/GDW 11809—2018	输变电工程三维设计模型交互规范
20	Q/GDW 11810.1—2018	输变电工程三维设计建模规范　第1部分：变电站（换流站）

◎条款6：一般规定

描述：6.1 移交内容包括变电站（换流站）设计数据，设备、设施管理信息（缺陷数据、试验数据、设备参数数据）。6.2 地理坐标系统采用2000国家大地坐标系，单位为度、分、秒，秒保留到小数点后3位。高程采用1985国家高程基准，单位为米，保留到小数点后2位。6.3各专业三维模型统一采用毫米为单位，基于统一的坐标系统和坐标原点，相对坐标系采用右手空间直角坐标系，坐标原点应有明显标识。坐标数据格式应满足CH/T 9015—2012、CH/T 9016—2012、CH/T 9017—2012的相关要求。6.4输变电工程编码应包括标识系统编码、物料编码及通用设备编号，分别按照GB/T 51061—2014、Q/GDW1936—2013、Q/GDW 11712—2017及Q/GDW 11600.1—2016进行编码。6.5移交文档资料归档要求按照DA/T 28—2018、Q/GDW 135—2005及Q/GDW 11812.1—2018执行。

解读：该条款主要对地理坐标系统，三维模型的单位、坐标原点、编码内容，文档内容及归档等提出了具体技术要求。坐标数据格式应满足CH/T 9015—2012、CH/T 9016—2012、CH/T 9017—2012的相关要求；输变电工程编码分别按照GB/T 51061—2014、Q/GDW1936—2013、Q/GDW 11712—2017及Q/GDW 11600.1—2016进行编码；移交文档资料归档要求按照DA/T 28—2018、Q/GDW 135—2005及Q/GDW 11812.1—2018执行。

◎条款7：数字化移交流程

描述：7.1在初步设计、施工图设计阶段、竣工图编制阶段由设计单位完成设计数据的制作，初步设计阶段应在初设评审批复后进行数字化移交，施工图设计阶段应在设计交底完成后进行数字化移交，竣工图编制阶段应在工程投运后进行数字化移交。7.2设计单位、设备厂商及施工单位提交设备参数数据，调试单位提交试验数据，监理单位提交缺陷数据，在竣工验收前完成数字化移交。7.3数据移交单位将制作完成的数据及自检报告移交至成果审核单位，成果审核单位对各类数据进行审核，对不符合要求的部分反馈至数据移交单位进行修改，审核通过后将各类数据存入成果管理单位管理。成果应用单位根据业务需要，从成果管理单位提取数据。

解读： 该条款规范了设计数据数字化移交的时间，移交数据的各责任单位以及数据移交后的成果审核流程。变电站工程数字化移交包括设计数据移交流程和设备、设施管理信息移交流程。

◎条款 8：移交内容

描述： 8.1 设计数据移交内容，8.2 设备、设施管理信息移交内容。详见 Q/GDW 11812.1—2018。

解读： 数字化移交的内容共包含设计数据以及设备、设施管理信息。该条款详细规定了每个单元在设计的每个阶段应提交的具体内容。其中设计数据又分为工程地理信息数据、三维设计模型、文档资料以及装配模型；设备、设施管理信息分为缺陷数据、试验数据以及设备参数数据。变电站（换流站）移交内容如图 2-6 所示。

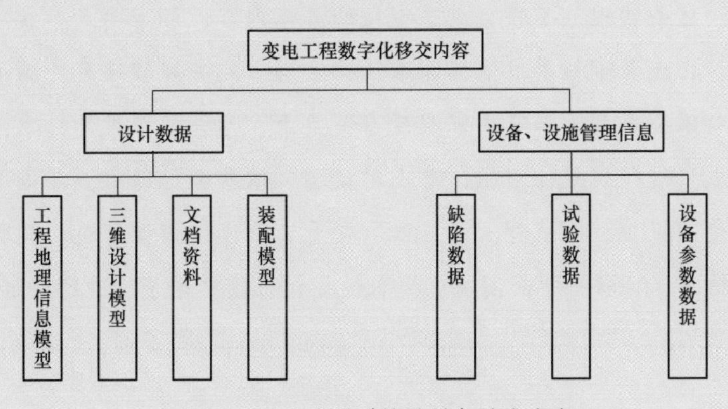

● 图 2-6 变电站（换流站）移交内容

◎条款 9：移交文件存储结构、格式与命名规则

描述： 9.1 总体文件存储结构，9.2 设计数据移交文件存储结构、格式与命名规则，9.3 设备、设施管理信息的文件存储结构、格式与命名规则。详见 Q/GDW 11812.1—2018。

解读：该条款明确了数字化移交内容的文件存储结构，设计数据移交文件和设备、设施管理信息的文件的存储结构、格式以及命名规则。

◎条款 10：移交成果审核

描述：10.1 成果审核单位对数字化成果进行规范性审核。10.2 工程地理信息数据中的地理坐标系统、高程基准应满足本部分 6.5 的规定，DOM、DEM 数据精度应满足本部分要求。10.3 三维设计模型的工程属性数据应完整，模型配色应正确，模型与属性应完整、无冗余，模型编码应正确，模型的空间位置信息应准确，模型关联的设计图纸应齐全。10.4 装配模型的模型编码应完整，模型应完整、无冗余。10.5 文档资料内容应完整。10.6 缺陷数据内容应完整。10.7 试验数据内容应完整。10.8 设备参数数据内容应完整。10.9 移交文件存储结构、格式及命名规则应符合本部分规定，满足不同软件平台之间的共享和应用要求。

解读：该条款规范了移交成果审核的具体内容、评审要点。数字化移交后，由成果审核单位依据国家法律法规、相关规程规范，满足国家电网有限公司关于移交内容深度有关要求，结合三维设计标准，对数字化成果进行规范性审核，重点对模型、信息进行评审。评审单位除现场查阅报告、图纸外，还应采取查看三维设计模型外观、调取模型属性信息、抽取平断面图纸、提取设备材料清单等手段进行评审。

第 3 章

变电三维设计建模

变电站工程设备对象的三维建模是变电站工程三维数字化设计的基础。本章介绍变电站工程设备建模技术要点，结合主变压器建模实例说明三维建模全过程。

3.1 变电三维设计建模概述

变电站工程三维建模设备对象可分类为一次设备、二次设备和其他设备三类，如图 3–1 所示。

变电工程设备模型
一次设备
二次设备
其他设备

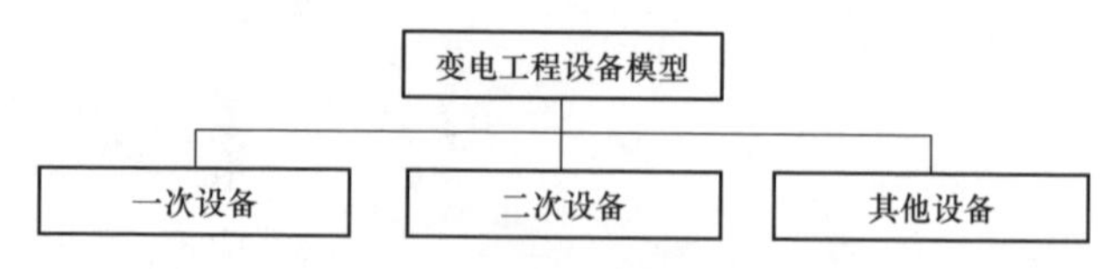

● 图 3–1　变电站工程三维建模设备对象分类

变电站工程相关一次设备建模对象如图 3–2 所示。

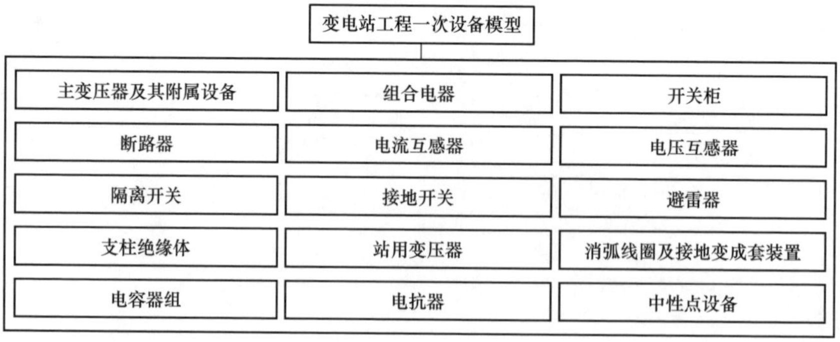

变电站工程一次设备模型
主变压器及其附属设备
组合电器
开关柜
断路器
电流互感器
电压互感器
隔离开关
接地开关
避雷器
支柱绝缘体
站用变压器
消弧线圈及接地变成套装置
电容器组
电抗器
中性点设备

● 图 3–2　变电站工程一次设备建模对象

变电站工程二次设备建模对象如图 3–3 所示。

变电工程二次设备模型
二次屏柜
蓄电池
智能辅控设备
火灾报警

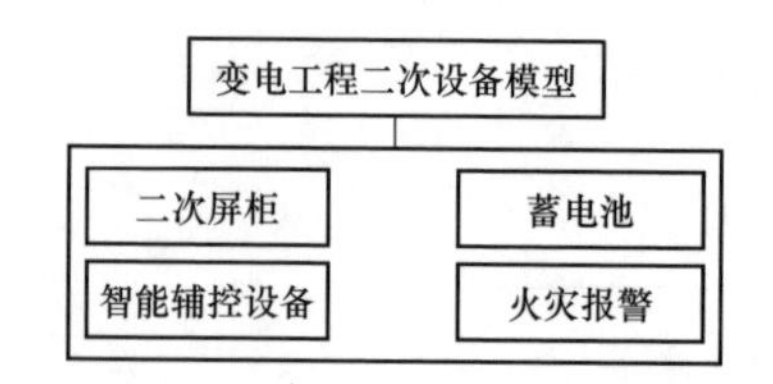

● 图 3–3　变电站工程二次设备建模对象

变电站工程其他设备建模对象如图 3–4 所示。

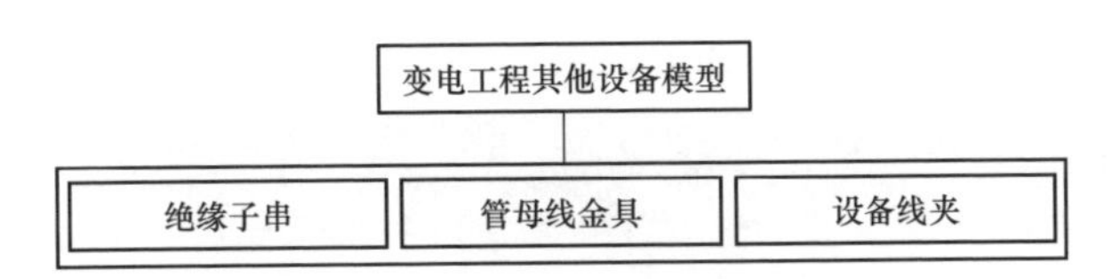

● 图 3-4　变电站工程其他设备建模对象

3.2 一次设备建模技术要点

3.2.1　主变压器

1. 建模内容

主变压器的建模内容主要包括本体、油枕、分接开关、高中低压套管、散热器、端子箱、土建接口、爬梯、呼吸器、表计、继电器、压力释放装置、油面温控器、吸湿器、引出接地装置、取油口等。主变压器模型如图 3–5 所示。

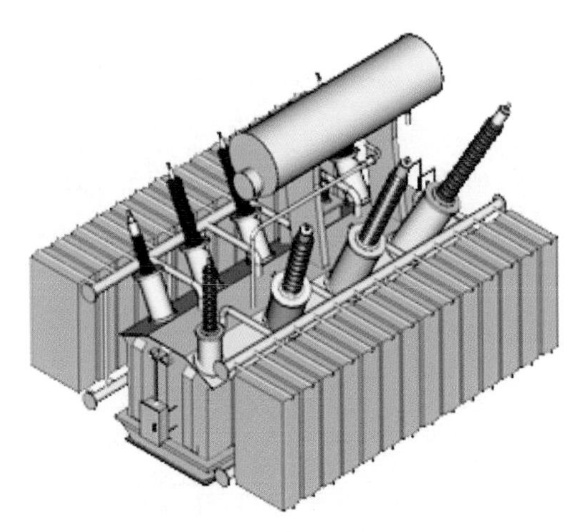

● 图 3-5　主变压器模型

2. 建模要求

油浸式变压器模型几何细度见表 3–1。

表 3-1 油浸式变压器模型几何细度表

类型	设备名称	建模内容	基本图元要求	特殊要求	是否定义为部件	通用模型	产品模型
变电设备	油浸式变压器	本体	长方体、棱台	示意出加筋板位置（如有）	√	√	√
		油枕	圆柱体、长方体、棱柱体	包含油位计	√	√	√
		均压屏蔽装置	均压环	—	—	√	√
		安装底座	长方体	—	—	—	√
		分接开关	长方体	箱体（如有），包含门柜及把手	√	√	√
		高压套管（A/B/C）	套管 / 绝缘子、锥形套管、端子板	套管 / 绝缘子建模的最小几何单元以圆台表示，整个模型由支撑棒和伞片构成，支撑棒用圆台表示	√	√	√
		中压套管（A/B/C）（如有）	套管 / 绝缘子、锥形套管、端子板	套管 / 绝缘子建模的最小几何单元以圆台表示，整个模型由支撑棒和伞片构成，支撑棒用圆台表示	√	√	√
		低压套管（A/B/C）	套管 / 绝缘子、锥形套管、端子板	套管 / 绝缘子建模的最小几何单元以圆台表示，整个模型由支撑棒和伞片构成，支撑棒用圆台表示	√	√	√
		中性点套管	套管 / 绝缘子、锥形套管、端子板	套管 / 绝缘子建模的最小几何单元以圆台表示，整个模型由支撑棒和伞片构成，支撑棒用圆台表示	√	√	√
		接线端子板	端子板	端子板模型主体板身采用切角（若有）长方体建立，具有端子板螺栓孔	—	√	√
		散热器	长方体、圆柱体	散热片组用长方体整体表示	√	√	√

续表

类型	设备名称	建模内容	基本图元要求	特殊要求	是否定义为部件	通用模型	产品模型
变电设备	油浸式变压器	升高座	圆柱体、圆台	示意升高座的二次接口	—	√	√
		法兰	圆柱体	—	—	—	√
		接地端子	端子板	示意开孔	—	—	√
		吊耳	拉伸体	—	—	—	√
		主要油管	圆柱体	只示意主油管，小油管及主油管连接法兰无需建模	—	√	√
		本体端子箱	长方体	箱体（如有），包含门柜及把手	√	√	√
		爬梯	长方体、圆柱体	—	√	√	√
		呼吸器	圆柱体、管状放样、长方体	—	√	√	√
		表计	圆柱体	—	—	—	√
		继电器	圆柱体、长方体	包括油流继电器和气体继电器	√	√	√
		在线监测	长方体	—	—	—	√
		压力释放装置	圆柱体、长方体	—	√	√	√
		油面温控器	圆柱体、长方体	—	√	√	√
		吸湿器（如有）	圆柱体、长方体	—	√	√	√
		芯（夹件）引出接地装置	圆柱体、长方体	—	√	—	√
		取油口	圆柱体、长方体	—	√	—	√
		土建接口	圆柱体、长方体	含所有土建基础	√	√	√
		与土建基础的安装	圆柱体、长方体、正多边体	—	—	—	√
		螺栓	圆柱体	—	—	—	—

注 √表示要求；—表示不要求。

3.2.2 组合电器

1. 建模内容

组合电器（Gas Insulated Switchgear，GIS）的建模内容主要包括断路器、隔离开关、接地开关、快速接地开关、电流互感器、电压互感器、避雷器、操动机构箱、汇控柜、土建接口等。组合电器模型如图 3–6 所示。

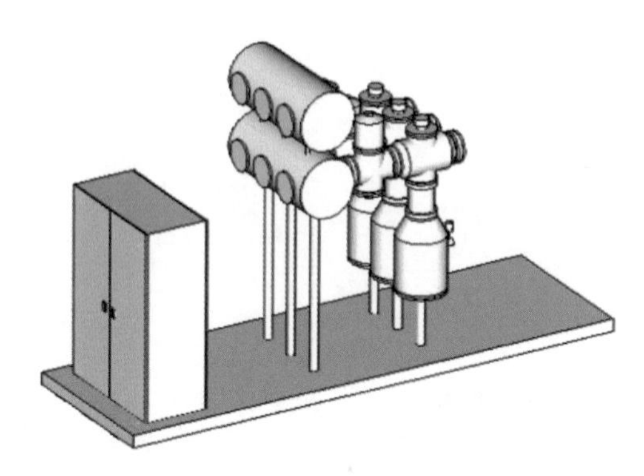

● 图 3-6 组合电器模型

2. 建模要求

组合电器模型基本图元要求见表 3–2。

表 3-2 组合电器模型基本图元要求表

类型	设备名称	建模内容	基本图元要求	特殊要求	是否定义为部件	通用模型	产品模型
变电设备	组合电器	断路器	圆柱、圆台	—	√	√	√
		隔离开关	圆柱、圆台	—	√	√	√
		接地开关	圆柱、圆台	—	√	√	√
		快速接地开关	圆柱体、圆台	—	√	√	√
		电流互感器	圆柱体、圆台	—	√	√	√
		电压互感器	圆柱体、圆台	—	√	√	√
		避雷器	圆柱体、圆台	—	√	√	√

续表

类型	设备名称	建模内容	基本图元要求	特殊要求	是否定义为部件	通用模型	产品模型
变电设备	组合电器	套管	套管 / 绝缘子、锥形套管	套管 / 绝缘子建模的最小几何单元以圆台表示，整个模型由支撑棒和伞片构成，支撑棒用圆台表示	—	√	√
		电缆终端箱	圆柱、长方体	—	—	√	√
		母线	圆柱	独立气室分开建模	—	√	√
		操动机构箱	长方体	箱体（如有），包含门柜及把手，不示意电缆引下软管模型	√	√	√
		带电显示装置	圆柱体、长方体	—	—	√	√
		密度继电器	圆柱体、长方体	—	—	√	√
		安装底座及支架	长方体	只需体现整体外形尺寸，底座槽钢用长方体代替，无需体现细节	—	—	√
		接线端子板	端子板	端子板模型主体板身采用切角（若有）长方体建立，具有端子板螺栓孔	—	√	√
		接地端子	端子板	示意开孔	—	—	√
		法兰	法兰	—	—	—	√
		汇控柜	长方体	箱体（如有）包含门柜及把手，汇控柜加遮雨帽檐	√	√	√
		检修爬梯	长方体、圆柱	包含门、踏步	—	√	√
		设备底座与土建基础的安装螺栓	圆柱体、长方体、正多边体	—	—	—	√
		土建接口	长方体	含所有土建基础	√	√	√

注 √表示要求；—表示不要求。

3.2.3 开关柜

1. 建模内容

开关柜的建模内容主要包括开关柜本体及土建接口等。开关柜模型如图3-7所示。

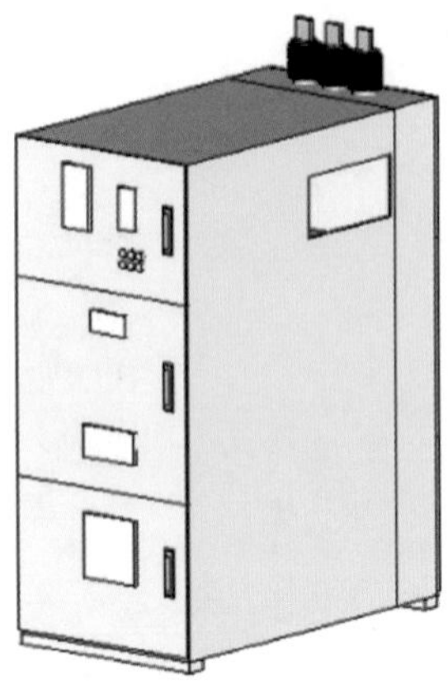

● 图 3-7 开关柜模型

2. 建模要求

开关柜模型基本图元要求表见表 3-3。

表 3-3 开关柜模型基本图元要求表

类型	设备名称	建模内容	基本图元要求	特殊要求	是否定义为部件	通用模型	产品模型
变电设备	开关柜	柜体	长方体	—	—	√	√
		柜门	长方体	包含把手	—	√	√
		抽屉	长方体	—	—	√	√
		观察窗	长方体	—	—	—	√
		按钮 / 旋钮	长方体、圆柱体	—	—	√	√
		显示屏	长方体	—	—	√	√
		设备底座与土建基础的安装螺栓	圆柱体、长方体、正多边体	—	—	—	√
		土建接口	长方体	含所有土建基础	√	√	√

注 √表示要求；—表示不要求。

3.2.4 断路器

1. 建模内容

断路器的建模内容主要包括接线端子版、设备支架、操动机构箱、中控箱、土建接口等。断路器模型如图 3-8 所示。

● 图 3-8 断路器模型

2. 建模要求

断路器模型基本图元要求见表 3-4。

表 3-4 断路器模型基本图元要求表

类型	设备名称	建模内容	基本图元要求	特殊要求	是否定义为部件	通用模型	产品模型
变电设备	断路器	接线端子板	端子板	端子板模型主体板身采用切角（若有）长方体建立，具有端子板螺栓孔	—	√	√
		均压屏蔽装置	圆环、圆柱	—	—	√	√
		灭弧室 / 套管 / 绝缘子	套管 / 绝缘子、锥形套管	—	—	√	√
		法兰	法兰	法兰采用不等径圆柱体组合建模	—	—	√

续表

类型	设备名称	建模内容	基本图元要求	特殊要求	是否定义为部件	通用模型	产品模型
变电设备	断路器	本体（包括三相联动机构）	长方体、棱台	示意出加筋板位置（如有）	—	√	√
		合闸电阻（若有）	圆柱	—	—	—	√
		设备支架	长方体、棱台	示意出加筋板位置（如有）	—	√	√
		本体端子箱	长方体、棱台	箱体（如有），包含门柜及把手，不示意电缆引下软管模型	—	√	√
		操动机构箱	长方体、棱台	箱体（如有），包含门柜及把手，不示意电缆引下软管模型	√	√	√
		中控箱	长方体、棱台	箱体（如有），包含门柜及把手，不示意电缆引下软管模型	√	√	√
		爬梯及操作平台	长方体、圆柱体	—	—	√	√
		接地端子	端子板	示意开孔	—	—	√
		安装底座	长方体、圆柱体、棱台	只需体现整体外形尺寸，无需体现细节	—	—	√
		密度继电器（如有）	长方体、圆柱体	—	—	—	√
		设备底座与土建基础的安装螺栓	圆柱体、长方体、正多边体	—	—	—	√
		土建接口	长方体	含所有土建基础	√	√	√

注 √表示要求；—表示不要求。

3.2.5 电流互感器

1. 建模内容

电流互感器的建模内容主要包括接线盒、绝缘套管、本体密度继电器、土建接口等。电流互感器模型如图 3-9 所示。

● 图 3-9 电流互感器模型

2. 建模要求

电流互感器模型基本图元要求见表 3-5。

表 3-5 电流互感器基本图元要求表

类型	设备名称	建模内容	基本图元要求	特殊要求	是否定义为部件	通用模型	产品模型
变电设备	电磁式电流互感器	安装底座	长方体	—	—	—	√
		接线盒	长方体	—	√	√	√
		均压屏蔽装置	圆环、圆柱	—	—	√	√
		绝缘套管	套管 / 绝缘子、锥形套管	最小几何单元以圆台表示，整个模型由支撑棒和伞片构成，支撑棒用圆台表示	—	√	√
		本体	圆柱体、长方体	—	—	√	√
		接线端子板	端子板	端子板模型主体板身采用切角（若有）长方体建立，具有端子板螺栓孔	—	√	√
		密度继电器（如有）	圆柱体、长方体	—	√	—	√
		油位计（如有）	圆柱体、长方体	—	√	—	√
		接地端子	端子板	示意开孔	—	—	√

续表

类型	设备名称	建模内容	基本图元要求	特殊要求	是否定义为部件	通用模型	产品模型
变电设备	电磁式电流互感器	吊耳（若有）	圆环	—	—	√	√
		设备底座与土建基础的安装螺栓	圆柱体，长方体、正多边体	—	—	—	√
		土建接口	长方体	含所有土建基础	√	√	√

注 √表示要求；—表示不要求。

3.2.6 电压互感器

1. 建模内容

电压互感器的建模内容主要包括接线盒、均压屏蔽装置、绝缘套管、接地端子、土建接口等。电压互感器模型如图 3-10 所示。

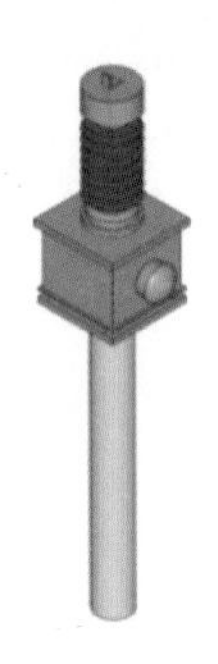

● 图 3-10　电压互感器模型

2. 建模要求

电压互感器模型基本图元要求见表 3-6。

表 3-6　电压互感器模型基本图元要求表

类型	设备名称	建模内容	基本图元要求	特殊要求	是否定义为部件	通用模型	产品模型
变电设备	电压互感器	安装底座	长方体	示意出加筋板位置	—	—	√
		接线盒	长方体	—	√	√	√

续表

类型	设备名称	建模内容	基本图元要求	特殊要求	是否定义为部件	通用模型	产品模型
变电设备	电压互感器	均压屏蔽装置	圆环、圆柱	—	—	√	√
		电磁单元	圆柱体	—	—	√	√
		绝缘套管 / 电容分压器	套管 / 绝缘子、锥形套管	最小几何单元以圆台表示，整个模型由支撑棒和伞片构成，支撑棒用圆台表示	—	√	√
		接线端子板	端子板	端子板模型主体板身采用切角（若有）长方体建立，具有端子板螺栓孔	—	√	√
		接地端子	端子板		—	—	√
		吊耳（若有）	圆环	—	—	√	√
		密度继电器（如有）	长方体、圆柱体	—	—	—	√
		油位计（如有）	长方体、圆柱体	—	—	—	√
		电磁单元（如有）	长方体、圆柱体	—	—	—	√
		设备底座与土建基础的安装螺栓	圆柱体、长方体、正多边体	—	—	—	√
		土建接口	长方体	含所有土建基础	√	√	√

注 √表示要求；—表示不要求。

3.2.7 隔离开关

1. 建模内容

隔离开关的建模内容主要包括操动机构箱、绝缘子、土建接口、均压环、接地刀、底座等。隔离开关模型如图 3–11 所示。

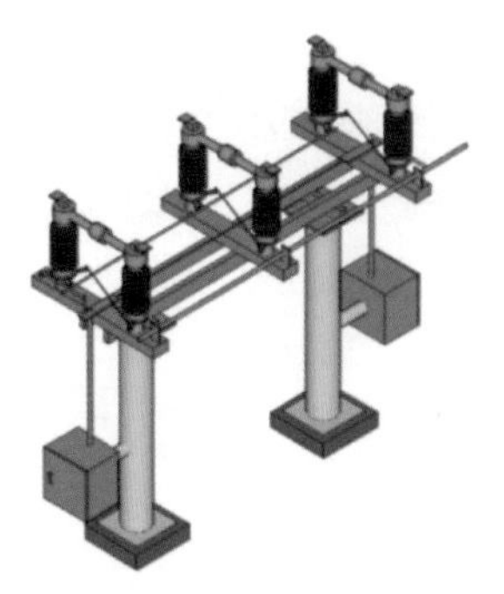

（a）合闸状态　　（b）分闸状态

● 图 3-11　隔离开关模型

2. 建模要求

隔离开关模型基本图元要求见表 3-7。

表 3-7　隔离开关模型基本图元要求表

类型	设备名称	建模内容	基本图元要求	特殊要求	是否定义为部件	通用模型	产品模型
变电设备	隔离开关	动触头	圆角、长方体	—	—	√	√
		静触头	圆角、长方体	—	—	√	√
		传动连杆	圆柱体、长方体	—	—	√	√
		导电杆	圆柱体	—	—	√	√
		接地刀	圆柱体	—	—	√	√
		均压环	参见专用几何体相关部分	—	—	√	√
		操动机构箱	长方体	箱体（如有），包含门柜及把手，不示意电缆引下软管模型	√	√	√
		示意分合指示器	圆柱体、长方体	—	√	—	√
		绝缘子	套管 / 绝缘子、锥形套管	最小几何单元以圆台表示，整个模型由支撑棒和伞片构成，支撑棒用圆台表示	√	√	√
		底座	长方体、圆柱体	示意出加筋板位置	—	—	√

注　√表示要求；—表示不要求。

3.2.8 接地开关

1. 建模内容

接地开关的建模内容主要包括操动机构箱、绝缘子、土建接口、支架、接地端子等。接地开关模型如图 3-12 所示。

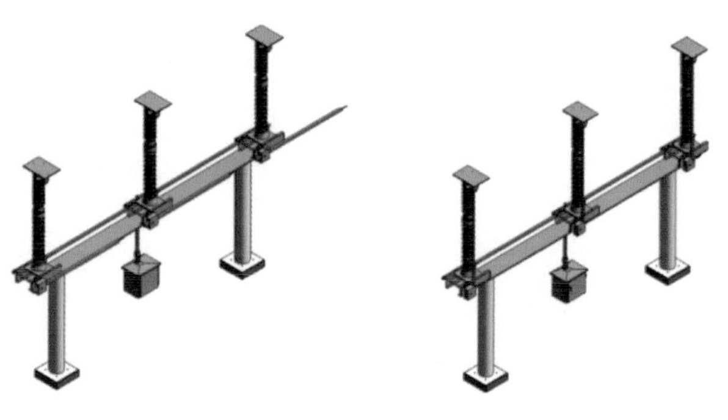

（a）合闸状态　　（b）分闸状态

● 图 3-12 接地开关模型

2. 建模要求

接地开关模型基本图元要求见表 3-8。

表 3-8 接地开关模型基本图元要求表

类型	设备名称	建模内容	基本图元要求	特殊要求	是否定义为部件	通用模型	产品模型
变电设备	接地开关	动触头	圆角、长方体	—	—	√	√
		静触头	圆角、长方体	—	—	√	√
		传动连杆	圆柱体、长方体	—	—	√	√
		导电杆	圆柱体	—	—	√	√
		均压环	参见专用几何体相关部分	—	—	√	√
		操动机构箱	长方体	箱体（如有），包含门柜及把手，不示意电缆引下软管模型	√	√	√
		示意分合指示器	圆柱体、长方体	—	√	—	√

续表

类型	设备名称	建模内容	基本图元要求	特殊要求	是否定义为部件	通用模型	产品模型
变电设备	接地开关	绝缘子	套管 / 绝缘子、锥形套管	最小几何单元以圆台表示，整个模型由支撑棒和伞片构成，支撑棒用圆台表示	√	√	√
		底座	长方体、圆柱体	示意出加筋板位置	—	—	√
		支架（若有）	圆柱体	示意出加筋板位置	—	√	√
		接地端子	端子板	示意开孔	—	—	√
		接线端子板	端子板	端子板模型主体板身采用切角（若有）长方体建立，具有端子板螺栓孔	—	√	√
		接线座	圆柱体、长方体	—	—	—	√
		设备底座与土建基础的安装螺栓	圆柱体、长方体、正多边体	—	—	—	√
		土建接口	长方体	含所有土建基础	√	√	√

注 √表示要求；—表示不要求。

3.2.9 避雷器

1. 建模内容

避雷器的建模内容主要包括安装基座、在线检测仪、绝缘套管、接线端子板、压力释放装置、土建接口等。避雷器模型如图 3-13 所示。

● 图 3-13 避雷器模型

2. 建模要求

避雷器模型基本图元要求见表 3-9。

表 3-9 避雷器模型基本图元要求表

类型	设备名称	建模内容	基本图元要求	特殊要求	是否定义为部件	通用模型	产品模型
变电设备	避雷器	安装基座	长方体	—	—	—	√
		计数器 / 在线检测仪	长方体	—	√	√	√
		绝缘套管	套管 / 绝缘子、锥形套管	最小几何单元以圆台表示，整个模型由支撑棒和伞片构成，支撑棒用圆台表示	—	√	√
		均压屏蔽装置	圆环、圆柱	—	—	√	√
		压力释放装置	长方体、棱柱	—	—	√	√
		接线端子板	端子板	端子板模型主体板身采用切角（若有）长方体建立，具有端子板螺栓孔	—	√	√
		接地端子	端子板	示意开孔	—	—	√
		计数器 / 检测仪安装支架	圆环、长方体	—	—	√	√
		吊耳	圆环	—	—	—	√
		设备底座与土建基础的安装螺栓	圆柱体、长方体、正多边体	—	—	—	√
		土建接口	长方体	含所有土建基础	√	√	√

注 √表示要求；—表示不要求。

3.2.10 支柱绝缘子

1. 建模内容

支柱绝缘子的建模内容主要包括接地端子、法兰、底座、均压屏蔽装置、土建接口等。支柱绝缘子模型如图 3-14 所示。

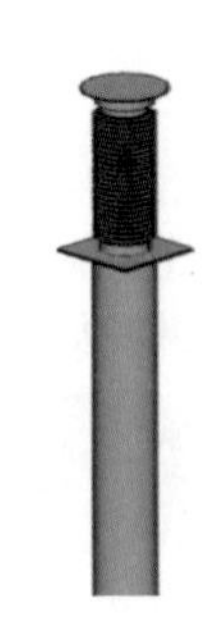

● 图 3-14　支柱绝缘子模型

2. 建模要求

支柱绝缘子模型基本图元要求见表 3-10。

表 3-10　支柱绝缘子模型基本图元要求表

类型	设备名称	建模内容	基本图元要求	特殊要求	是否定义为部件	通用模型	产品模型
变电设备	支柱绝缘子	接地端子	端子板	示意开孔	—	—	√
		法兰	圆台	法兰采用不等径圆柱体组合建模	—	—	√
		底座	长方体	—	—	—	√
		套管 / 绝缘子	套管 / 绝缘子、锥形套管	最小几何单元以圆台表示，整个模型由支撑棒和伞片构成，支撑棒用圆台表示	—	√	√
		均压屏蔽装置	圆环	—	—	√	√
		顶板	长方体	—	—	√	√
		设备底座与土建基础的安装螺栓	圆柱体、长方体、正多边体	—	—	—	√
		土建接口	长方体	含所有土建基础	√	√	√

注　√表示要求；—表示不要求。

3.2.11　站用变压器

1. 建模内容

站用变压器的建模内容主要包括本体、油枕、分接开关、高中低压套管、散热器、本体端子箱、土建接口、爬梯、呼吸器、表计、继电器、压力释放装置、油面温控器、吸湿器、芯（夹件）引出接地装置、取油口等。站用变压器模型如图 3–15 所示。

● 图 3–15　站用变压器模型

2. 建模要求

站用变压器模型的基本图元要求见表 3–11。

表 3–11　站用变压器模型基本图元要求表

类型	设备名称	建模内容	基本图元要求	特殊要求	是否定义为部件	通用模型	产品模型
变电设备	油浸式变压器	本体	长方体、棱台	示意出加筋板位置（如有）	√	√	√
		油枕	圆柱体、长方体、棱柱体	包含油位计	√	√	√
		均压屏蔽装置	均压环	—	—	√	√
		安装底座	长方体	—	—	—	√
		分接开关	长方体	箱体（如有），包含门柜及把手	√	√	√
		高压套管（A/B/C）	套管 / 绝缘子、锥形套管、端子板	套管 / 绝缘子建模的最小几何单元以圆台表示，整个模型由支撑棒和伞片构成，支撑棒用圆台表示	√	√	√

续表

类型	设备名称	建模内容	基本图元要求	特殊要求	是否定义为部件	通用模型	产品模型
变电设备	油浸式变压器	中压套管（A/B/C）（如有）	套管 / 绝缘子、锥形套管、端子板	套管 / 绝缘子建模的最小几何单元以圆台表示，整个模型由支撑棒和伞片构成，支撑棒用圆台表示	√	√	√
		低压套管（A/B/C）	套管 / 绝缘子、锥形套管、端子板	套管 / 绝缘子建模的最小几何单元以圆台表示，整个模型由支撑棒和伞片构成，支撑棒用圆台表示	√	√	√
		中性点套管	套管 / 绝缘子、锥形套管、端子板	套管 / 绝缘子建模的最小几何单元以圆台表示，整个模型由支撑棒和伞片构成，支撑棒用圆台表示	√	√	√
		接线端子板	端子板	端子板模型主体板身采用切角（若有）长方体建立，具有端子板螺栓孔	—	√	√
		散热器	长方体、圆柱体	散热片组用长方体整体表示	√	√	√
		升高座	圆柱体、圆台	示意升高座的二次接口	—	√	√
		法兰	圆柱体	—	—	—	√
		接地端子	端子板	示意开孔	—	—	√
		吊耳	拉伸体	—	—	—	√
		主要油管	圆柱体	只示意主油管，小油管及主油管连接法兰无需建模	—	√	√
		本体端子箱	长方体	箱体（如有），包含门柜及把手	√	√	√
		爬梯	长方体、圆柱体	—	√	√	√

续表

类型	设备名称	建模内容	基本图元要求	特殊要求	是否定义为部件	通用模型	产品模型
变电设备	油浸式变压器	呼吸器	圆柱体、管状放样、长方体	—	√	√	√
		表计	圆柱体	—	—	—	√
		继电器	圆柱体、长方体	包括油流继电器和气体继电器	√	√	√
		在线监测	长方体	—	—	—	√
		压力释放装置	圆柱体、长方体	—	√	√	√
		油面温控器	圆柱体、长方体	—	√	√	√
		吸湿器（如有）	圆柱体、长方体	—	√	√	√
		芯（夹件）引出接地装置	圆柱体、长方体	—	√	—	√
		取油口	圆柱体、长方体	—	√	—	√
		土建接口	圆柱体、长方体	含所有土建基础	√	√	√
		设备底座					
		与土建基础的安装螺栓	圆柱体、长方体、正多边体	—	—	—	√

注 √表示要求；—表示不要求。

3.2.12 消弧线圈及接地变成套装置

1. 建模内容

消弧线圈及接地变成套装置的建模内容主要包括接地变压器、真空开关、避雷器、隔离开关、电压互感器、电流互感器、并联电阻、箱体、土建接口等。消弧线圈及接地变压器成套装置模型如图 3-16 所示。

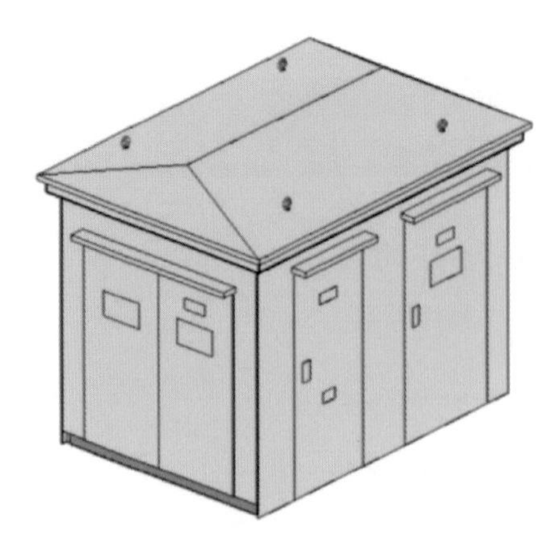

● 图 3-16　消弧线圈及接地变压器成套装置模型

2. 建模要求

消弧线圈及接地变压器成套装置模型基本图元要求见表 3-12。

表 3-12　消弧线圈及接地变压器成套装置模型基本图元要求表

类型	设备名称	建模内容	基本图元要求	特殊要求	是否定义为部件	通用模型	产品模型
变电设备	消弧线圈	设备安装槽钢	长方体	—	—	√	√
		铁芯线圈本体	长方体	—	—	√	√
		油枕（若有）	圆柱体	—	—	√	√
		隔直装置（如有）	长方体、圆柱体	—	—	√	√
		套管 / 绝缘子	套管 / 绝缘子、锥形套管	套管 / 绝缘子建模的最小几何单元以圆台表示，整个模型由支撑棒和伞片构成，支撑棒用圆台表示	—	√	√
		接线端子	端子板	端子板模型主体板身采用切角（若有）长方体建立，具有端子板螺栓	—	√	√

续表

类型	设备名称	建模内容	基本图元要求	特殊要求	是否定义为部件	通用模型	产品模型
变电设备	消弧线圈	真空开关（预调式）	长方体、圆柱体、套管/绝缘子、锥形套管	—	√	√	√
		接地变压器	长方体、圆柱体、套管/绝缘子、锥形套管	参照Q/GDW 11810.1—2018相关规定	√	√	√
		避雷器	长方体、圆柱体、套管/绝缘子、锥形套管	参照Q/GDW 11810.1—2018相关规定	√	√	√
		隔离开关	长方体、圆柱体、套管/绝缘子、锥形套管	参照Q/GDW 11810.1—2018相关规定	√	√	√
		电压互感器	长方体、圆柱体、套管/绝缘子、锥形套管	参照Q/GDW 11810.1—2018相关规定	√	√	√
		电流互感器	长方体、圆柱体、套管/绝缘子、锥形套管	参照Q/GDW 11810.1—2018相关规定	√	√	√
		并联电阻	长方体、圆柱体、套管/绝缘子、锥形套管	—	√	√	√
		箱体	长方体、圆柱体	包含把手	√	√	√
		设备底座与土建基础的安装螺栓	圆柱体，长方体、正多边体	—	—	—	√
		土建接口	长方体	含所有土建基础	√	—	√

注 √表示要求；—表示不要求。

3.2.13 电容器组

1. 建模内容

电容器组的建模内容主要包括电容器本体、串联电抗器、隔离开关、接地开关、避雷器、电流互感器、网栏、端子箱、土建接口等。电容器组模型如图 3-17 所示。

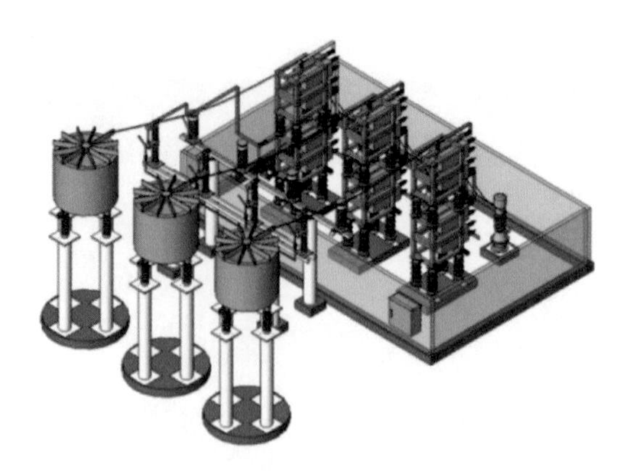

● 图 3-17　电容器组模型

2. 建模要求

电容器组模型基本图元要求见表 3-13。

表 3-13　电容器组模型基本图元要求表

类型	设备名称	建模内容	基本图元要求	特殊要求	是否定义为部件	通用模型	产品模型
变电设备	电容器	电容器本体	长方体、棱台、圆台	见电容器模型精度	—	√	√
		串联电抗器	长方体、棱台、圆台	见串联电抗器模型精度	√	√	√
		隔离开关	圆柱体、长方体	见隔离开关模型精度	√	√	√
		接地开关	圆柱体、长方体	见接地开关模型精度	√	√	√
		避雷器	圆柱体、长方体	见避雷器模型精度	√	√	√
		电流互感器	圆柱体、长方体	见电流互感器模型精度	√	√	√
		支柱绝缘子	套管 / 绝缘子、锥形套管	见支柱绝缘子模型精度	√	√	√
		电阻器（如有）	圆柱体、长方体	—	—	—	√
		熔断器（如有）	圆柱体、长方体	—	—	—	√
		放电线圈（如有）	圆柱体、长方体	—	—	—	√
		网栏	长方体	仅需示意，不赋材质，按长方体建模，通过调整透明度实现内部设备可视化	√	√	√

续表

类型	设备名称	建模内容	基本图元要求	特殊要求	是否定义为部件	通用模型	产品模型
变电设备	电容器	端子箱	长方体	箱体（如有），包含门柜及把手，不示意电缆引下软管模型	√	√	√
		法兰	法兰	法兰采用不等径圆柱体组合建模	—	—	√
		接线端子板	端子板	端子板模型主体板身采用切角（若有）长方体建立，具有端子板螺栓孔	—	√	√
		接地端子	端子板	示意开孔	—	—	√
		安装底座	长方体、棱台、圆台	—	—	—	√
		吊耳	拉伸体	—	—	√	√

注　√表示要求；—表示不要求。

3.2.14　电抗器

1. 建模内容

电抗器的建模内容主要包括支柱绝缘子、设备支柱、接线端子板、电抗器本体、土建接口等。电抗器模型如图 3–18 所示。

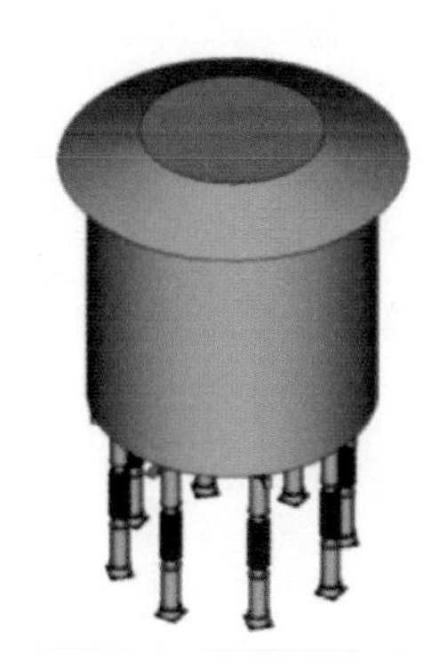

● 图 3–18　电抗器模型

2. 建模要求

电抗器模型基本图元要求见表 3–14。

表 3–14　电抗器模型基本图元要求表

类型	设备名称	建模内容	基本图元要求	特殊要求	是否定义为部件	通用模型	产品模型
变电设备	干式电抗器	设备安装底板	圆台	—	—	√	√
		支柱绝缘子	套管/绝缘子、锥形套管	参照支柱绝缘子规定	—	√	√
		设备支柱	圆柱体	—	—	√	√

续表

类型	设备名称	建模内容	基本图元要求	特殊要求	是否定义为部件	通用模型	产品模型
变电设备	干式电抗器	接线端子板	端子板	端子板模型主体板身采用切角（若有）长方体建立，具有端子板螺栓孔	—	√	√
		均压屏蔽装置（如有）	圆环、圆柱	—	—	√	√
		电抗器本体	圆柱体	—	—	√	√
		防雨帽（如有）	圆台	—	—	√	√
		设备底座与土建基础的安装螺栓	圆柱体、长方体、正多边体	—	—	—	√
		土建接口	长方体	含所有土建基础	√	√	√

注 √表示要求；—表示不要求。

3.2.15 中性点设备

1. 建模内容

中性点设备的建模内容主要包括隔离开关、避雷器、接地电阻、接地开关、放电间隙、土建接口等。中性点设备模型如图 3-19 所示。

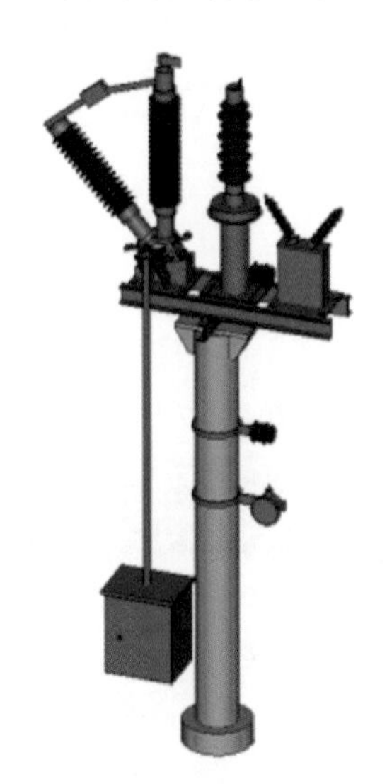

● 图 3-19 中性点设备模型

2. 建模要求

中性点设备模型基本图元要求见表 3–15。

表 3–15 中性点设备模型基本图元要求表

类型	设备名称	建模内容	基本图元要求	特殊要求	是否定义为部件	通用模型	产品模型
变电设备	中性点设备	隔离开关（如有）	长方体、圆柱体、套管 / 绝缘子、锥形套管	参照隔离开关	√	√	√
		避雷器（如有）	长方体、圆柱体、套管 / 绝缘子、锥形套管	参照避雷器	√	√	√
		消弧线圈（如有）	长方体、圆柱体、套管 / 绝缘子、锥形套管	参照消弧线圈	√	√	√
		电抗器（如有）	长方体、圆柱体	参照电抗器	√	√	√
		接地电阻（如有）	长方体、圆柱体、套管 / 绝缘子、锥形套管	—	√	√	√
		电流互感器（如有）	长方体、圆柱体、套管 / 绝缘子、锥形套管	参照电流互感器	√	√	√
		支柱绝缘子（如有）	套管 / 绝缘子、锥形套管	参照支柱绝缘子	√	√	√
		接地开关（如有）	长方体、圆柱体、套管 / 绝缘子、锥形套管	参照接地开关	√	√	√
		放电间隙（如有）	长方体、圆柱体	—	√	√	√
		隔直装置（如有）	长方体、圆柱体	—	√	√	√
		设备底座与土建基础的安装螺栓	圆柱体、长方体、正多边体	—	—	—	√
		土建接口	长方体	含所有土建基础	√	√	√

注 √表示要求；—表示不要求。

3.3

二次设备建模技术要点

3.3.1 二次屏柜

1. 建模内容

二次屏柜的建模内容主要包括柜体、柜门、把手、仪表、开关、柜内装置外形、显示屏等。二次屏柜模型如图 3-20 所示。

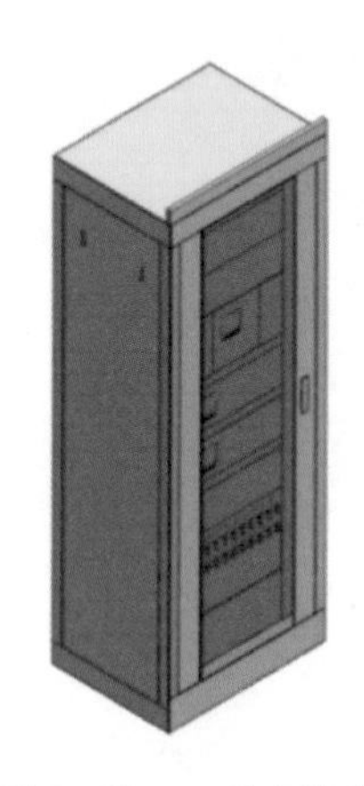

● 图 3-20　二次屏柜模型

2. 建模要求

二次屏柜模型基本图元要求见表 3-16。

表 3-16　二次屏柜模型基本图元要求表

类型	设备名称	建模内容	基本图元要求	特殊要求	是否定义为部件	通用模型	产品模型
变电设备	二次屏柜装置	柜体	长方体	—	—	√	√
		柜门	长方体	二次屏柜铭牌（可参数化修改）	—	√	√
		把手	长方体、圆柱	—	—	√	√
		仪表	长方体、圆柱	—	—	—	√

续表

类型	设备名称	建模内容	基本图元要求	特殊要求	是否定义为部件	通用模型	产品模型
变电设备	二次屏柜装置	按钮 / 开关	圆柱、长方体	—	—	—	√
		连接片	长方体	—	—	—	√
		柜后端子排架	长方体、圆柱	—	—	—	√
		屏眉	长方体	—	—	—	√
		柜内装置外形	长方体	—	√	√	√
		装置铭牌	长方体	装置铭牌包含生产厂家及装置型号	—	—	√
		仪表 / 显示屏	长方体、圆柱	—	—	—	√
		按钮	圆柱、长方体	—	—	—	√
		装置接线背板	长方体、圆柱	装置接线背板应根据不同厂家实际情况，通过长方体、圆柱等基本图元进行建模	—	—	√

注 √表示要求；—表示不要求。

3.3.2 蓄电池

1. 建模内容

蓄电池的建模内容主要包括单体、支架和连接片。蓄电池模型如图 3-21 所示。

● 图 3-21 蓄电池模型

2. 建模要求

蓄电池模型基本图元要求见表 3-17。

表 3-17　蓄电池模型基本图元要求表

类型	设备名称	建模内容	基本图元要求	特殊要求	是否定义为部件	通用模型	产品模型
变电设备	蓄电池组	单体	长方体	—	—	√	√
		支架	长方体	—	—	√	√
		连接片	长方体	—	—	√	√

注　√表示要求；—表示不要求。

3.3.3　智能辅控设备

1. 建模内容

智能辅控设备的建模内容主要包括摄像机、电子围栏和红外对射。智能辅控模型如图 3-22 所示。

● 图 3-22　智能辅控设备模型

2. 建模要求

智能辅控设备模型基本图元要求见表 3-18。

表 3-18　智能辅控设备模型基本图元要求表

类型	设备名称	建模内容	基本图元要求	特殊要求	是否定义为部件	通用模型	产品模型
安防系统	摄像机	整体	圆柱、长方体	—	—	—	√
	电子围栏	支架	圆柱	—	—	—	√

续表

类型	设备名称	建模内容	基本图元要求	特殊要求	是否定义为部件	通用模型	产品模型
安防系统	电子围栏	线	线、细圆柱	—	—	—	√
	红外对射	整体	圆柱、长方体	—	—	—	√

注　√表示要求；—表示不要求。

3.3.4　火灾报警

1. 建模内容

火灾报警设备的建模内容主要包括火灾报警接线箱、感温探测器、感烟探测器等。感温探测器模型如图 3–23 所示。

● 图 3–23　感温探测器模型

2. 建模要求

火灾报警模型基本图元要求见表 3–19。

表 3–19　火灾报警模型基本图元要求表

类型	设备名称	建模内容	基本图元要求	特殊要求	是否定义为部件	通用模型	产品模型
火灾报警系统	火灾报警接线箱	整体	圆柱、长方体	—	—	—	√
	感温探测器	整体	圆台、圆柱、长方体	—	—	—	√
	感烟探测器	整体	圆台、圆柱、长方体	—	—	—	√
	手动报警按钮	整体	长方体	—	—	—	√
	辅助灯光（声光报警器）	整体	圆台、圆柱	—	—	—	√
	消防联动控制箱	整体	圆柱、长方体	—	—	—	√

注　√表示要求；—表示不要求。

3.4

其他设备建模技术要点

3.4.1 绝缘子串

1. 建模内容

绝缘子串的建模内容主要包括伞裙、支撑棒和金具。绝缘子串模型如图3–24 所示。

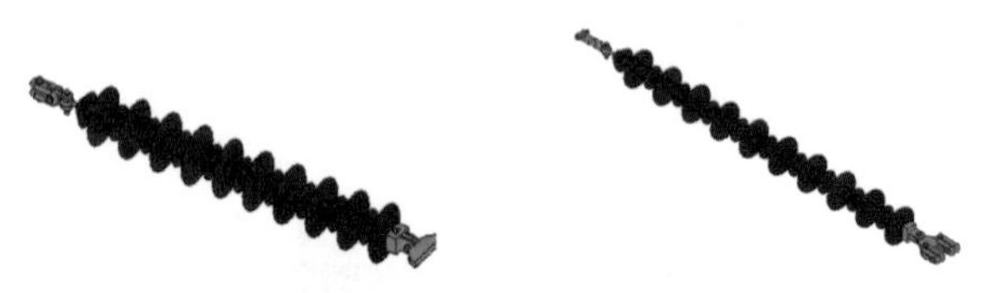

（a）悬垂串模型　　（b）耐张串模型

● 图 3–24　绝缘子串模型

2. 建模要求

绝缘子串宜采用参数化方式建模。绝缘子串模型基本图元要求见表3–20。

表 3–20　绝缘子串模型基本图元要求表

类型	设备名称	建模内容	基本图元要求	特殊要求	是否定义为部件	通用模型	产品模型
绝缘子串	伞裙	整体	圆台	—	—	—	√
	支撑棒	整体	圆台	—	—	—	√
	金具	整体	圆柱、长方体	—	—	—	√

注　√表示要求；—表示不要求。

3.4.2 管母线金具

1. 建模内容

管母线金具的建模内容主要包括圆环和端子板等。管母线金具模型如图3–25 所示。

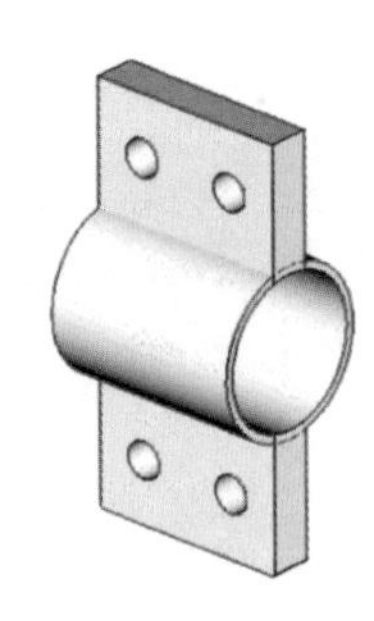

● 图 3-25 管母线金具模型

2. 建模要求

管母线金具模型基本图元要求见表 3-21。

表 3-21 管母线金具模型基本图元要求表

类型	设备名称	建模内容	基本图元要求	特殊要求	是否定义为部件	通用模型	产品模型
管母线金具	圆环	整体	圆台	—	—	—	√
	端子板	整体	长方体	—	—	—	√

注 √表示要求；—表示不要求。

3.4.3 设备线夹

1. 建模内容

设备线夹的建模内容主要为圆环。设备线夹模型如图 3-26 所示。

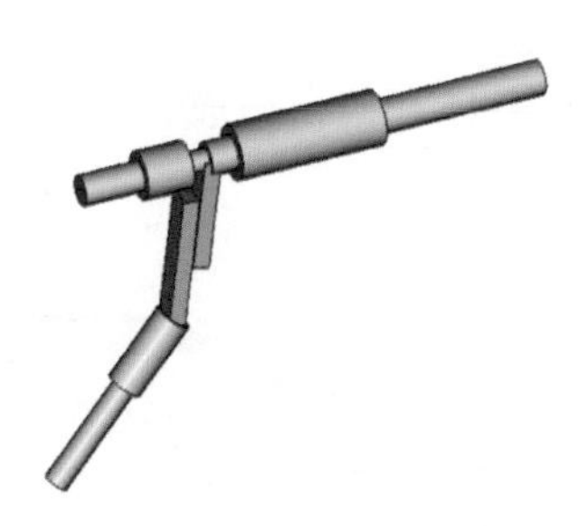

● 图 3-26 设备线夹模型

2. 建模要求

设备线夹模型基本图元要求见表 3-22。

表 3-22　设备线夹模型基本图元要求表

类型	设备名称	建模内容	基本图元要求	特殊要求	是否定义为部件	通用模型	产品模型
设备线夹	圆环	整体	圆柱体、长方体	—	—	—	√

注　√表示要求；—表示不要求。

主变压器建模实例

3.5.1　建模实现步骤

主变压器三维建模实现包括本体建模、其余组合体建模、组合拼装、设备属性赋予和模型输出共五个步骤，如图 3-27 所示。本节结合主变压器三维建模实例说明变电站设备的三维建模全过程。

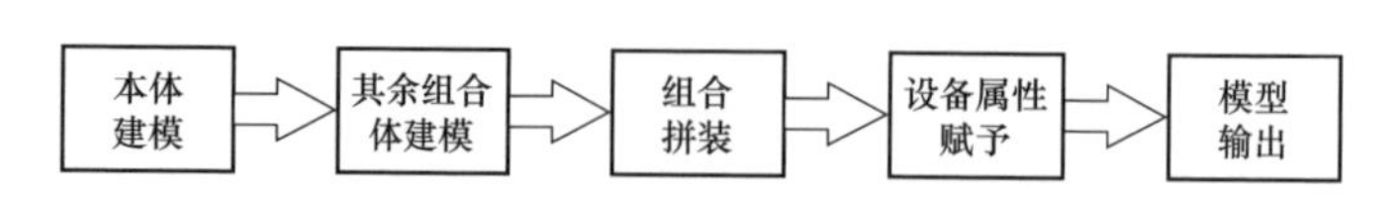

● 图 3-27　主变压器三维建模实现步骤

3.5.2　本体建模

主变压器本体主要由长方体和棱台组成，本体模型如图 3-28 所示。推荐使用长方体和拉伸体进行建模。

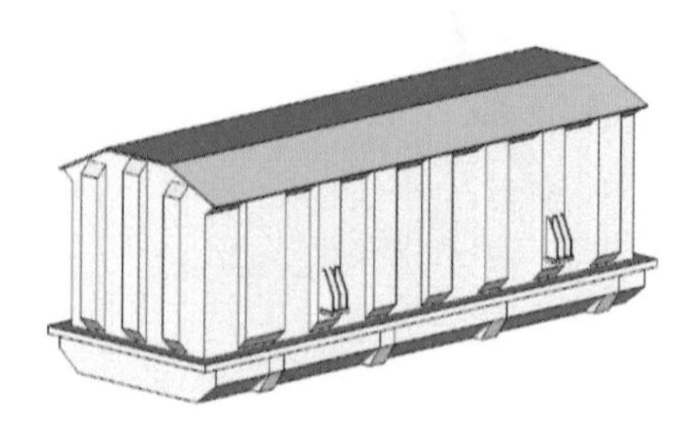

● 图 3-28　主变压器本体模型

本体建模具体操作如下所述：

（1）打开变电三维设计软件，在“Plug-ins”下单击“GIM 建模工具”，其中 GIM 是电网信息模型（Grid Information Model，GIM），并勾选“总在最前”，保持此窗口为置顶状态。GIM 建模工具窗口如图 3-29 所示。

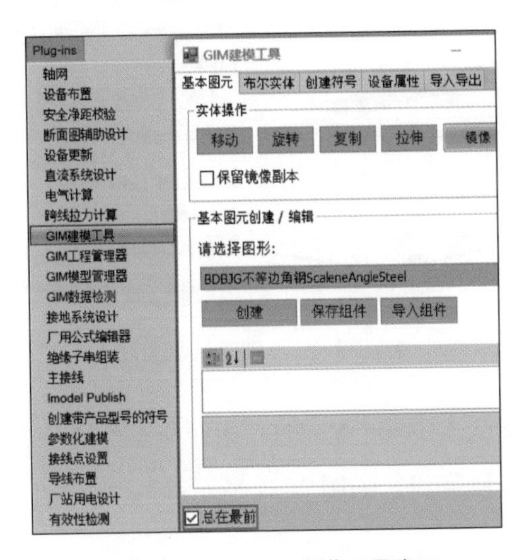

● 图 3-29 GIM 建模工具窗口

（2）单击图 3-29 中“创建”，新建一个 Symbol，在“Symbol 定义”中将名称修改为“220kV 变压器模型 01_ 本体”，鼠标左键长按视图旋转按钮，将视图切换到顶视图，如图 3-30 所示。

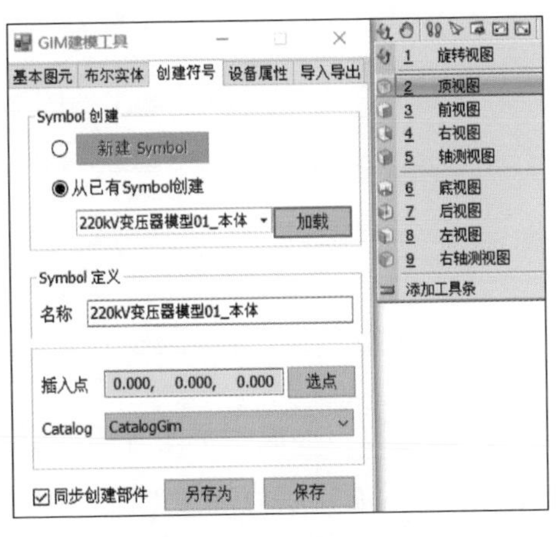

● 图 3-30 切换视图操作

（3）单击“基本图元”，拉伸体只能在顶视图创建，在图形中选择拉伸体，单击“创建”，按照图纸尺寸绘制下图高亮部分梯形。创建基本图元操作如图 3-31 所示。

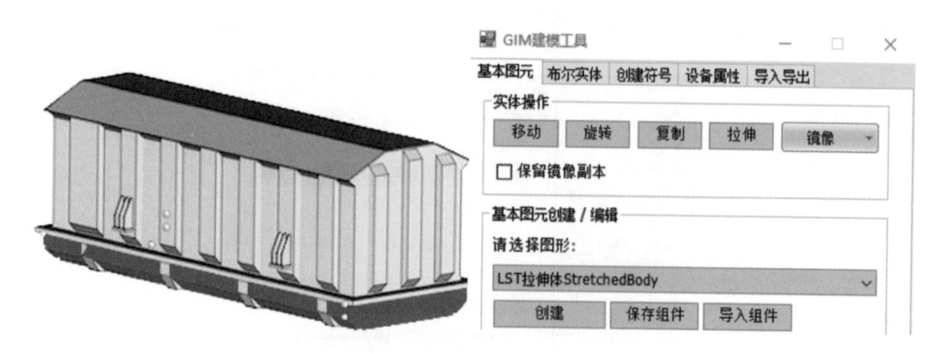

● 图 3-31　创建基本图元

（4）在坐标中输入 X=330、Y=241，虚线交点处则是梯形斜边点，这时单击鼠标左键，斜边绘制完成，如图 3-32 所示。

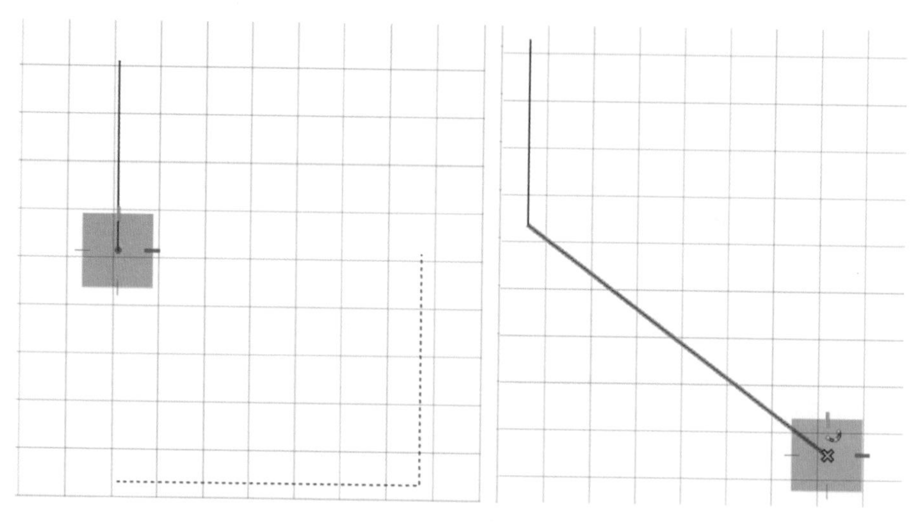

● 图 3-32　输入坐标

（5）同理，输入剩下的参数，形成一个闭合的梯形，拉伸体创建完成，“外观”栏中显示相应信息表示创建成功，在“长”中输入“7670”，完成底部的绘制，如图 3-33 所示。

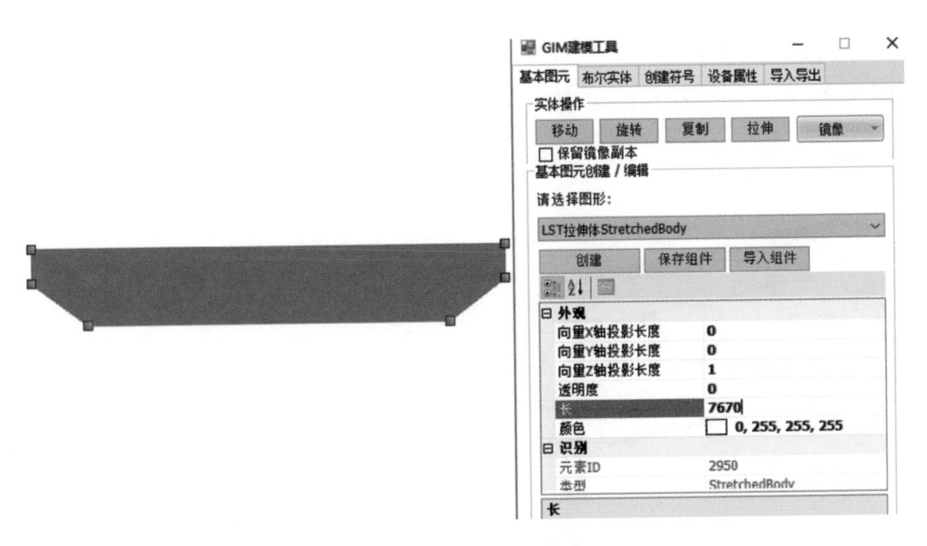

● 图 3-33 外观创建

（6）将视图切换到右视图，单击“模型”，选择“实体操作”中的“旋转”按钮，先选择旋转的中心点，定义第二点为中心点的垂直点，鼠标向上移动，移动到需要旋转的位置，单击左键将底座进行旋转。旋转图元如图 3-34 所示。

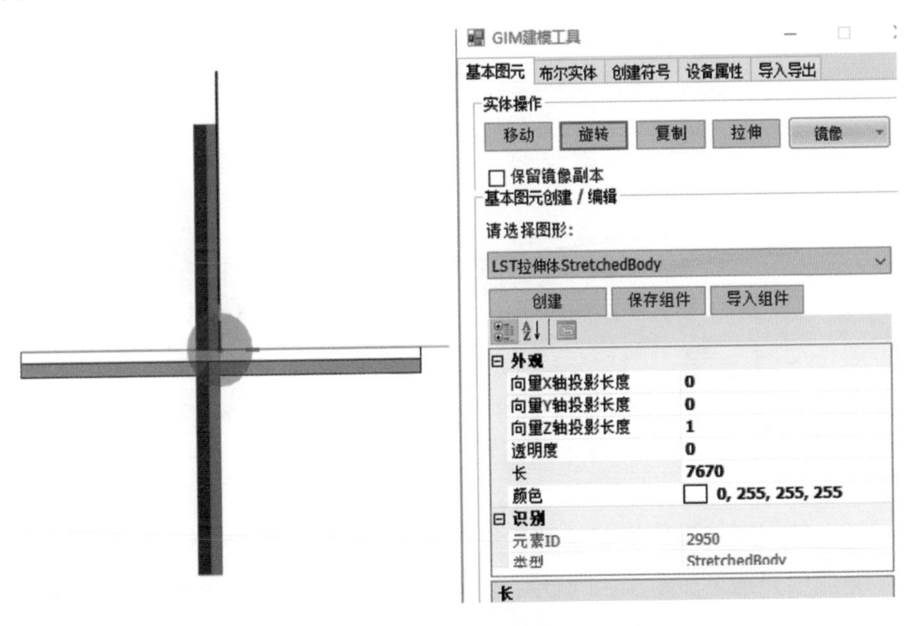

● 图 3-34 旋转图元

（7）将视图切换到顶视图，进行绘制高亮图元操作，绘制高亮图元结果如图 3–35 所示。同样按照上面的操作，绘制一个梯形，同时进行旋转图元操作，旋转图元结果如图 3–36 所示。

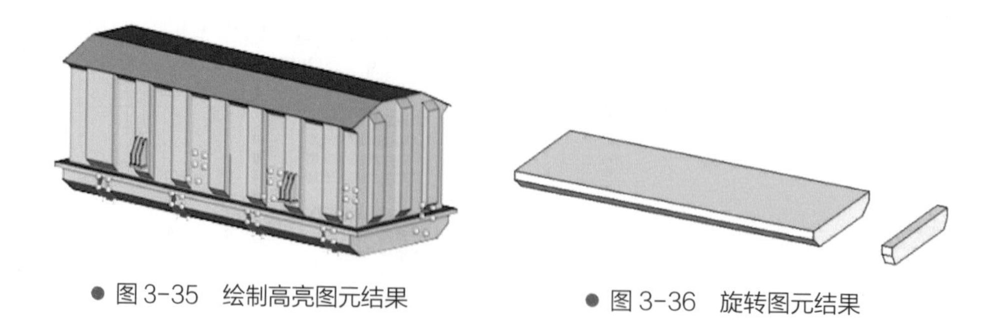

● 图 3–35　绘制高亮图元结果

● 图 3–36　旋转图元结果

（8）对图元进行移动、复制等命令，按照变压器图纸的间距排列四个图元。选择需要移动的图元单击实体操作中的“移动”，选择图元的中心位置作为移动的起点，按键盘上的“T”键将坐标平面移动到顶视图；按键盘上的回车键进行锁轴，只允许图元进行 X 方向上的移动，此时 X 方向上的距离为 –1899，在 X 坐标栏中输入“–1899”，如图 3–37 所示。

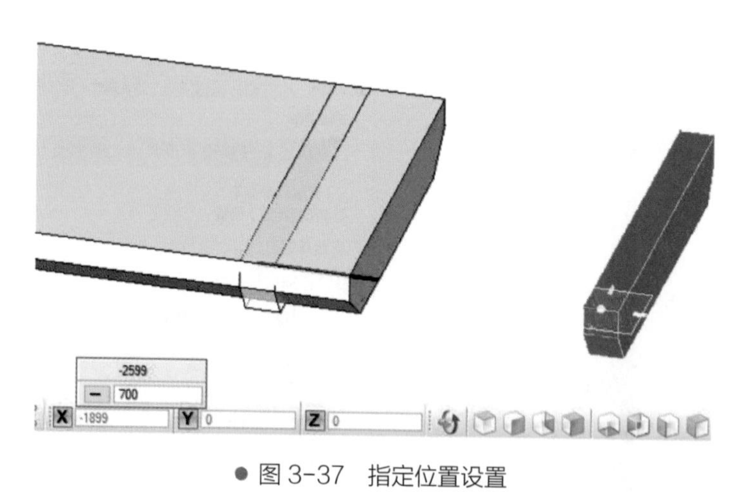

● 图 3–37　指定位置设置

（9）使用实体操作中的复制命令，将图元按照以上步骤操作进行复制操作，复制图元结果如图 3–38 所示；将视图切换到顶视图，进行绘制高亮图元操作。绘制高亮图元结果如图 3–39 所示。

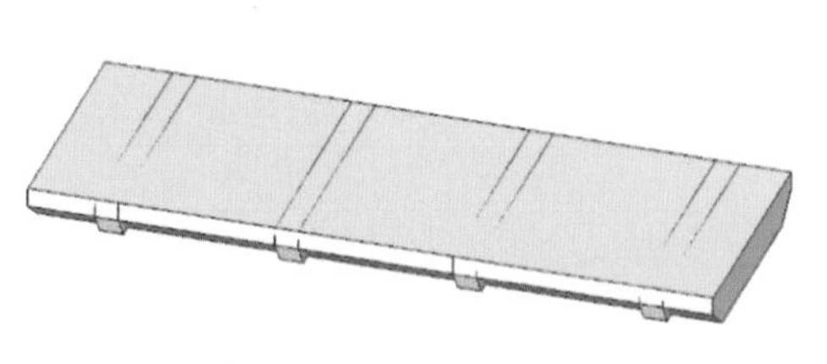

● 图 3-38　复制图元结果

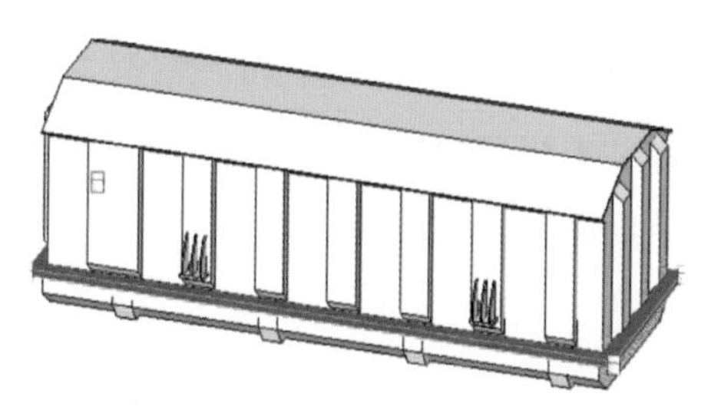

● 图 3-39　绘制高亮图元结果

（10）在“基本图元”中选择“CFT 长方体”，单击“创建”，在界面单击添加一个长方体，输入数据为宽 2820、长 8080、高 100，同时按照国家电网有限公司配色要求修改颜色为 0、138、149、151，如图 3-40 所示。

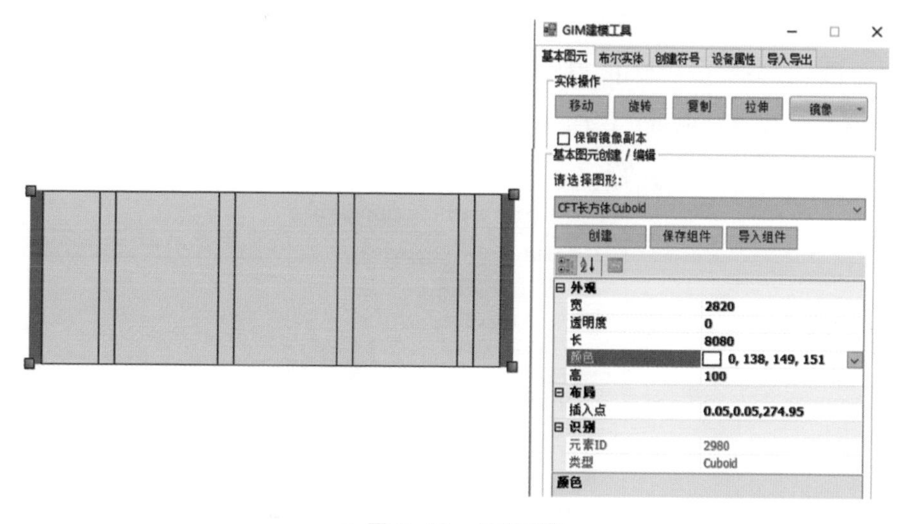

● 图 3-40　修改配色

（11）切换到前视图，进行高度的调整，使其刚好位于底座上方。单击“实体操作”中的“移动”，回车锁轴，选择底座最上方的交点部分，单击鼠标左键，移动模型。调整图元高度结果如图 3-41 所示。

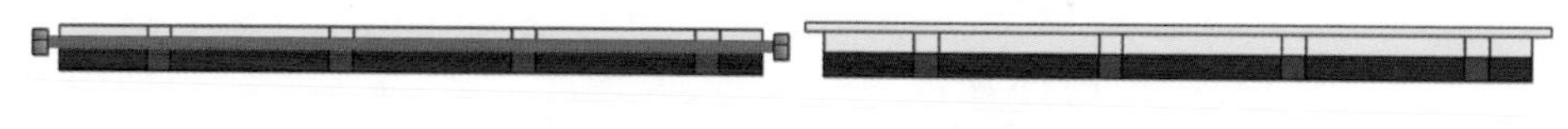

● 图 3-41　调整图元高度结果

（12）同理，使用拉伸体绘制出本体异性的部分，添加长度为 7660，同时按照国家电网有限公司配色修改为 0、138、149、151。最后进行“旋转”命令，移动到相应位置。反复重复此操作，完成变压器本体的绘制，模型绘制完成结果如图 3–42 所示。

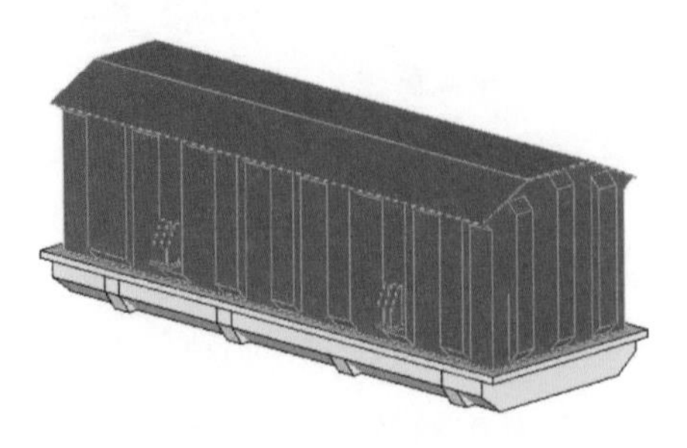

● 图 3-42　模型绘制完成结果

（13）绘制完成后单击“插入点”中的“选点”，选择点为底座中心点处，然后单击“保存”即可，如图 3–43 所示。

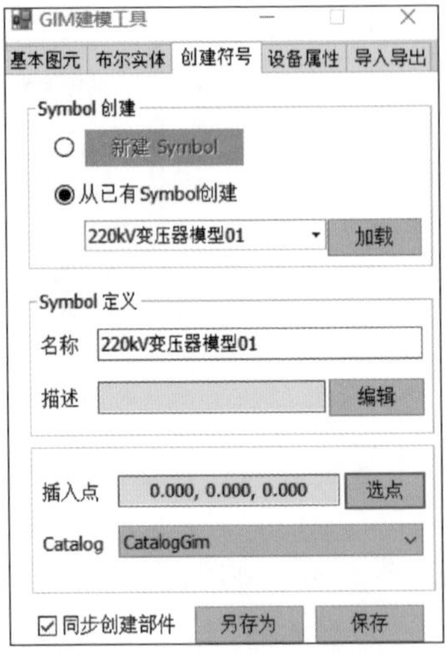

● 图 3-43　选择插入点设置

3.5.3　其余组合体建模

（1）以油枕为例，打开“GIM 建模工具”，单击“新建 Symbol”，修改“Symbol 定义”名称为“220kV 变压器模型 01_ 油枕”，如图 3–44 所示。

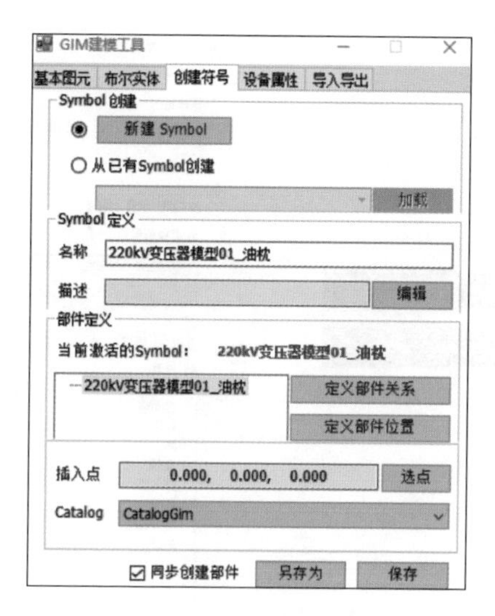

● 图 3-44　新建油枕部件

（2）将视图切换到右视图，单击“基本图元”下的“创建”，创建一个 YZT 圆柱体，输入参数为半径 706、高 4980，颜色输入为 0，138，149，151，如图 3-45 所示。

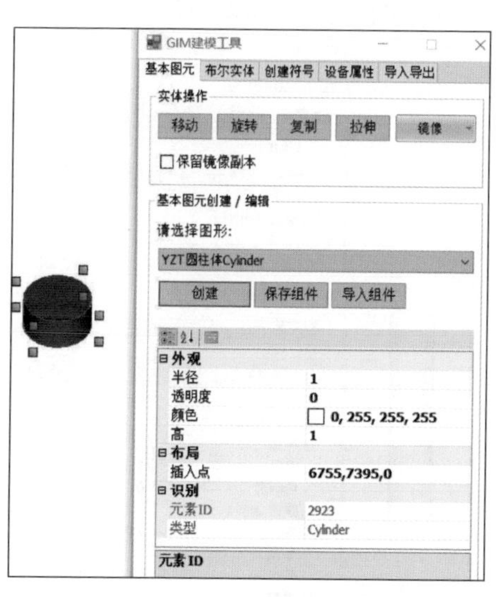

● 图 3-45　新建圆柱体图元

（3）单击“实体操作”中的“复制”，复制一个圆柱体在左边，输入尺寸为半径 735、高 10，如图 3-46 所示。

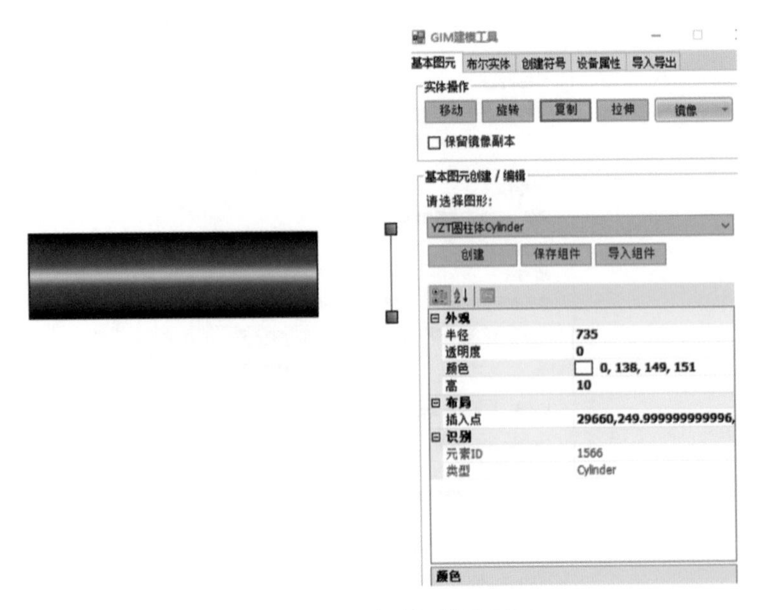

● 图 3-46　复制圆柱体图元

（4）移动复制圆柱体至右边，并勾选“保留镜像副本”，镜像一个圆柱体至圆柱体左边。镜像圆柱体图元如图 3-47 所示。

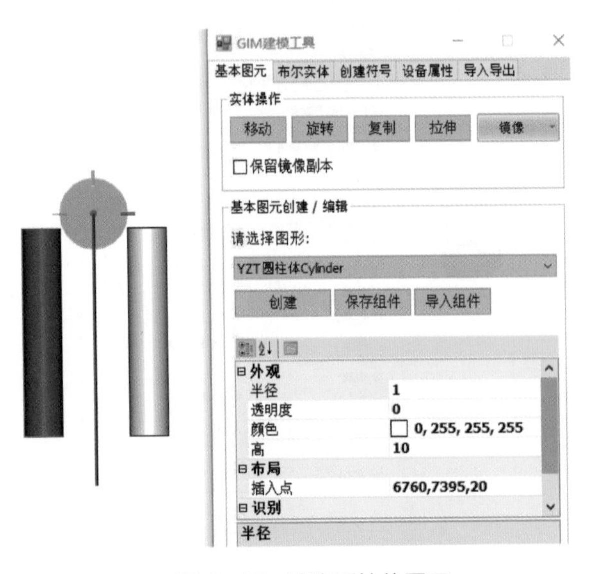

● 图 3-47　镜像圆柱体图元

（5）同理，复制两个圆柱体，并输入尺寸，如图 3-48 所示。

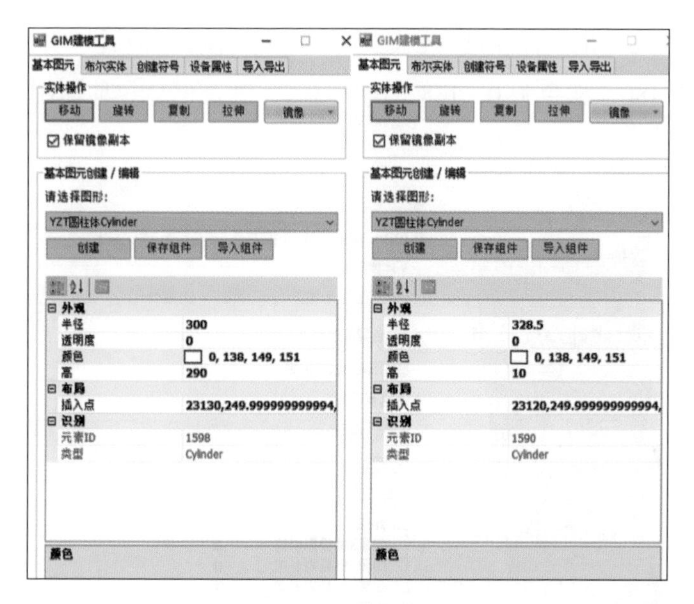

● 图 3-48　复制圆柱体图元

（6）单击“实体操作”中的“移动”，移动圆柱体图元至模型最左边，如图 3-49 所示。

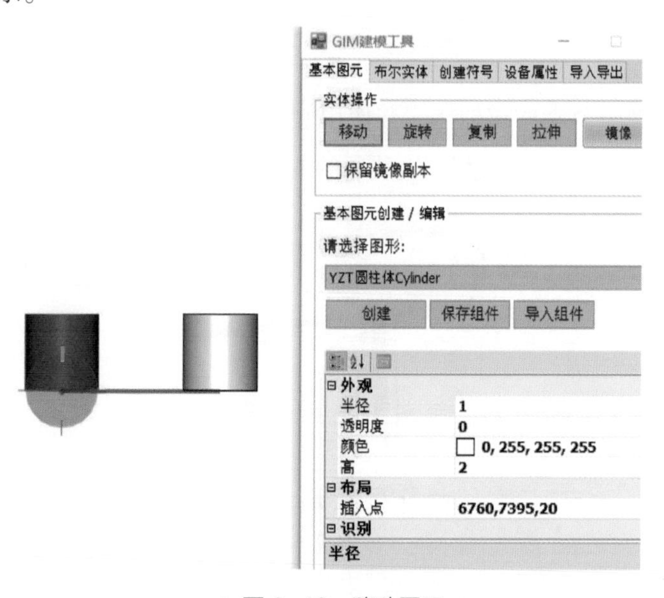

● 图 3-49　移动图元

（7）将视图切换到顶视图，选择“LST 拉伸体 StretchedBody”，单击“创建”，在空白处单击鼠标左键，创建起点，绘制路径，最后封闭拉伸体图元，输入长度为 180，颜色为 0、138、149、151，进行创建拉伸体图元操作，如图 3–50 所示。

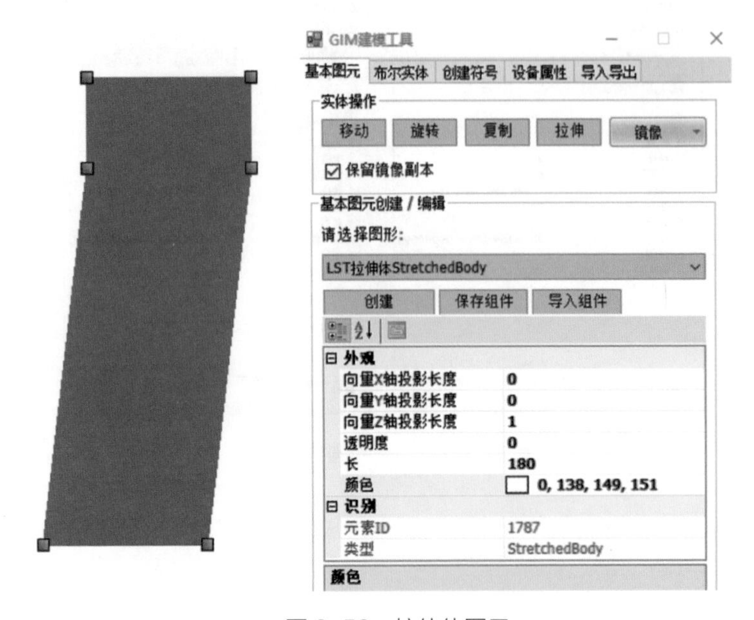

● 图 3–50　拉伸体图元

（8）复制一个新的拉伸体，并使用旋转、移动等命令组装现有模型，选择一个插入点，单击“保存”。组装后的油枕模型如图 3–51 所示。

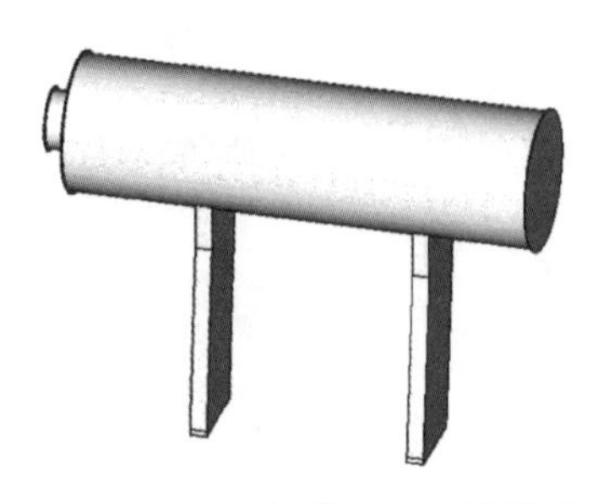

● 图 3–51　组装后的油枕模型

3.5.4　组合拼装

（1）单击“新建 Symbol”，创建一个模型为“220kV 变压器模型 01”，单击“定义部件关系”，将所做子部件定义到主设备中，定义完成后单击“保存”。定义设备部件如图 3–52 所示。

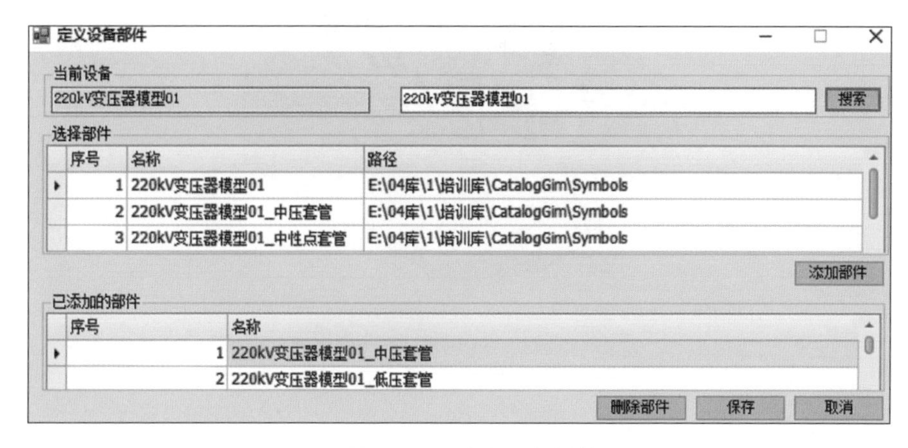

● 图 3–52 定义设备部件

（2）单击“本体”，单击“定义部件位置”，将子部件放置到空白处，放置后的模型名称被单击后能够高亮显示，如图 3–53 所示。

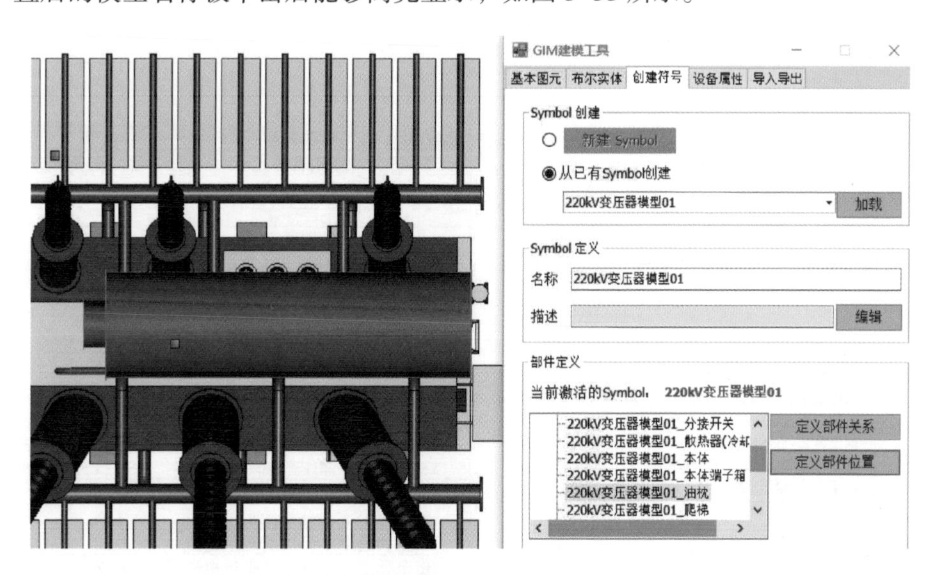

● 图 3–53 放置子部件

（3）将所有子部件依次放置，并通过移动、旋转等命令进行组装，组装完成后选择一个插入点，并进行保存。组装后的变压器模型如图 3–54 所示。

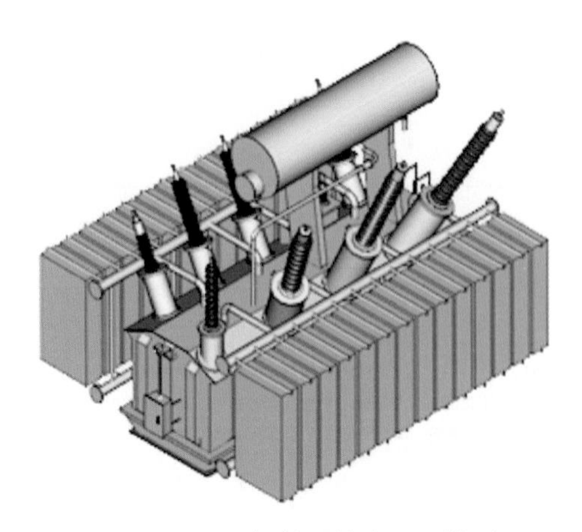

● 图 3-54　组装后的变压器模型

3.5.5　设备属性赋予

单击“GIM 建模工具”中的设备属性，勾选“Gim 属性”，可以显示当前属性内容，设备属性如图 3-55 所示。单击图中“导出”，可以将当前属性导出为 Excel 表格，可以直接在 Excel 中进行属性录入，录入完成后再“导入”至工程中，典型 Excel 导出表如图 3-56 所示。

GIM建模工具

基本图元　布尔实体　创建符号　设备属性　导入导出

选择 Symbol：220kV变压器模型01

属性表名称：　导出　导入

雷电截波冲击电压	85kV
雷电截波冲击电压	1050kV
额定容量-中压绕组	120MVA
额定容量-低压绕组	60MVA
额定容量-高压绕组	120MVA
额定电压-中压绕组	121（115）kV
额定电压-低压绕组	10.5kV
额定电压-高压绕组	230（220）kV
额定频率	50Hz

参数名称：　☑Gim属性

参数值：　添加新属性

保存

● 图 3-55　设备属性

序号	参数名称	参数值
1	变压器型式	三相、三绕组
2	绝缘方式	油浸式
3	生产厂家	
4	额定频率	50Hz
5	额定容量-高压绕组	120MVA
6	额定容量-中压绕组	120MVA
7	额定容量-低压绕组	60MVA
8	额定电压-高压绕组	230（220）kV
9	额定电压-中压绕组	121（115）kV
10	额定电压-低压绕组	10.5kV
11	调压方式	有载调压
12	调压位置	高压侧中性点
13	调压范围	±8×1.25%
15	全容量下主分接的阻抗电压	0.14
16	全容量下主分接的阻抗电压	±5%
17	全容量下主分接的阻抗电压	0.23
18	全容量下主分接的阻抗电压	±10%
19	全容量下主分接的阻抗电压	0.08
20	全容量下主分接的阻抗电压	±7.5%
21	冷却方式	ONAN
22	相数	3

● 图 3-56　典型 Excel 导出表

3.5.6 模型输出

（1）单击“GIM 建模工具”中的“导入导出”，单击“模型导出”，可将设备模型导出为 gim 文件（*.gim）。模型导出操作如图 3-57 所示。

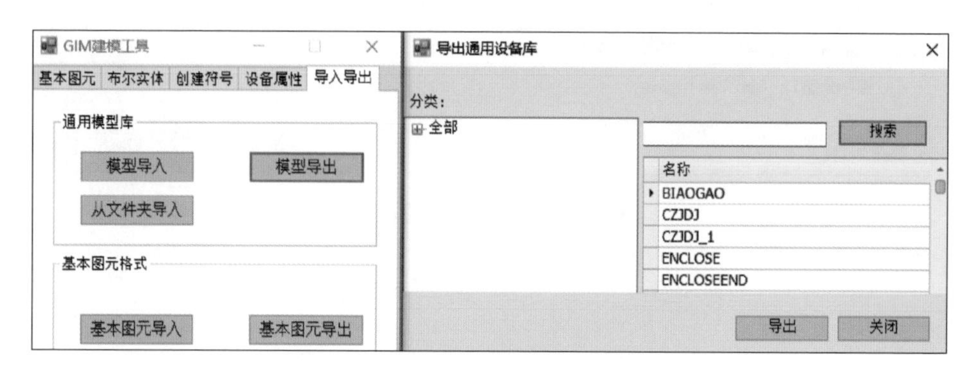

● 图 3-57　模型导出操作

以变压器模型导出为例，在“搜索”框中输入“变压器”，找到刚刚的“220kV 变压器模型 01”，单击主设备名称，再单击“导出”，即可将整个模型导出为 gim 文件（*.gim）。变压器模型导出操作如图 3-58 所示。

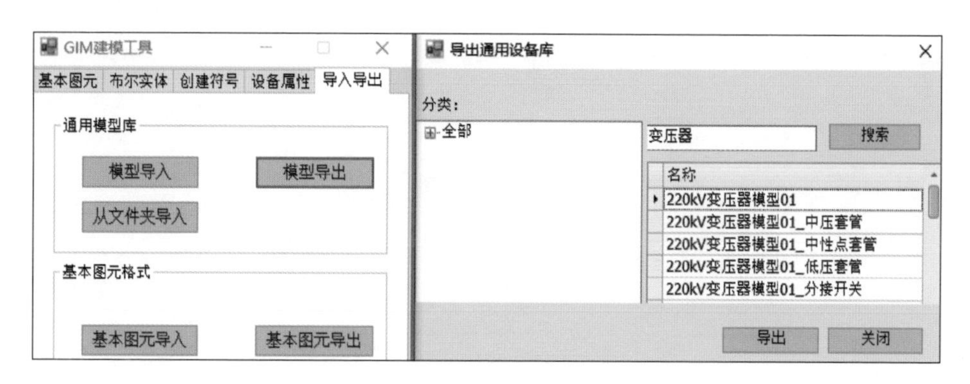

● 图 3-58　变压器模型导出操作

（2）单击“导出”，选择需要导出的路径，单击“保存”，如图 3-59 所示。导出完成后会提示“导出成功”字样，至此，模型已经成功导出。

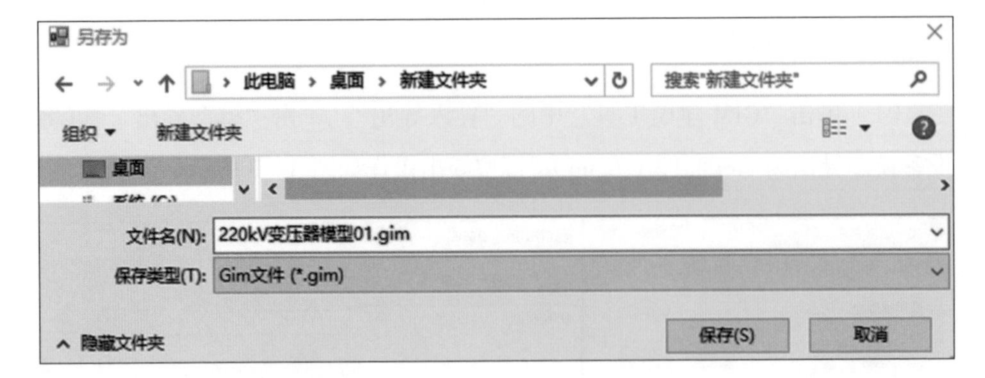
另存为
此电脑 › 桌面 › 新建文件夹
搜索"新建文件夹"
组织 ▾
新建文件夹
桌面
文件名(N): 220kV变压器模型01.gim
保存类型(T): Gim文件 (*.gim)
隐藏文件夹
保存(S)
取消

● 图 3-59 选择保存路径

第4章

变电三维设计流程

变电三维设计以三维模型为核心，通过三维可视化设计技术实现变电站工程“所见即所得”的设计。本章以变电三维设计业务流程为脉络，介绍变电三维设计环节在电气设计、土建设计、协同设计、模型总装与校核以及成果管理上的技术要点与要求。

4.1 概　述

变电站（换流站）工程三维设计是对三维设计模型、各专业三维设计范围和深度、各专业三维协同设计和数字化移交要求的实现过程。如图 4–1 所示，变电三维设计内容主要包括协同设计、电气设计、土建设计、模型总装与校审、三维出图与工程量统计和 GIM 文件发布六部分。

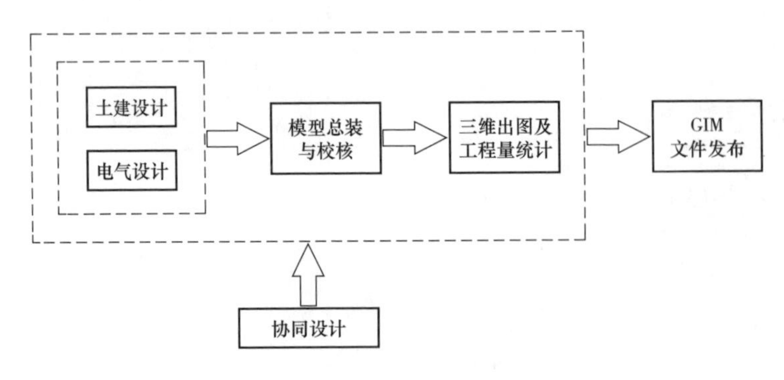

● 图 4–1　变电三维设计内容

如图 4–2 所示，变电三维设计实施的一般流程主要包括项目准备、多专业联合建模、模型校审、三维出图及工程量统计、GIM 文件发布五个设计环节。具体地，首先启动项目准备工作，完成项目初始化，确定项目目标和范围以及项目组成员；其次在统一坐标原点和度量单位等基础上创建布置基准文件，开展含电气专业、土建专业和总图专业的多专业建模与提资，完成多专业联合建模；然后通过可视化浏览与参数校核、动态断面与三维测量、碰撞检查与动态校验工作实现红线批注，完成模型校审；在以上工作基础上，完成三维出图及工程量统计和 GIM 文件发布工作。

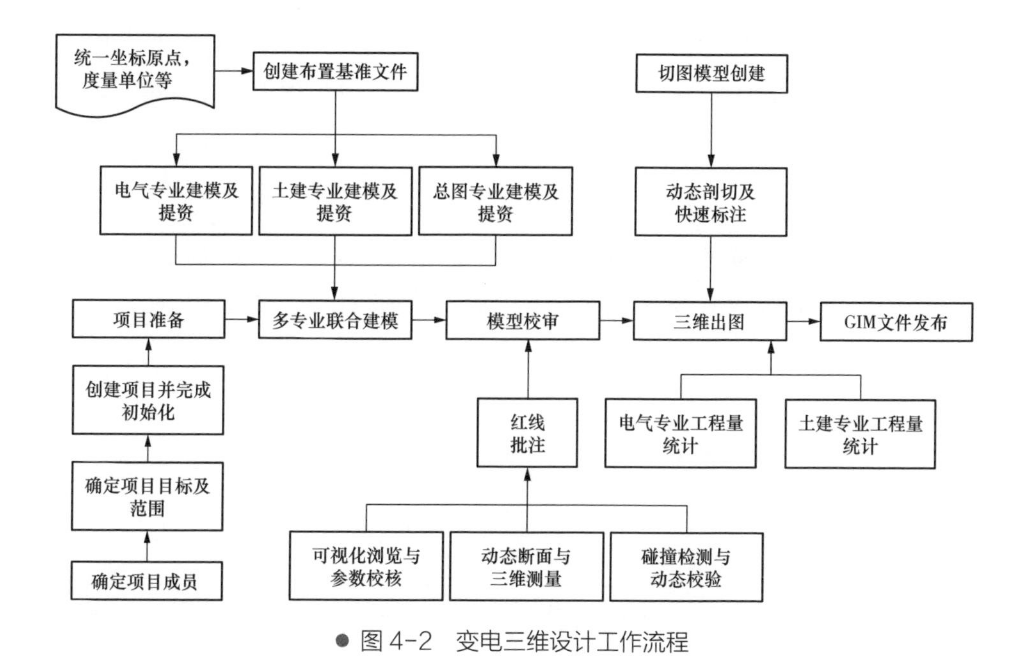

● 图 4-2 变电三维设计工作流程

4.2 协同设计

4.2.1 协同设计流程

1. 流程简述

变电协同设计是通过系统设计管理平台的管理，建立标准的变电站工程目录管理结构层次，制订文件档案及模型的命名、存放位置等规则，将参与同一个项目的所有人员进行权限分配，按设定的工作流程开展变电站工程三维设计工作。

2. 设计流程

如图 4-3 所示，变电协同设计的一般流程主要包括协同平台部署、协同设计企标建立、变电项目协同设计初始化、项目权限设定和变电多专业协同设计五个设计环节。具体地，首先开展协同平台的部署工作，完成协同管理平台安装、各专业软件工具安装和协同设计环境设置；其次在统一坐标原点和度量单位等基础上规定层级划分原则等，规定三维提资方法和流程，规定模型文件命名规则，完成协同设计企标建立；然后通过项目创建及初始化和模型层级结构分解，实现变电项目协同设计初始化工作；同时开展项目权限设定，包括项目组成员确定和项目组权限确定；最后在各专业建模和模型校验基础上，实现变电多专业协同设计工作，协同设计结果将成为后续三维设计成果输出。

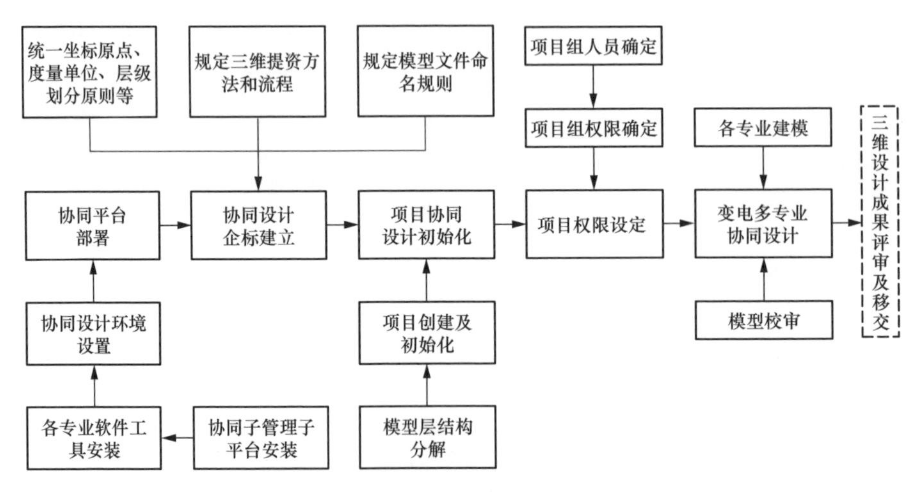

● 图 4-3　变电协同设计工作流程

4.2.2　协同设计步骤

变电协同设计步骤如图 4-4 所示。

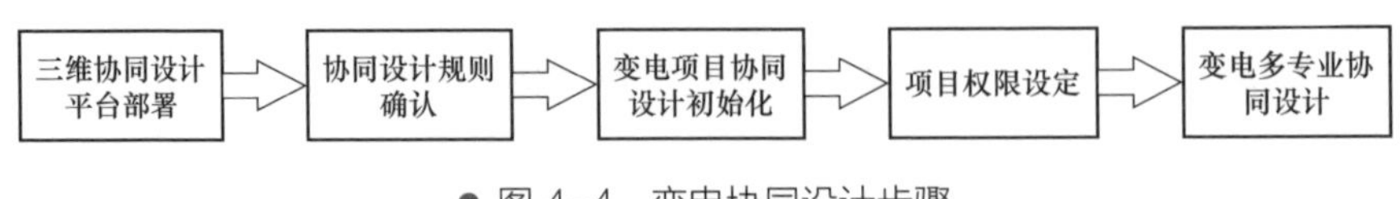

● 图 4-4　变电协同设计步骤

1. 三维协同设计平台部署

三维协同设计平台部署是依据变电站工程应用系统大小，配置相应的服务器及客户端软件，并完成协同环境设置的工作。服务器上要设置数据库及项目文档管理规则，初始化设计人员资料库、校审流程、协同流程等协同管理内容。依据变电站工程相关专业的设计需要，客户端安装相应的三维设计工具和协同设计子程序。

2. 协同设计规则确认

协同设计规则要综合考虑变电站工程三维设计需求和三维设计平台特点，并结合设计单位本身的实际情况来确认，并将规则固化成企标，用来指导各专业设计人员完成协同设计工作。在制订协同设计规则时应按照国家电网有限公司三维设计标准要求，规定各专业采用统一的坐标原点、度量单位、层级划分原则、配色原则和属性定义原则；明确各专业三维提资方法和流程；明确各专业模型文件的命名规则。

3. 变电项目协同设计初始化

变电项目协同设计初始化需在项目设计前建立好项目文件存储目录，创建目录结构时要结合变电站模型层级结构。内容包括需要参与的各个专业的目录、公共资源的目录，设计单位可以按照自己的特点确定具体的项目结构。变电站工程目录结构创建原则通常采用“项目—区域—专业”层次方式，便于整站模型管理和贴合项目实际布置方案。变电项目协同设计初始化典型目录结构如图 4-5 所示。

4. 项目权限设定

项目权限设定是按照变电站工程项目任务进行任务分解，将任务分解到每个项目成

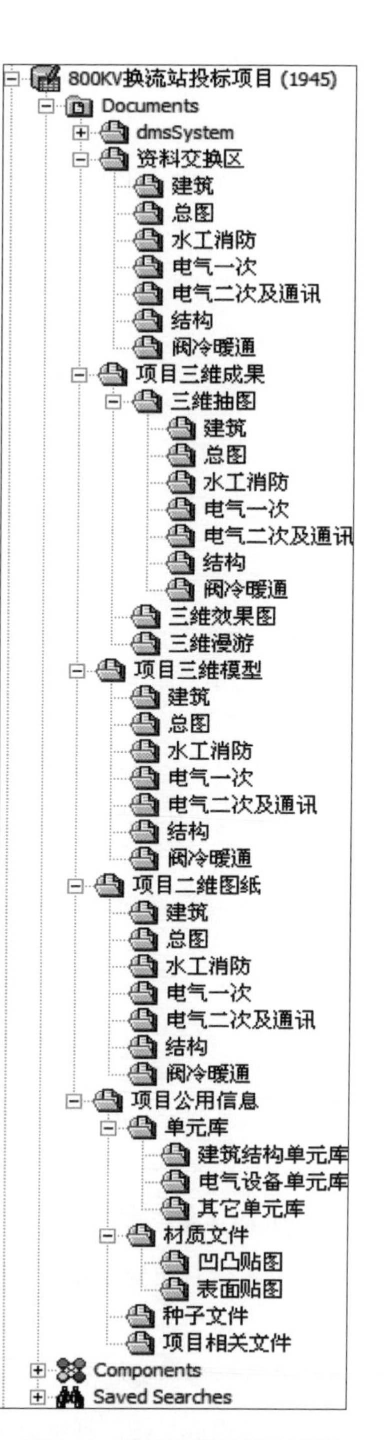

● 图 4-5 变电项目协同设计初始化典型目录结构

员，并为每个项目配置相应的操作权限。项目权限设定总体原则是每个人员只对自己负责部分的内容有读、写的权限，对其他人员负责部分只有读的权限。

5. 变电多专业协同设计

变电多专业协同设计是指变电设计相关的电气专业和土建专业在统一坐标原点、度量单位、布置基准文件基础上，协同开展含电气专业、土建专业和总图专业的多专业建模与提资，完成多专业间的碰撞检查与动态校验等模型校审。

4.3 电气设计

4.3.1 电气设计流程

变电站（换流站）工程三维设计中电气设计可分成电气一次设计和电气二次设计两部分，如图 4-6 所示。

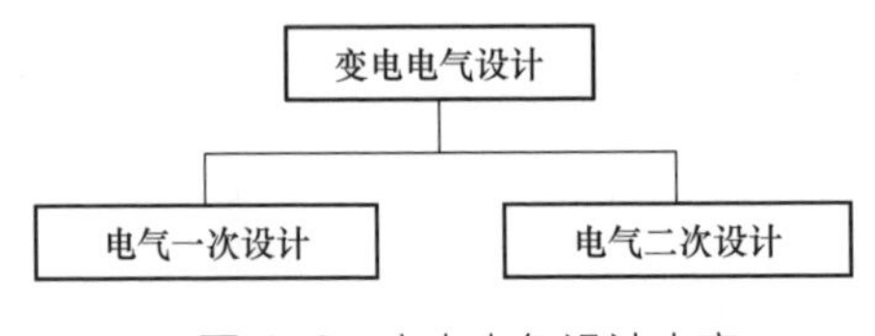

● 图 4-6　变电电气设计内容

变电电气设计的一般流程主要包括设备布置、导线布置、电气编码和成果输出四个设计环节。具体地，首先在设备布置前需要进行三维模型准备，如使用 GIM 建模工具完成设备建模，包括所用导线的型号扩充等准备工作；其次开展设备布置，完成主接线设计和三维设备布置；再次开展导线布置，完成导线拉力计算和高压电缆布置；然后开展电气编码工作；最后是输出二维成果和三维成果操作，如二维的平剖面图纸可生成 GIM 模型和三维 PDF 文件等。输出的二维图纸可以进行完整的标注和设备材料统计，三维成果可以进行安全净距校验和碰撞检测等。变电电气设计工作流程如图 4-7 所示。

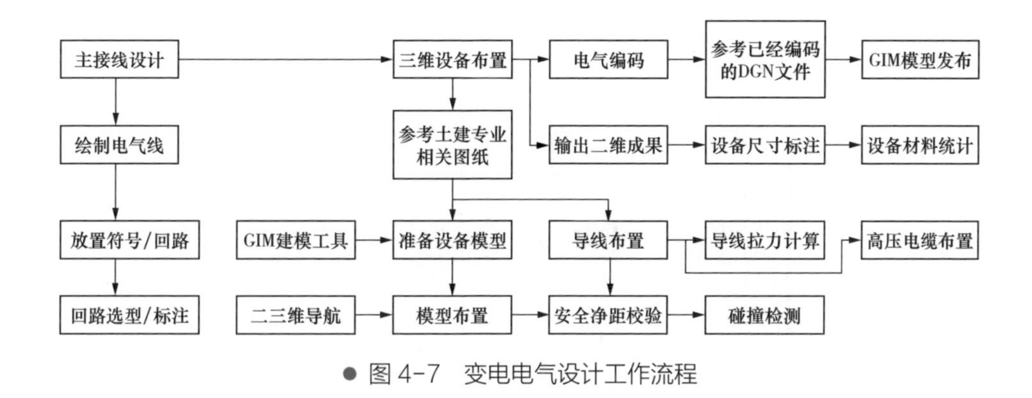

● 图 4-7 变电电气设计工作流程

4.3.2 电气一次设计

电气一次设计包括主接线设计、配电装置设计、防雷接地设计、照明动力设计、高压电缆敷设，如图 4-8 所示。

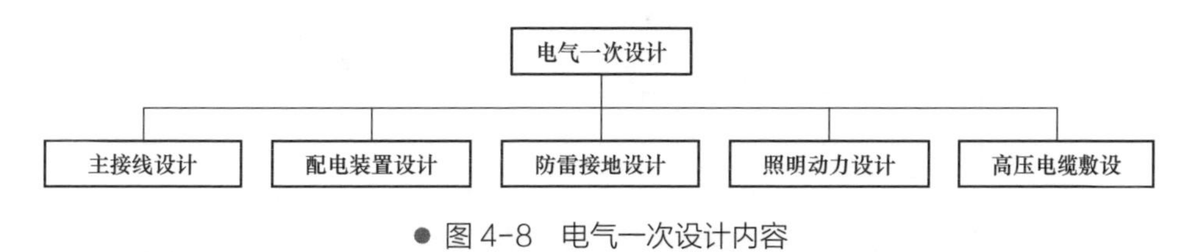

● 图 4-8 电气一次设计内容

1. 主接线设计

（1）设计内容。实现主接线模板库的设计功能。使用变电三维设计软件的主接线模块，采用典型图方式快速地创建原理接线图，典型图库可以随时进行扩充，也可以按照不同电压等级下的进出线回路分别进行设计。

（2）设计步骤。主接线设计步骤包括绘制电气接线选择、插入 Macro 操作和回路模板放置，如图 4-9 所示。

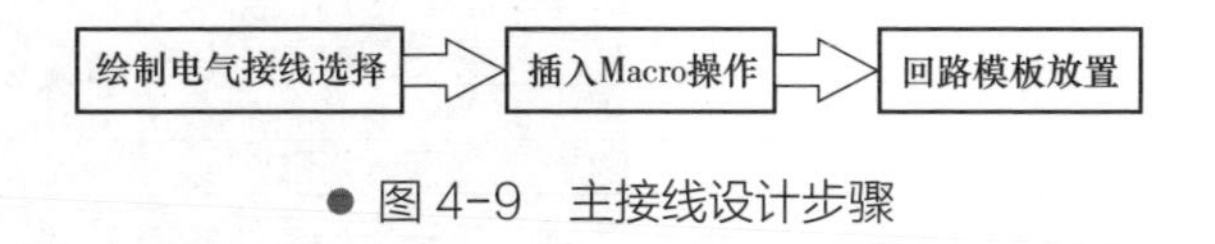

● 图 4-9 主接线设计步骤

1）绘制电气接线选择。在变电三维设计软件中创建的图纸上双击鼠标或者单击图纸上面的工具条中全景视图，使绘图区域保持在窗口的中心，选择绘制电气接线，如图 4-10 所示。

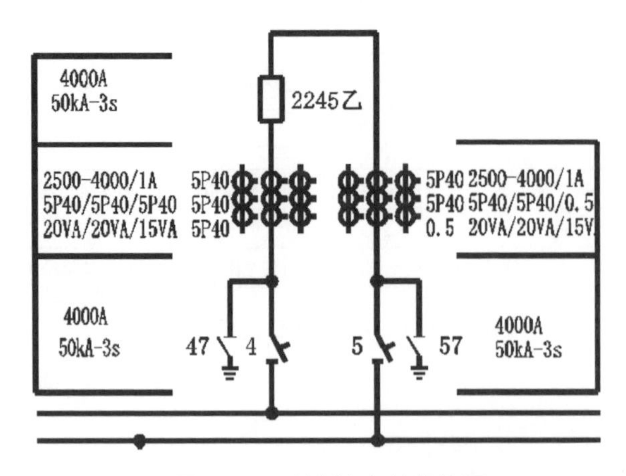

● 图 4-10　绘制电气接线选择

2）插入 Macro 操作。打开变电三维设计软件“主接线设计”界面，切换到“典型设计”，通过输入相应的筛选值可以“检索”出当前图形库中对应的回路模板，选择当前工程中要插入的回路模板，单击界面右下角“插入 Macro”，如图 4-11 所示。

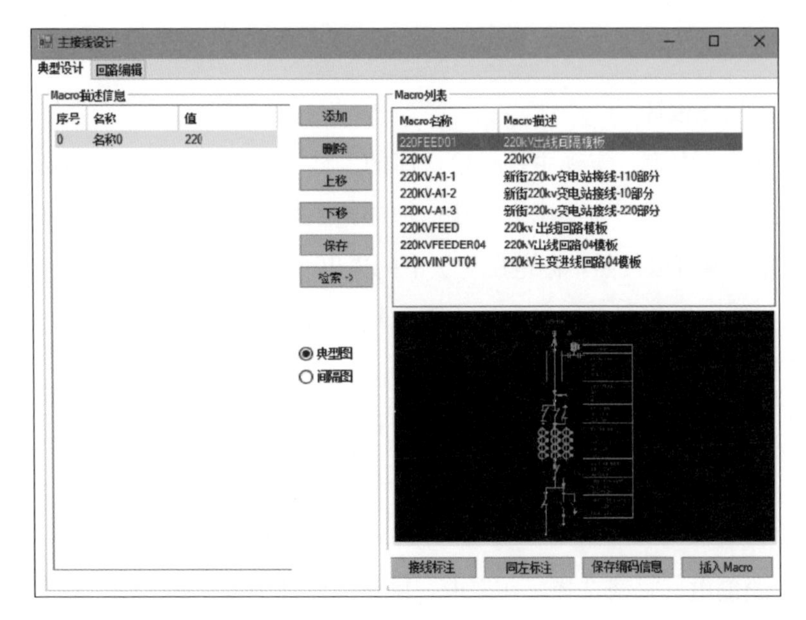

● 图 4-11　插入 Macro 操作

3）回路模板放置。单击选中的回路模板放置在图面相应位置，完成主接线设计，如图 4-12 所示。

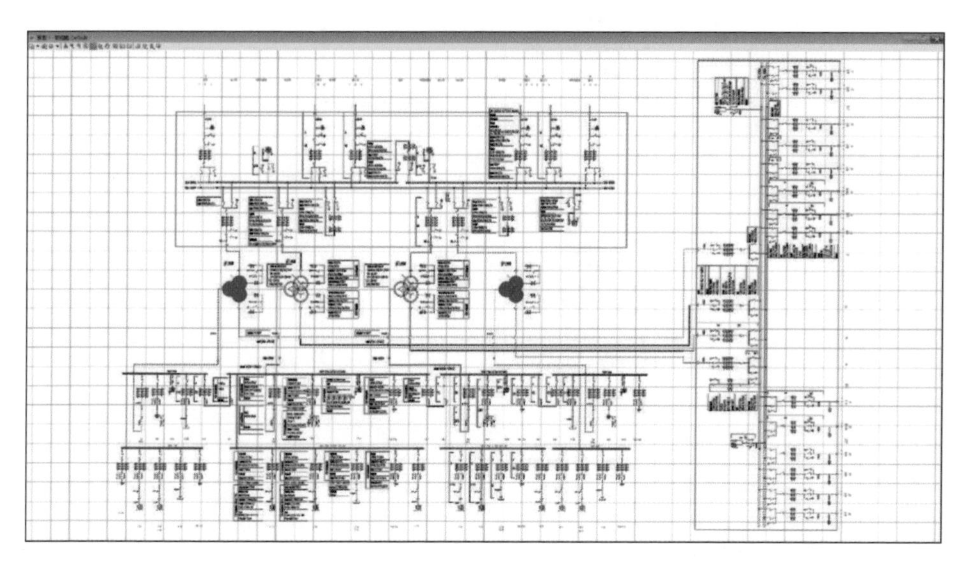

● 图 4-12 回路模板放置

2. 配电装置设计

（1）设计内容。实现设备模型导线布置的设计功能。使用变电三维设计软件的主接线模块，采用典型图方式快速地创建原理接线图，典型图库可以随时进行扩充，也可以按照不同电压等级下的进出线回路分别进行设计。

（2）设计步骤。配电装置设计步骤包括设备模型准备、设备布置操作、二三维关联导航和导线布置操作，如图 4-13 所示。

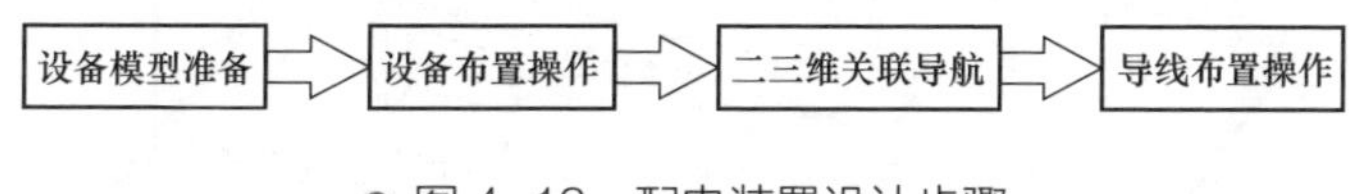

● 图 4-13 配电装置设计步骤

1）设备模型准备。在电气设备模型布置前，可使用“GIM 建模工具”新建或导入符合输变电工程建模规范的 GIM 模型，如图 4-14 所示。

● 图 4-14　设备模型准备

2）设备布置操作。

步骤 1：在"工程管理"界面新建一张空白的 3Dlayout 图纸，输入图纸的名字，如 220kV GIS 配电装置；通过"参考"命令可以将土建专业绘制的轴网、建筑等图纸参考到当前绘图界面，以确定绘制的基准位置，即（0，0，0）点的位置，如图 4-15 所示。

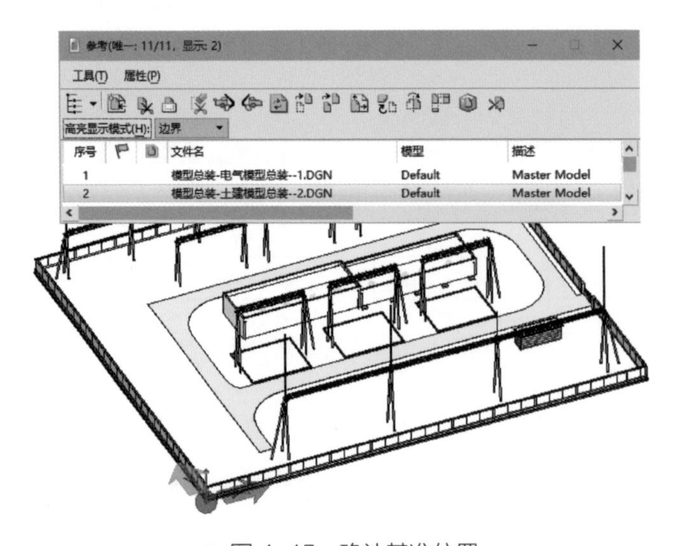

● 图 4-15　确认基准位置

步骤 2：在变电电气设计下方的功能菜单中找到“设备布置”，查找要布置的设备名称，选择“放置符号”即可完成，如图 4–16 所示。另外，在布置设备时，可以按照所选间隔布置，也可以按照设备布置，如图 4–17 所示。

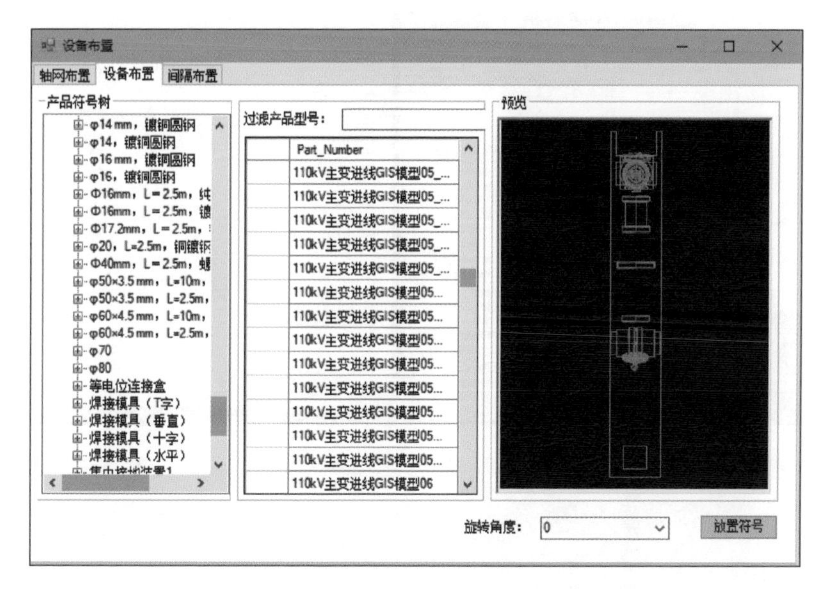

● 图 4–16 设备布置

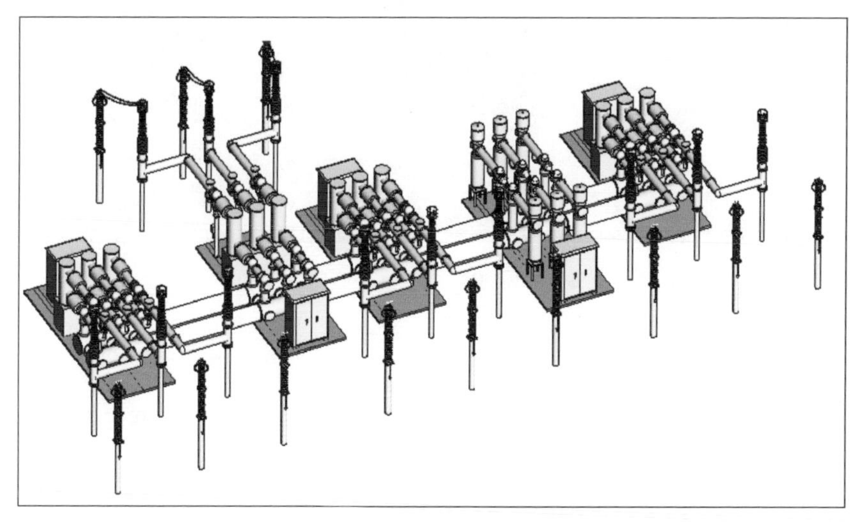

● 图 4–17 间隔或设备方式布置

3）二三维关联导航。在完成二维图形和三维图纸布置后，通过选择符号的元器件标签，查看其安装区、安装点和元器件标签一致的情况下，程序会实现二维和三维符号之间的导航关系。二三维模型导航如图 4–18 所示。

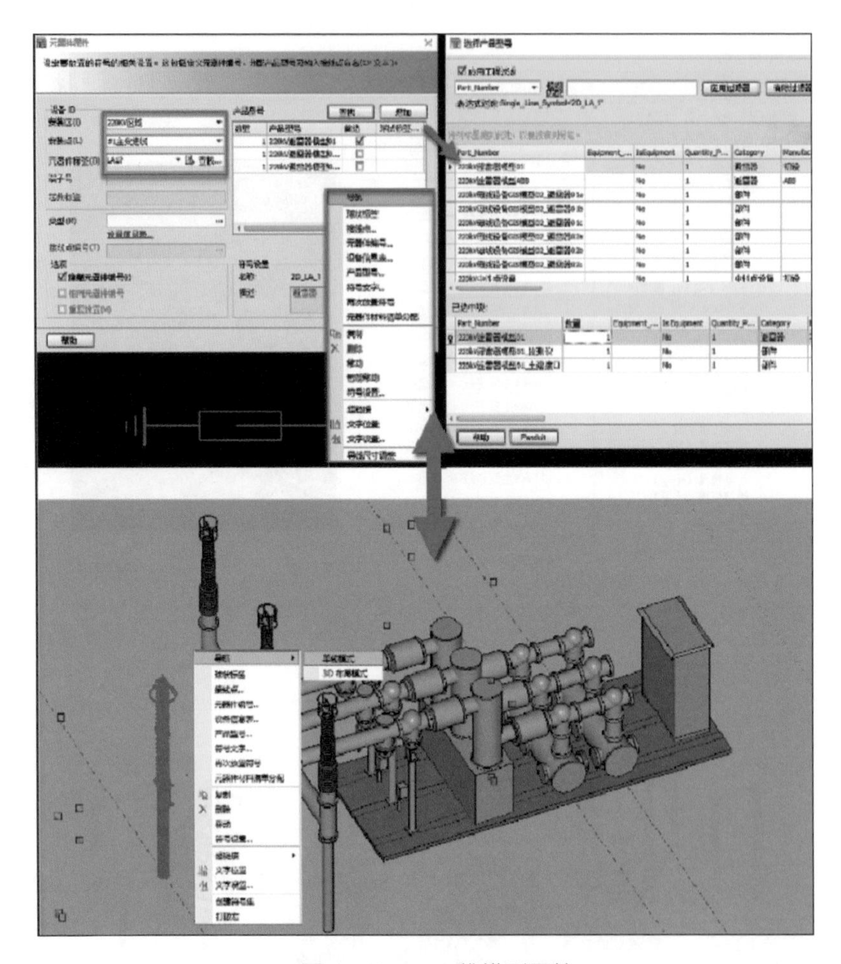

● 图 4-18　二三维模型导航

4）导线布置操作。

a. 新建 3D 图纸；输入图纸名称为电气一次接线；确定图纸类型为 3D 布局模式、无标题栏；选择图幅为 3D LAYOUT。

b. 参考土建专业三维图纸，按照以下步骤操作：①布置跨线，选择“软导线布置”→ 选择布置“跨线”，单击左键选择构架的一端的为起点，另一端为终点，单击右键结束当前命令；②布置引线，选择“软导线布置”→ 选择布置“引线”，单击左键选中设备上的接线点，然后选择引下的母线，单击左键确定；③布置设备线，选择“软导线布置”→ 选择布置“设备线”，单击左键选中设备上连接线，然后再选择引下母线，单击左键确定。导线布置操作结果如图 4–19 所示。

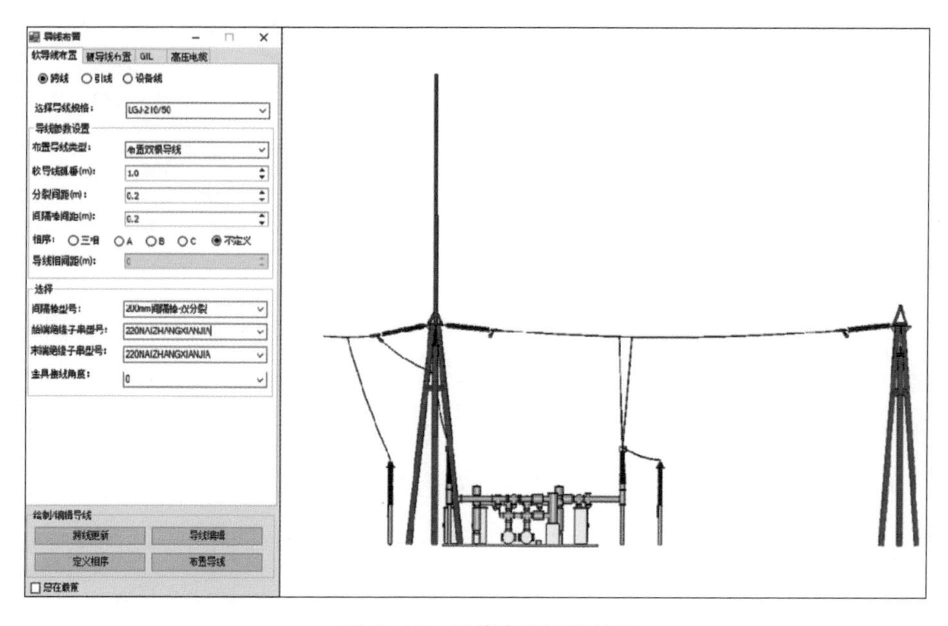

● 图 4–19　导线布置操作结果

3. 防雷设计

（1）设计内容。实现变电站含避雷针在内防雷系统的设计功能。

（2）设计步骤。防雷接地设计步骤包括打开防雷设计文件、定义避雷针基点和计算和绘制保护区域，如图 4–20 所示。

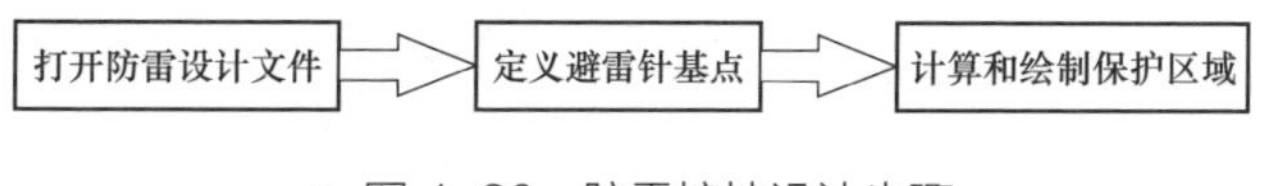

● 图 4–20　防雷接地设计步骤

1）打开防雷设计文件。输入图纸名称为防雷设计；确定图纸类型为 3D 布局模式、无标题栏；选择图幅为 3D LAYOUT；打开防雷设计图纸，参考相关联的 DGN 文件。防雷设计如图 4–21 所示。

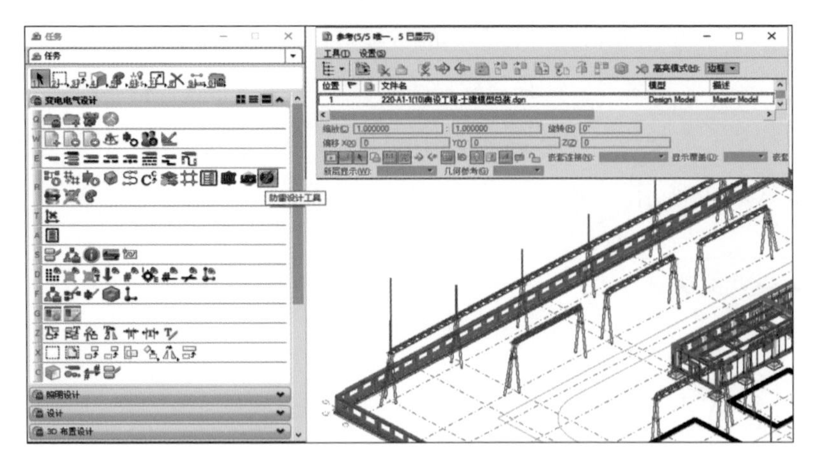

● 图 4-21　防雷设计

2）定义避雷针基点。在“防雷设计”中的“折线法—避雷针”界面中，在“保护物高度（m）”处输入保护物高度，单击“添加”；选中该保护物高度内避雷针编号，单击保护物的高度值，进行“定义避雷针基点”操作，如图 4-22 所示。可以通过修改针高或者双击避雷针编号修改避雷针编号和高度，放置并绘制避雷针；软件会自动在当前界面绘制并生成避雷针，通过渲染模式可以查看避雷针的三维保护效果图。

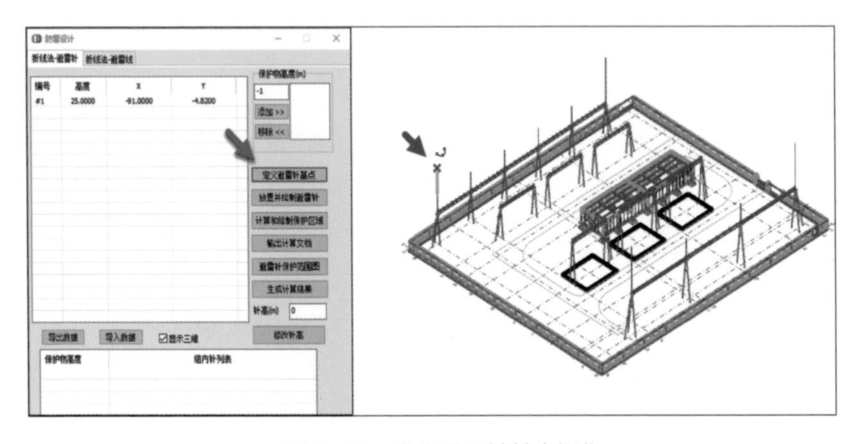

● 图 4-22　定义避雷针基点操作

3）计算和绘制保护区域。放置避雷针操作成功之后，通过计算和绘制保护区域，在渲染模式可以查看避雷针的三维保护效果图，如图 4-23 所示；也可输出计算文档和避雷针保护范围图，如图 4–24 所示；也可生成计算结果，可以看到带有 Bx 值、Rx 值的避雷针保护范围属性表，如图 4–25 所示。

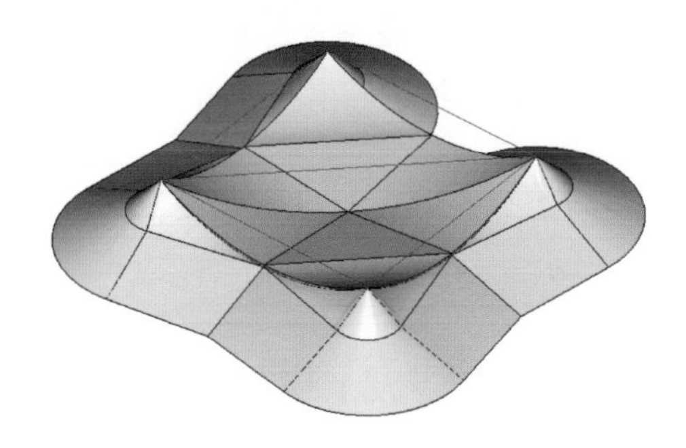

● 图 4–23 避雷针三维保护效果图

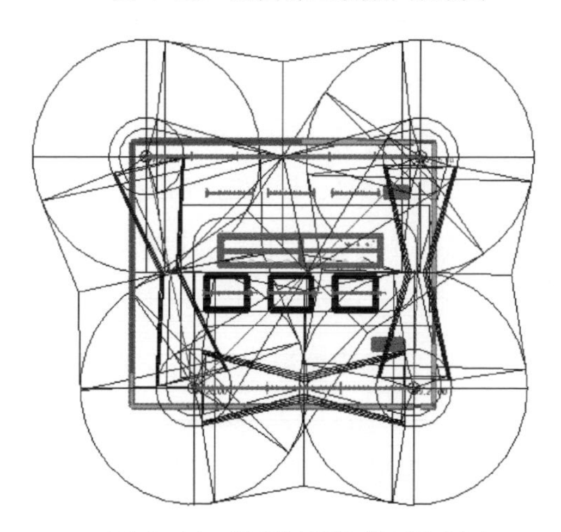

● 图 4–24 避雷针保护范围输出图

rodName	heig	hx	ha	rx	distan	bx
#1	25.0	16.00		9.00		
#2	25.0	16.00		9.00		
#3	25.0	16.00		9.00		
#4	25.0	16.00		9.00		
#1 - #2	25.0	16.00	9.00	5.50	89.90	0.00
#1 - #4	25.0	16.00	9.00	5.50	76.01	0.00
#2 - #4	25.0	16.00	9.00	5.50	104.9	0.00
#2 - #3	25.0	16.00	9.00	5.50	74.44	0.00
#3 - #4	25.0	16.00	9.00	5.50	72.06	0.00

● 图 4–25 避雷针保护范围属性表

4. 接地设计

（1）设计内容。实现变电站接地系统的设计功能。

（2）设计步骤。接地系统设计步骤包括打开接地设计文件、土壤电阻率设置、室（内）外接地网布置和报表输出，如图 4-26 所示。

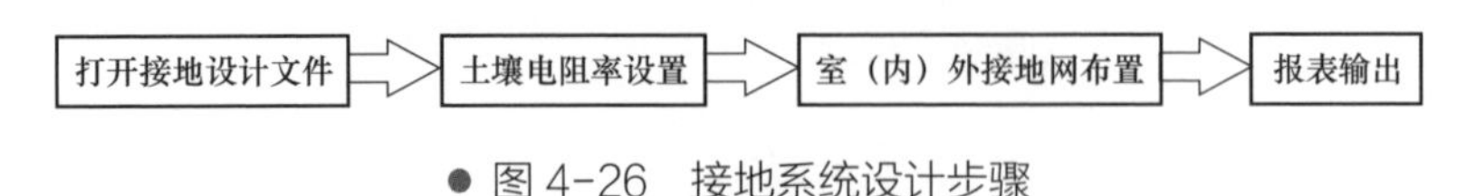

● 图 4-26　接地系统设计步骤

1）打开接地设计文件。输入图纸名称为电气一次接线；确定图纸类型为 3D 布局模式、无标题栏；选择图幅为 3D LAYOUT。

2）土壤电阻率设置。在“土壤电阻率”界面可以导入土壤电阻率输入信息，完成升压站和厂区的土壤电阻率的计算，自动获得实测的土壤电阻率值。对于“厂区土壤电阻率”，导入前要输入“水平接地极埋设深度”和“季节系数”值；对于“升压站土壤电阻率”，导入前需输入“表层土壤电阻率”和“表层土壤厚度”。导入文件后，不勾选“计算升压站土壤电阻率”，单击“计算”按钮，将计算出厂区土壤电阻率；勾选“计算升压站土壤电阻率”，单击“计算”按钮，将计算升压站土壤电阻率；也可将土壤电阻率输入信息导出文件保存下来，为下次使用。勾选“自定义”选项，可以手动输入土壤电阻率及升压站的土壤电阻率，如图 4-27 所示。可以按照土壤分布情况选择均匀土壤、垂直分层和两个剖面。

3）室（内）外接地网布置。在“室内接地网”或“室外接地网”界面下，可以完成水平接地网、水平接地极、垂直接地极、集中接地装置、接地井布置等操作，具体如下：

a. 水平接地网的布置。依次设定水平接地极用途、材质、规格、电气线类型、接地网网距、埋设深度信息，单击“放置水平接地网”按钮，定义起点和终点信息后，即可在图上完成水平接地网的布置。

b. 水平接地极的布置。依次设定水平接地极型号、用途、电气线类型、埋设深度信息，单击“放置水平接地极”按钮，定义接地极起点和终点信息后，即可在图上完成水平接地极的布置。勾选“Arc”选项，可以绘制弧形水平接

● 图 4-27　接地土壤电阻率设置

地极。

c. 接地网实体模型图纸输出。完成水平接地网和水平接地体的布置后，点击“接地网实体模型”，即可依据接地体的实际尺寸，自动转换成三维的接地图纸。该图纸可用于碰撞检查、三维展示等应用，还可以从土建的图纸上提取辅助厂房等名称和信息，以及快速沿建筑外形布置接地极。室外接地网布置如图 4–28 所示。

d. 报表输出。报表输出支持材料表和计算书输出，具体操作如下：①材料表输出，如果要统计某一图集的接地材料，则只需打开此图集下的一张图纸，单击“材料汇总”选项，启动报表生成器，选定报表模板，即可生成材料表；如果要按照图纸范围进行接地材料统计，单击“图纸名称”选项，选择图纸，启动报表生成器，选定报表模板，即可生成材料表。②计算书输出，单击“选择计算书模板”按钮，选择输出路径、设定计算书名称后即可生成计算书。接地系统报表输出如图 4–29 所示。

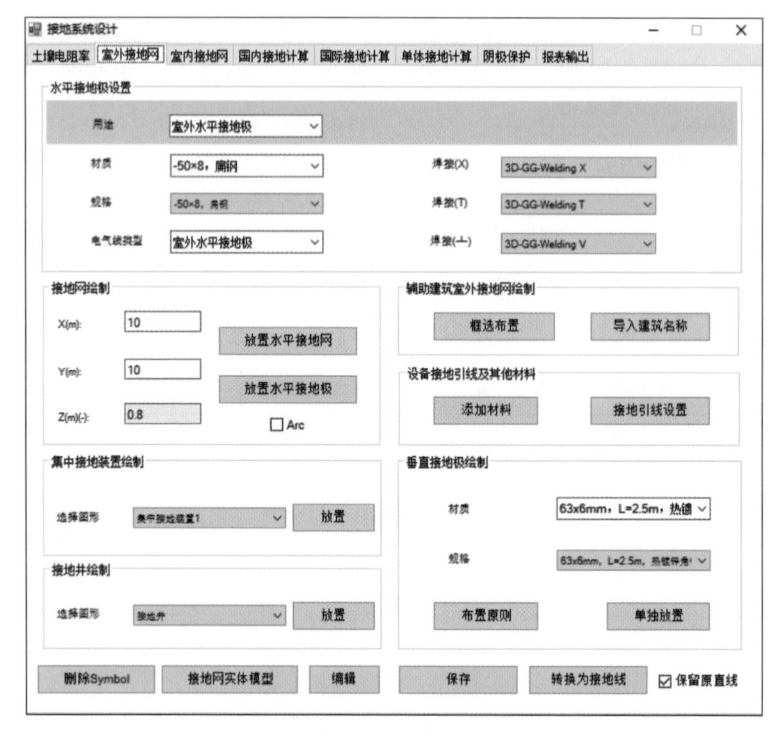

● 图 4-28　室外接地网布置

● 图 4-29　接地系统报表输出

5. 照明设计

（1）设计内容。实现变电站照明系统的设计功能。

（2）设计步骤。照明设计步骤包括楼层管理操作、照度计算、灯具布置、照明箱及开关布置、回路定义和报表输出，如图 4–30 所示。

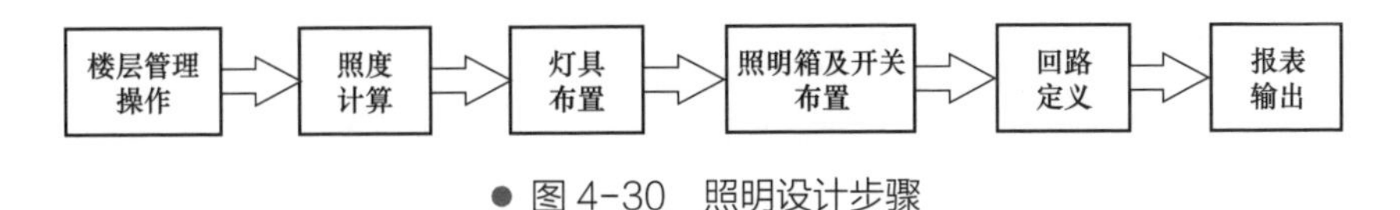

● 图 4-30　照明设计步骤

1）楼层管理操作。首先定义建筑、楼层、房间等信息，在“楼层管理”界面单击“添加”，添加楼层名称和房间名称后，点选房间范围，完成楼层和房间的定义，如图 4–31 所示。

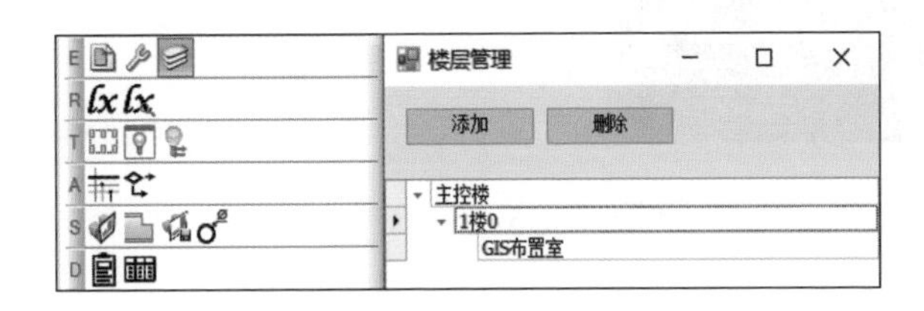

● 图 4-31　楼层管理操作

2）照度计算。在“楼层管理”界面中选中房间所在的楼层，鼠标右键打开菜单选择“照度计算”，输入利用系数法的各项计算参数，软件会自动计算出该房间需要的灯具数量，如图 4–32 所示。

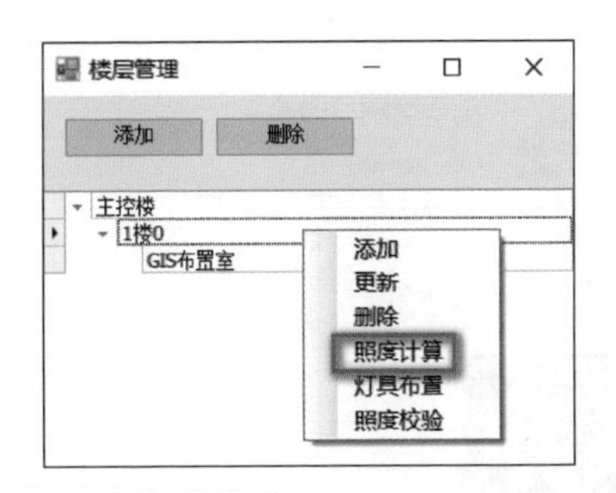

● 图 4-32　计算灯具数量

3）灯具布置。在“楼层管理”界面中选中房间所在的楼层，鼠标右键打开菜单选择“灯具布置”，在打开的“照明布置”界面中设置相关的参数，软件自动在图纸上布置选定的灯具，如图 4–33 所示。

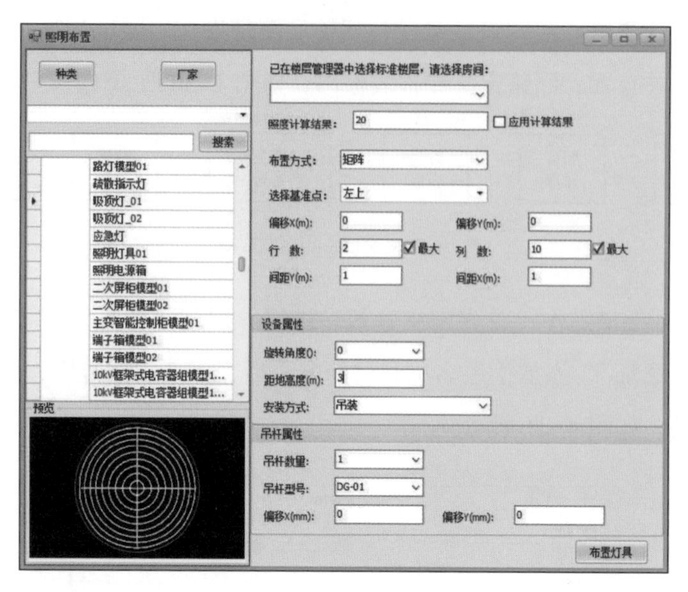

● 图 4–33 灯具布置操作

4）照明箱及开关布置。在“照明布置”界面，左边符号库检索窗口中输入“照明箱”和“开关”，可以使用“自由”布置方式完成照明箱和开关的布置，如图 4–34 所示。

● 图 4–34 照明设备布置

5）回路定义。在“照明布置”界面中，依次输入回路名称、编号，依次选择本回路中的元件以完成回路定义。同时可以对压降进行校验，自动绘制埋管等。

6）报表输出。通过“报表输出”功能，可以生成灯具数量以及导线长度的材料统计表。

6. 动力设计

（1）设计内容。实现变电站动力系统的设计功能。

（2）设计步骤。动力设计步骤包括创建设备段关系、负荷导入和负荷分配、就地控制箱设置、负荷计算、配置图设计与出图、负荷组柜设计和出图，如图 4–35 所示。

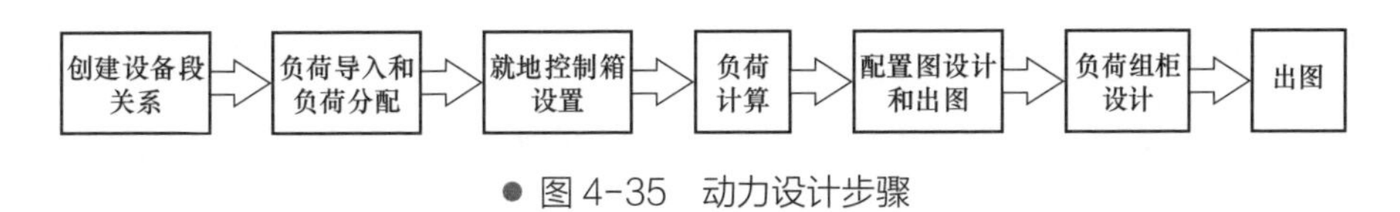

● 图 4-35　动力设计步骤

1）创建设备段关系。在设计软件中进行变压器和母线段的创建，段关系的设置等。其具体操作如下：

a. 创建高压变压器。根据实际需要选择普通变压器与专备用变压器。创建发电机，填写相关参数，选择变压器，创建高压母线段，设置高压母线段备用关系。建立段关系操作如图 4–36 所示。选中要备用的段或变压器，单击“设置明（暗）备用连接”，系统列出创建的所有段，备用段会列在所选的段或变压器下。

新建段

新建段

	段名称	段类型
	6KV1	
	6KV2	

新建变压器

新建变压器

	变压器名称	变压器类型
	HV1	变压器
	HV2	变压器
I	SB	专备用变压器

● 图 4-36　建立段关系操作

b. 创建低压变压器和低压段，并设置低压备用关系。创建 MCC 段：在 MCC 所在低压段右键选择“创建母线段”，如图 4–37 所示。MCC 段第二电源设置：若该 MCC 段为双电源进线，设置第二电源，选择 MCC 段。

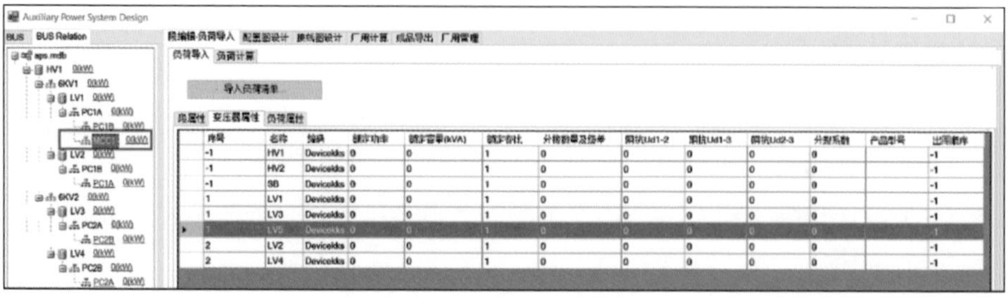

● 图 4–37　创建母线段

c. 柴油发电机和保安段的创建。如图 4–38 所示，选择“创建高 / 低压柴油发电机”，填写其名称和发电机类型。若保安段为柴油发电机接线，选择柴油发电机创建母线段，设置保安段备用关系。

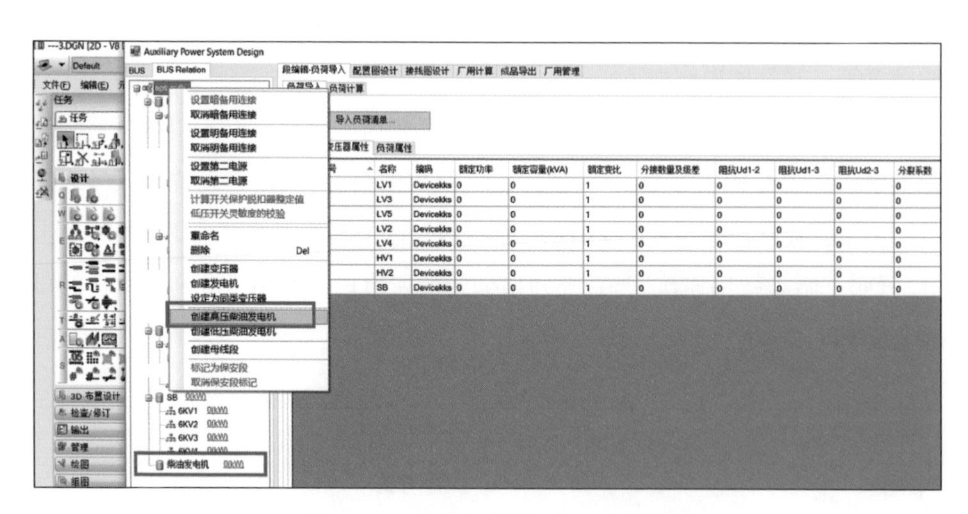

● 图 4–38　柴油发电机和保安段的创建

2）负荷导入和负荷分配。

a. 负荷导入操作。选择“段编辑 – 负荷导入”→“负荷导入”界面，“导入负荷清单”选择要导入负荷清单的模板和路径，导入负荷表并匹配相应的模板，如图 4–39 所示。

● 图 4–39　负荷导入操作

b. 负荷分配操作。负荷导入后系统会自动提取额定功率、电压等信息，自动分配为 A、B、C 等，根据负荷表中信息，拖动至设计段下。负荷表也可以通过 Excel 导入。

3）就地控制箱设置。完成负荷分配，多选段下设备，鼠标右键打开菜单，将设备放在“就地控制箱”中，确定箱内连接关系，如图 4–40 所示。就地控制箱功率为箱内所有设备之和，作为整体参与负荷计算。

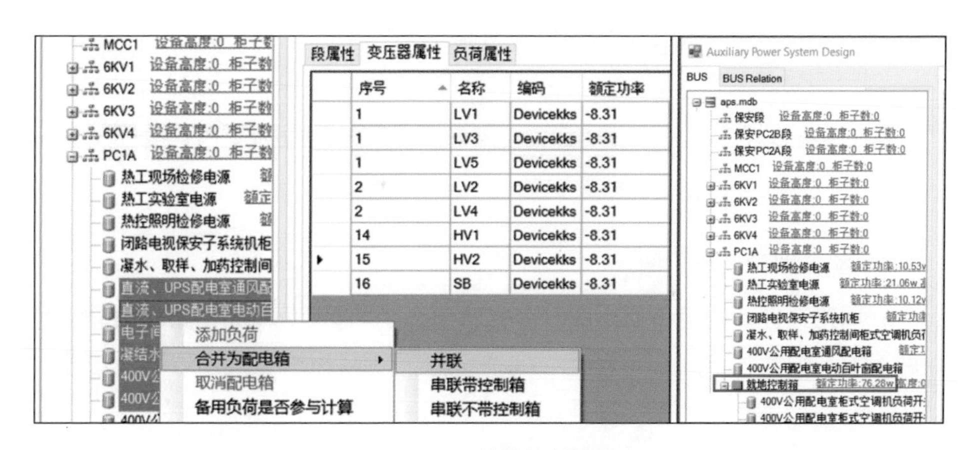

● 图 4–40　就地控制箱设置

4）负荷计算。选择要进行负荷计算的段，程序自动识别段级别，列出该段及同变压器下段的所有负荷及其参数。选择变压器和备用变压器选型，完成负荷计算，如图 4–41 所示。选中“高压分类计算”，选择计算类型和负荷，单击“计算”，如图 4–42 所示。

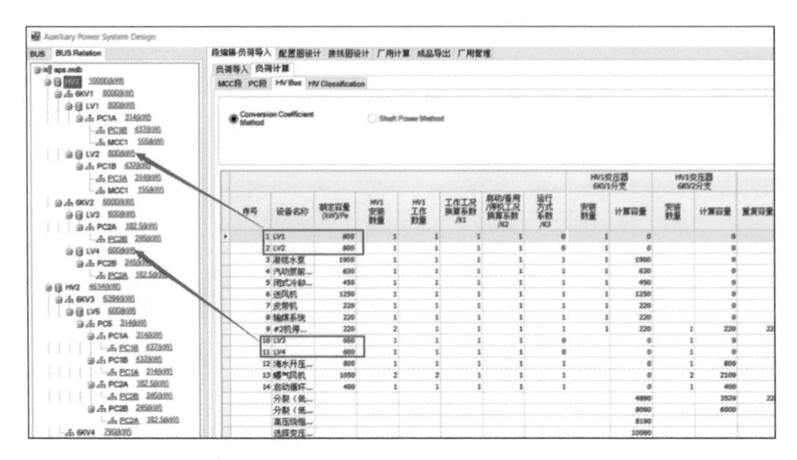

● 图 4–41　负荷计算

● 图 4–42　高压分类计算

5）配置图设计与出图。

a. 回路选择。确定负荷出图时需要的 Marco，选定负荷和回路方案，匹配回路方案，如图 4–43 所示。

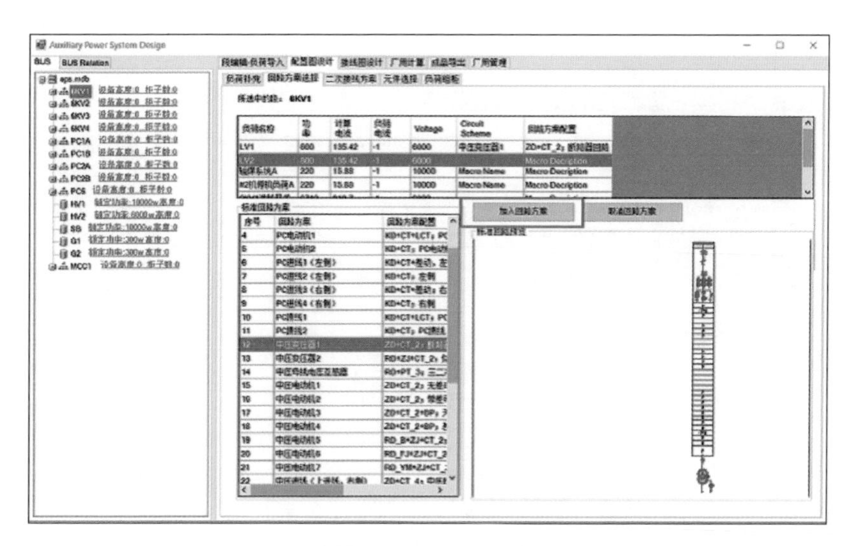

● 图 4-43 回路选择

b. 元件选择。确认要选型的段、负荷和回路方案，完成负荷选型后，选择对应的元件选型表给本段回路配置文件，如图 4-44 所示。其他设备选型同上。

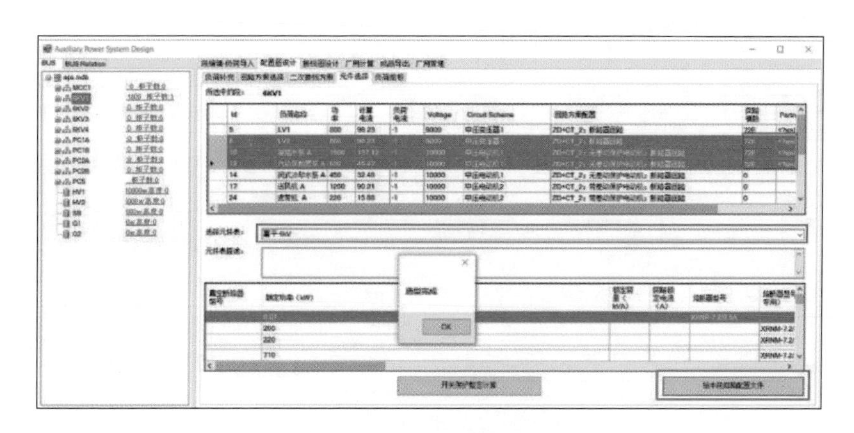

● 图 4-44 元件选择

6）负荷组柜设计。

a. 自动组柜。确认要组柜的段，可以完成自动组柜和柜子选型。支持拖拽的方式变换设备位置，负荷位置也会随之改变。自动负荷组柜如图 4-45 所示。

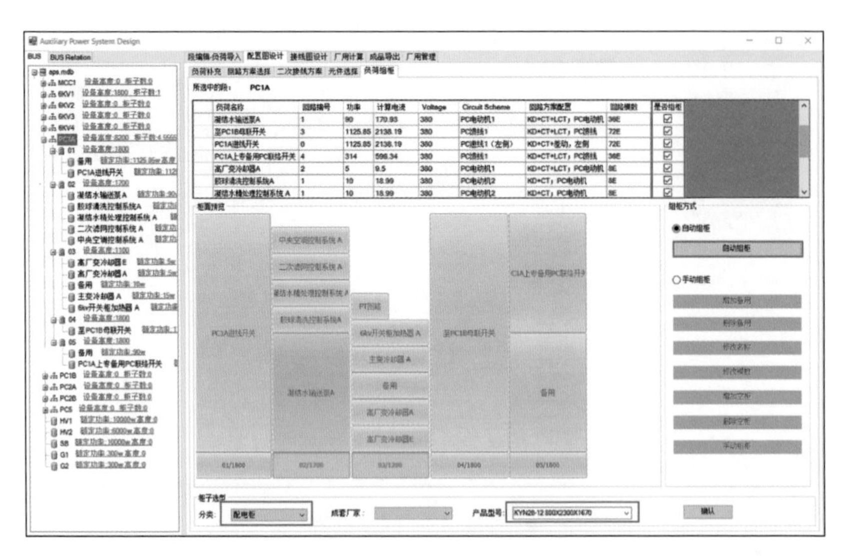

● 图 4-45　自动负荷组柜

b. 手动组柜。选中要组柜的负荷，选择柜子，支持增加 / 删除备用柜。设备放置在所选柜中后，“BUS”树同时更新。支持后续修改负荷名称和回路模数。手动负荷组柜如图 4-46 所示。

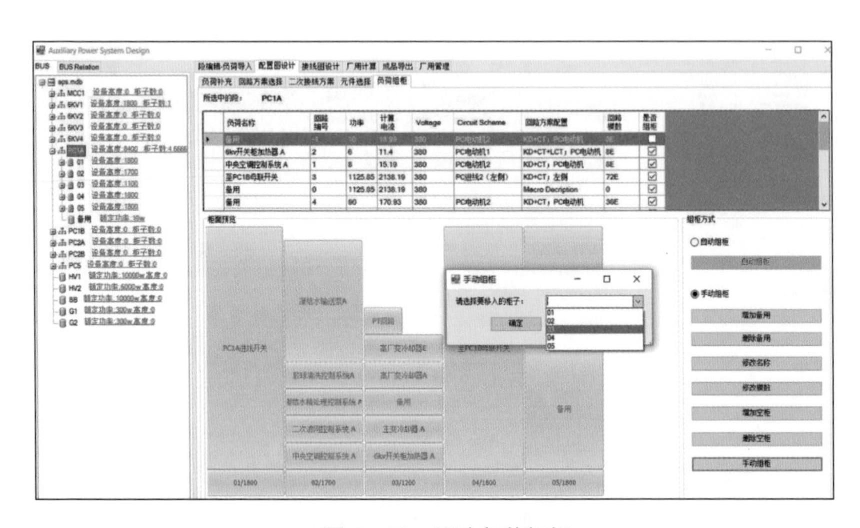

● 图 4-46　手动负荷组柜

7）出图。支持生成配置图、屏柜布置图和原理接线图。

a. 生成配置图。选中要生成的段，单击“生成配置图”，选择抽屉编号方式完成出图，如图 4–47 所示。

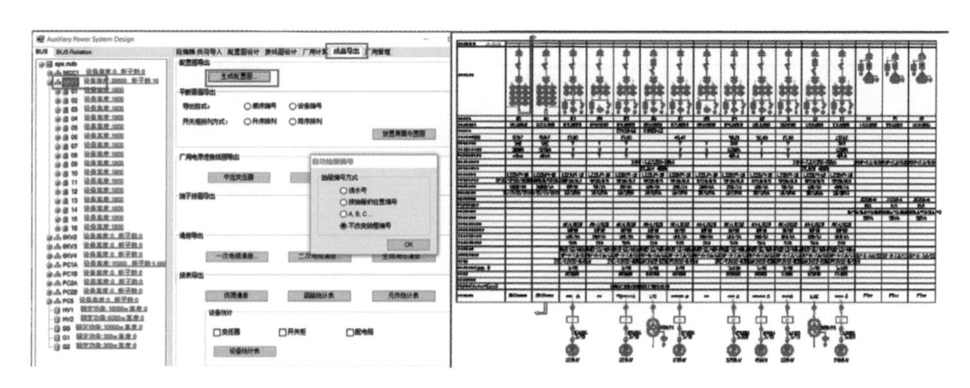

● 图 4–47　生成配置图

b. 生成屏柜布置图。选中段后单击“放置屏柜布置图”，生成屏柜布置图，如图 4–48 所示。

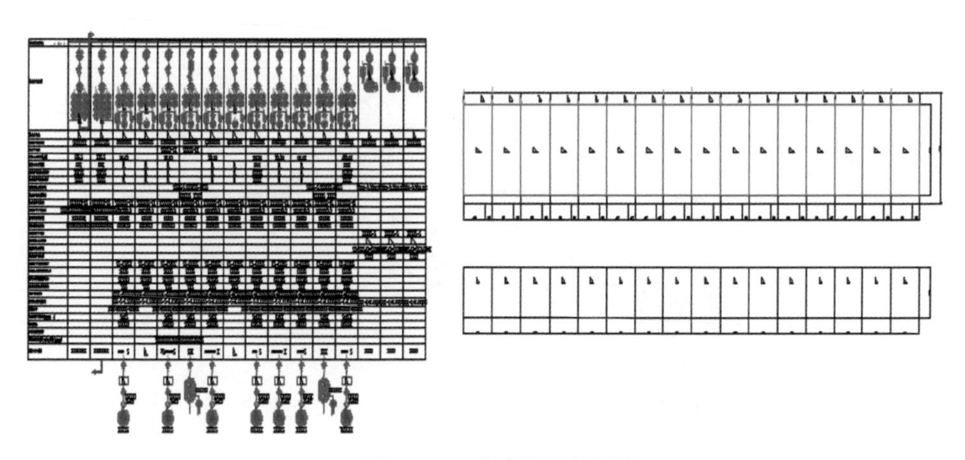

● 图 4–48　生成屏柜布置图

c. 生成原理接线图。分别单击导出“中压变压器”“中压段”和“低压段”，导出对应原理接线图如图 4–49 所示。

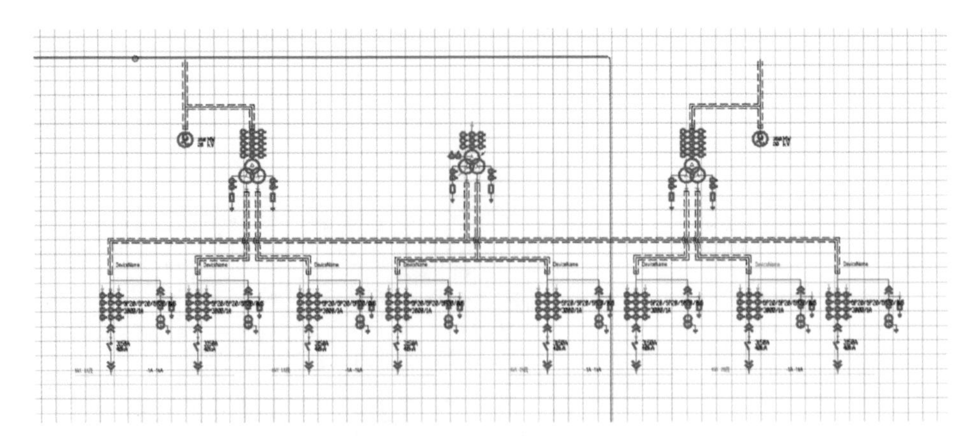

● 图 4-49 生成原理接线图

7. 高压电缆敷设

（1）设计内容。实现电缆型号、转弯半径和导线布置的设计功能。

（2）设计步骤。打开“导线布置”功能模块，切换功能页签至“高压电缆”；选择工程所需电缆的型号，输入转弯半径，单击“布置导线”，完成布置，如图 4-50 所示。

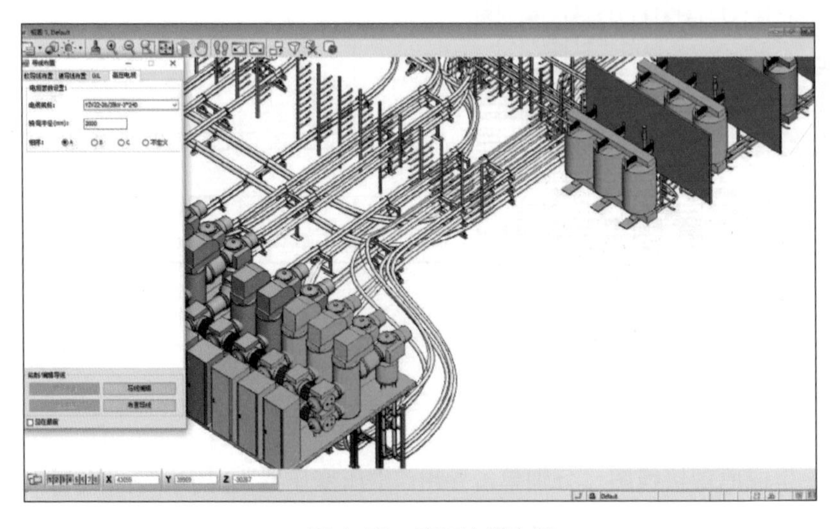

● 图 4-50 高压电缆布置

4.3.3 电气二次设计

电气二次设计包括原理图设计、二次接线图设计、二次屏柜布置设计、其他设计，如图 4–51 所示。

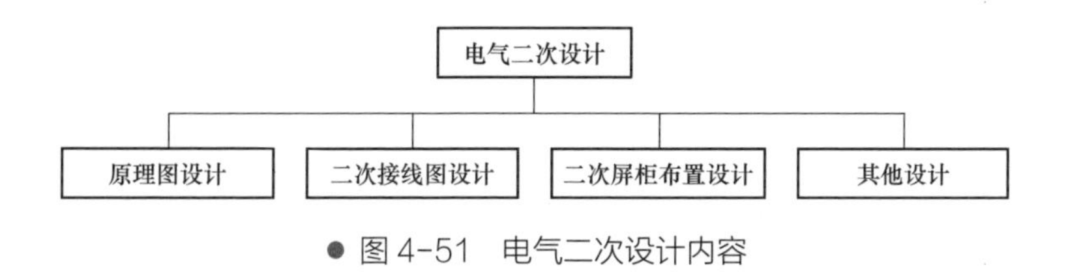

● 图 4–51 电气二次设计内容

1. 原理图设计

（1）设计内容。实现回路和端子排的设计功能。

（2）设计步骤。原理图设计步骤包括标准信息导入及编辑、项目信息编辑与关系设置、屏柜信息编辑、回路信息创建与编辑、回路匹配校验和端子及端子排操作，如图 4–52 所示。

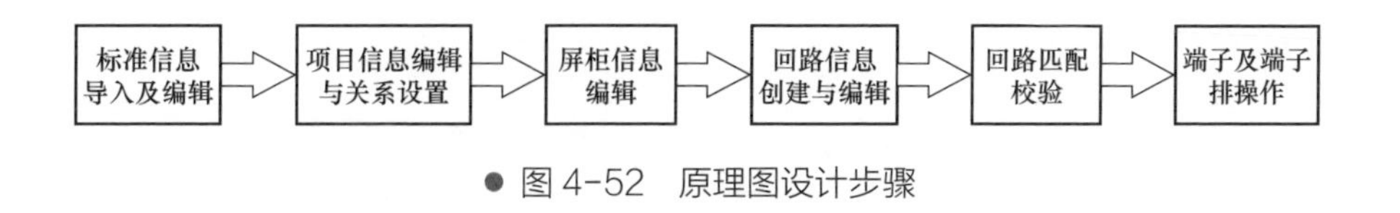

● 图 4–52 原理图设计步骤

1）标准信息导入及编辑。

a. 标准信息导入。在二次设计管理模板界面，选择导入的标准名称类型，如安装单位名称、标准装置名称等，选择要导入的 Excel 表导入即可。

b. 标准回路组合编辑。标准回路组合可以通过导入功能直接导入至界面和数据库中。

c. 标准装置数据模型编辑和导入。标准装置数据模型用于与项目数据模型相应，可按照层级结构逐层创建。切换至“标准装置数据模型”界面，选择添加节点。首层节点为预留节点，可用于填写接线形式等以及用户数据区分。选中一级节点，添加子节点，选择标准安装单位，添加至树结构。选中二级节点，添加子节点。电气二次标准装置数据模型编辑如图 4–53 所示。

● 图 4-53　电气二次标准装置数据模型编辑

2）项目信息编辑与关系设置。

a. 项目信息编辑。在“项目信息导入”界面，选中根节点，新建间隔及安装单位，按照工程结构层级创建。项目信息支持导出备份和导入。选择典型接线节点，会将典型节点下所有数据导入至当前工程。项目信息编辑如图 4-54 所示。

● 图 4-54　项目信息编辑

b. 项目信息与标准信息对应关系设置。在“项目信息导入”界面，选择间隔节点，列出该间隔包含的所有安装单位。在“标准安装单位”列，可以选择与之对应的标准安装单位名称。选择安装单位节点，列出该安装单位下所有项目装置名称。在“标准装置”列，根据上级节点选择的标准安装单位，列出标准装置模型中该标准安装单位下的所有标准装置。完成对应关系编辑后，保存即可。

3）屏柜信息编辑。

a. 新建屏柜。在屏柜信息编辑界面新建屏柜，并支持屏柜名称和 KKS 编码的编辑。

b. 装置与屏柜对应。选中装置，拖动至对应屏柜节点，支持跨间隔拖动至任意屏柜中。

4）回路信息创建与编辑。

a. 创建回路信息。支持 Excel 表导入；支持从标准装置数据模型中加载，设置项目装置与标准装置对应关系，单击“加载标准回路”至项目中即可，在快速完成回路的生成同时也保证了准确度，避免了重复工作。回路信息编辑如图 4-55 所示。

● 图 4-55　回路信息编辑

b. 回路编辑。支持多选回路和编辑功能；可以对每个装置中的回路进行编辑，支持将端子插入至厂家原理图中。

5）回路匹配校验。

a. 回路匹配校验。选中某装置，单击“匹配校验”，如该装置内回路均有对侧回路，则回路匹配正确。

b. 插入回路信息。校验成功后，可以为每条回路插入端子信息。支持从厂家原理图中直接读取，并将端子符号插入至原理图中。

6）端子及端子排操作。

a. 导入厂家原理图。在变电三维设计软件项目管理中，选择当前项目，右键选择“导入图纸”，设置为原理图模式即可。

b. 读取端子信息和插入端子。选中回路，插入回路信息，依次选择端子插入点和端子信息。将在界面中列出当前回路的所有信息，写入至要插入的端子符号中。同时支持导航至图面中寻找端子。插入端子操作如图 4-56 所示。

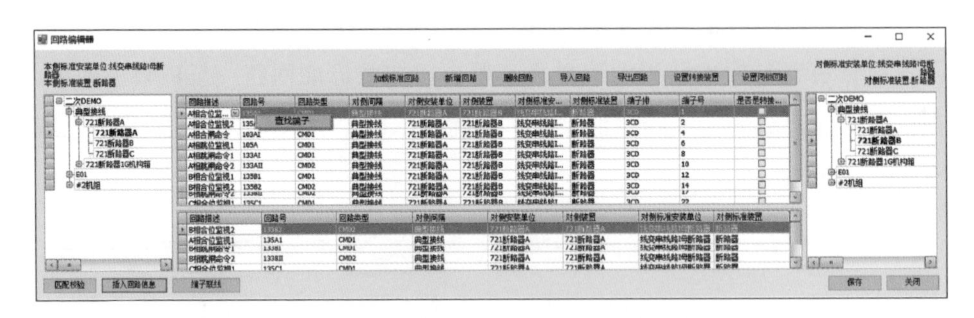

● 图 4-56　插入端子操作

c. 端子排生成。打开“端子排生成”界面，选择端子排，列出该端子排下所有的端子信息，如图 4-57 所示。

端子排生成

编辑短接　读取厂家表　读取原理图　电缆　制作端子排图模板　报表　附加项

二次DEMO
典型接线
721断路器A
测试屏柜1
3CD
测试屏柜2
3ID
10D
721断路器1G机构箱
E01
#2机组

左侧装置数据				端子数据			右侧装置数据			
对侧屏柜	设备ID	电缆编码	回路号	端子排	端子号	跳线	回路号	电缆编码	设备ID	对侧屏柜
				3CD	1	2	135A1	20181012013...	4n6	测试屏柜2
				3CD	2	1	135A2	20181012013...	4FA-1	测试屏柜2
				3CD	4		103AI	20181012013...	4K1-2	测试屏柜2
				3CD	6		105A	20181012013...	3CD1	测试屏柜2
				3CD	8		133AI	20181012013...	4n12	测试屏柜2
				3CD	10		133AII	20181012013...	4n9	测试屏柜2
				3CD	12		135B1	20181012013...	10D64	测试屏柜2
				3CD	14		135B2	20181012013...	4n200	测试屏柜2

● 图 4-57　端子排生成

2. 二次接线图设计

（1）设计内容。实现典型二次图和测点清册的设计功能。

（2）设计步骤。二次接线图设计步骤包括典型接线图的搜索与创建、二次接线图设计、插入二次图、匹配二次图号和生成测点清册，如图 4–58 所示。

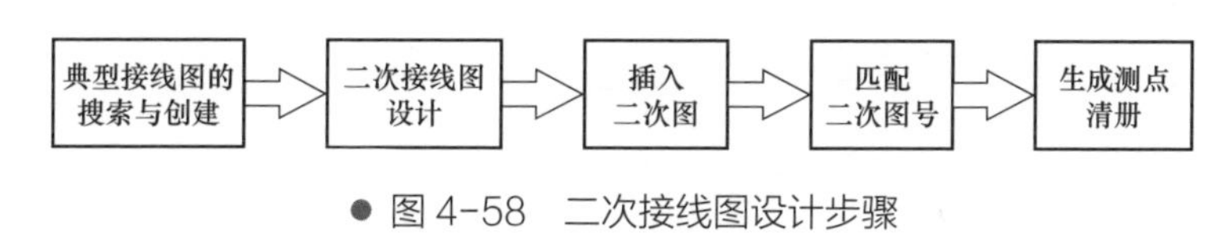

● 图 4–58 二次接线图设计步骤

1）典型接线图的搜索与创建。

a. 新建工程，在工程选项中的图纸设置部分设置好典型图号、典型图名、二次图号、二次图名、出图顺序。

b. 打开图纸，选择“厂用管理”→“典型接线图制作”→“典型二次图搜索”。选择电动机类型，检索出符合规则的 Marco。填写典型图号和典型图名，软件自动将选择的 Marco 生成到卷册号对应的图纸上，并将填写的典型图号和典型图名写入图纸描述中。选择需要创建的典型图，确定电动机类型，即可创建。

2）二次接线图设计。二次接线图需要插入到带有二次图号的图纸上，新建图纸的数量必须与要插入的所有 Marco 数量相同。在二次图纸中需要定义卷册号、二次图号、出图顺序号。

3）插入二次图。打开接线图设计菜单，检索出需要的典型图，分别选择二次图号，选中多个典型图单击选取并插入。

4）匹配二次图号。在“配置图设计”界面选择二次接线方案、卷册号、二次图、负荷和图纸（可多选），单击“匹配”即可。

5）生成测点清册，同 4）操作。

3. 二次屏柜布置设计

（1）设计内容。实现布置二次屏柜的设计功能。

（2）设计步骤。二次屏柜布置设计步骤包括新建二次屏柜布置图和设备布置，如图 4–59 所示。

● 图 4–59 二次屏柜布置设计步骤

1）新建二次屏柜布置图。参考土建专业绘制的轴网、建筑等图纸，确定绘制的基准位置，即（0，0，0），如图 4-60 所示。

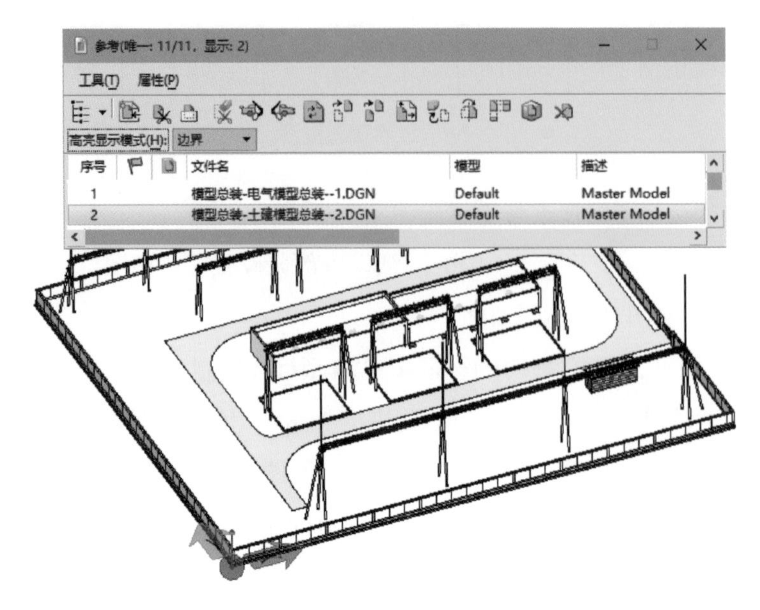

● 图 4-60　基准位置设置

2）设备布置。通过“设备布置”界面选择要布置的设备，选择“放置符号”完成设备布置，如图 4-61 所示。

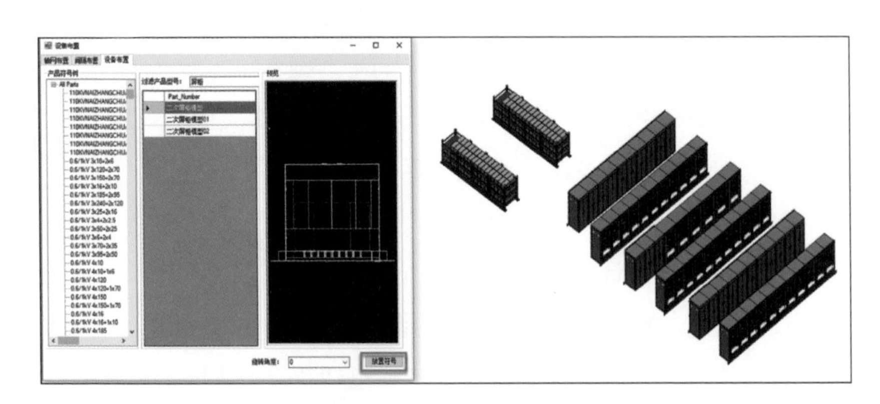

● 图 4-61　设备布置操作

4. 智能辅助系统设计

（1）设计内容。实现变电站智能辅助系统的设计功能。

（2）设计步骤。新建一张智能辅助系统设计布置图，先参考土建专业绘制的轴网、建筑等图纸，确定绘制的基准位置，即（0，0，0）；通过“设备布置”界面选择要布置的设备，选择“放置符号”完成设备布置，如图 4-62 所示。

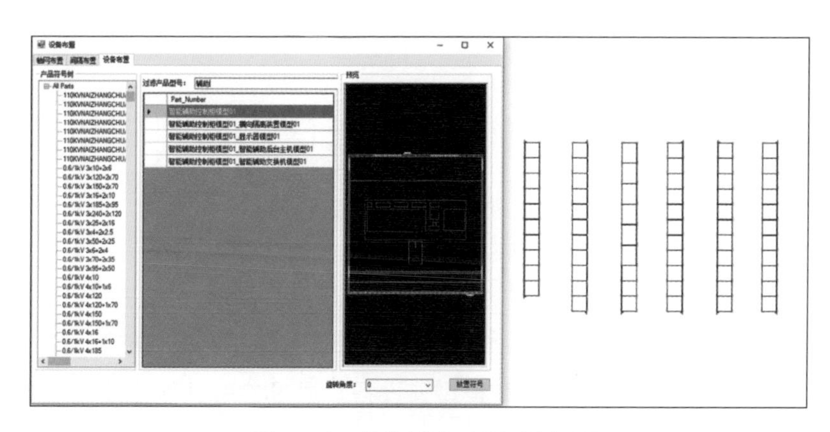

● 图 4-62　智能辅助系统设计布置图

5. 消防系统设计

（1）设计内容。实现变电站消防系统和电缆敷设的设计功能。

（2）设计步骤。新建一张消防系统设计布置图，先参考土建专业绘制的轴网、建筑等图纸，确定绘制的基准位置，即（0，0，0）；通过“设备布置”界面选择要布置的设备，选择“放置符号”完成设备布置，如图 4-63 所示。

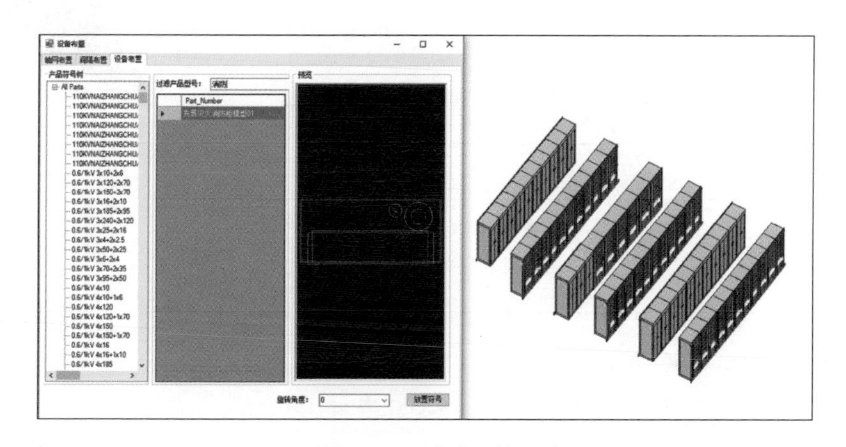

● 图 4-63　消防系统设计

6. 电缆敷设设计

（1）设计内容。实现变电站电缆敷设的设计功能。

（2）设计步骤。电缆敷设设计步骤包括新建工程及图纸、创建及编辑桥架、放置设备、导入数据、电缆敷设、输出报表及电缆清册和生成二维图纸及创建剖面，如图 4–64 所示。

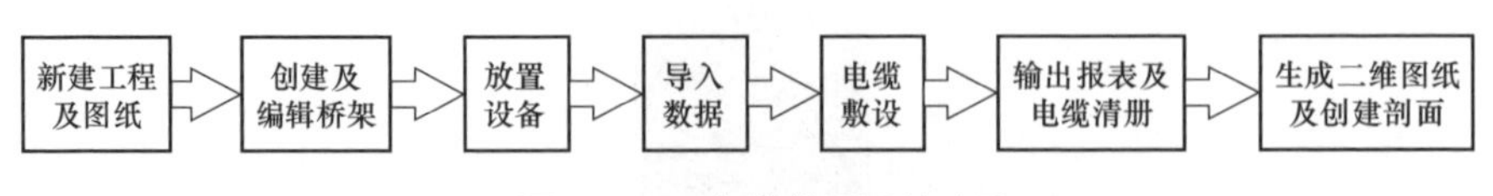

● 图 4–64　电缆敷设设计步骤

1）新建工程及图纸。启动变电三维设计软件，选择“Chinese WorkSpace Example”；创建工作集，输入工程名称，创建新工程。单击“新建文件”按钮，打开；设置图纸类型，定位三维模型、设备。通过参考其他专业图纸进行桥架、埋管、竖井的创建。

2）创建及编辑桥架。选择“桥架布置”，设置桥架参数，如桥架样式、层数、容积率等，如图 4–65 所示。

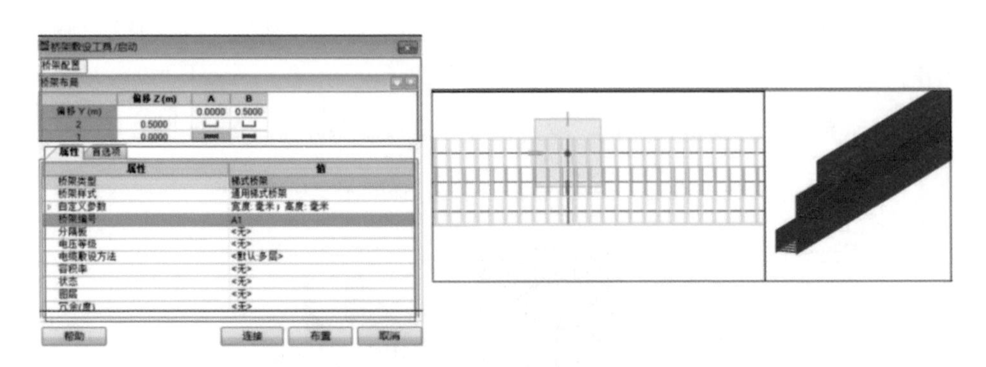

● 图 4–65　桥架设计

3）放置设备。注册设计文件内容为三维模型、设备，选择所需放置的设备即可，如图 4–66 所示。

4）导入电缆清册、设备配置表及关联设备。

a. 单击设计软件“转换”分类中的“电缆清册导入”命令，分别导入配

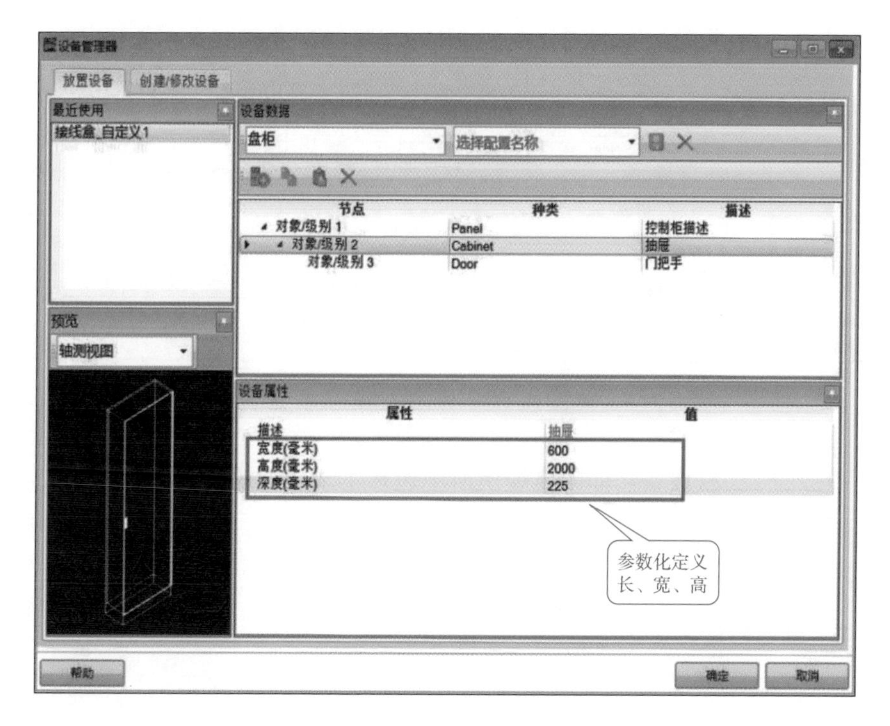

● 图 4-66　设备布置

置电缆清册和电缆清册配置表；单击“全部选中”，单击“接受更新”，导入电缆清册，如图 4-67 所示。

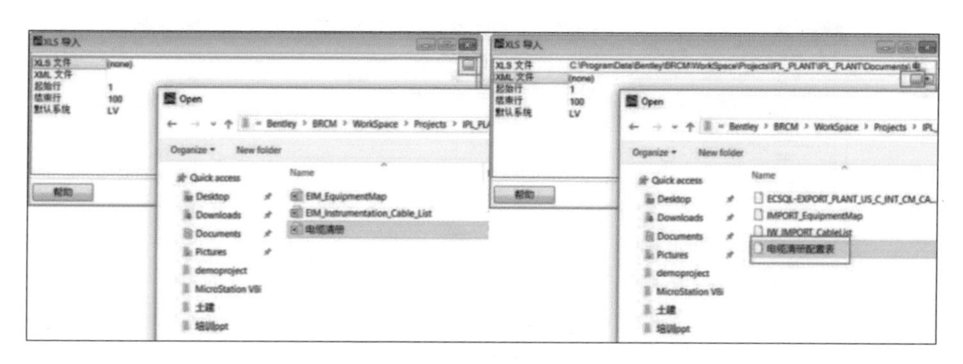

● 图 4-67　导入电缆清册

b. 导入设备配置表。单击“管理 / 协同设计管理器”，注册所有文件，浏览 xml 文件，选择设备配置文件；单击“全部选中”，单击“接受”，单击“更新”导入设备配置表，如图 4–68 所示。

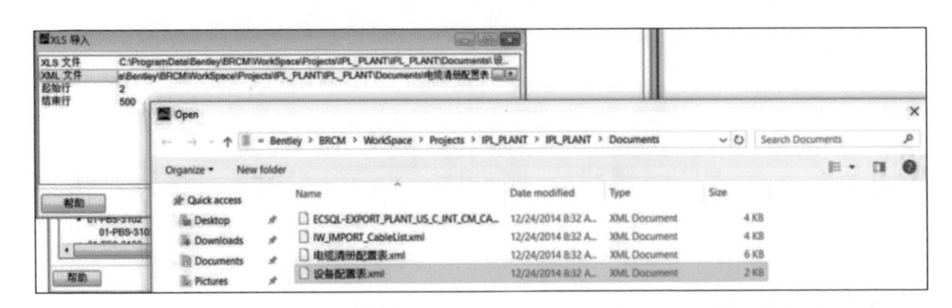

● 图 4–68　导入设备配置表

c. 放置 / 关联设备。如果电缆清册中包含了未放置的设备，右键单击“放置设备”命令；选择所需放置的设备样式，单击“确定”后放置设备到图纸中合适的位置。

5）电缆敷设。

a. 新建图纸，命名为“电缆敷设”；单击任务栏“详细设计”下的“设备和电缆”中的“电缆管理器”命令；注册设计文件内容为“敷设模型”。

b. 单击“协同设计管理器”，单击“全部选中”和“请求锁定”以注册所有文件，进入“敷设管理器”进行电缆敷设，软件会提示成功和失败的根数，如图 4–69 所示。可通过可视化可以查看电缆敷设的情况，如图 4–70 所示。

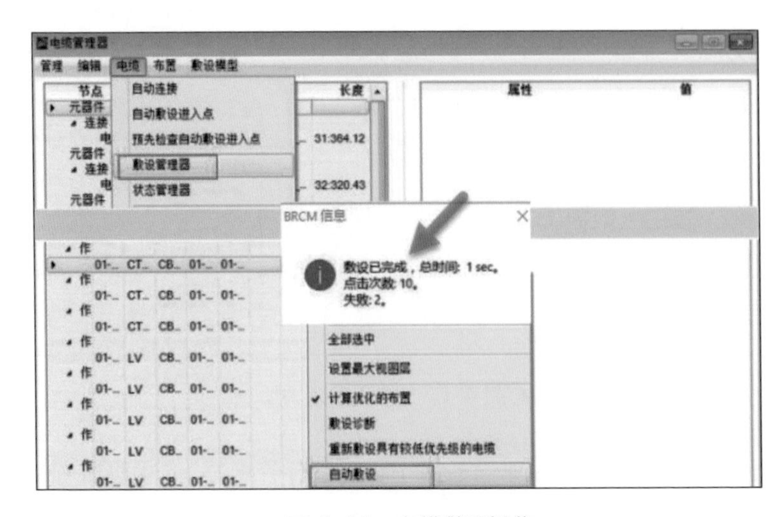

● 图 4–69　电缆敷设操作

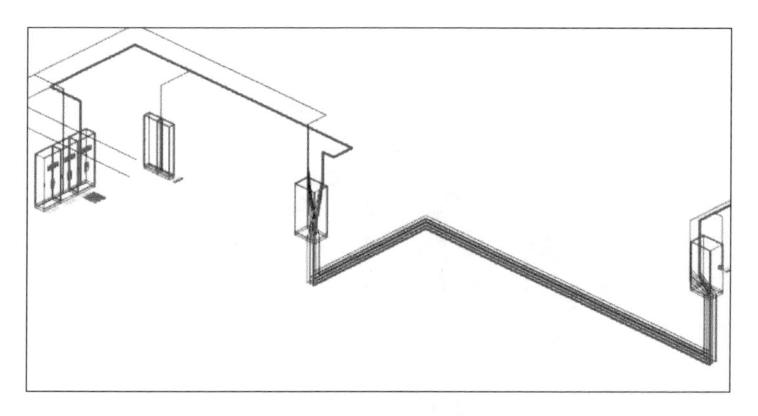

● 图 4-70　电缆敷设结果

6）生成报表及电缆清册。选择“详细设计”下的“输出管理器”命令，选择需要的报表模板，选择资源，生成报表和清单，如图 4-71 所示。

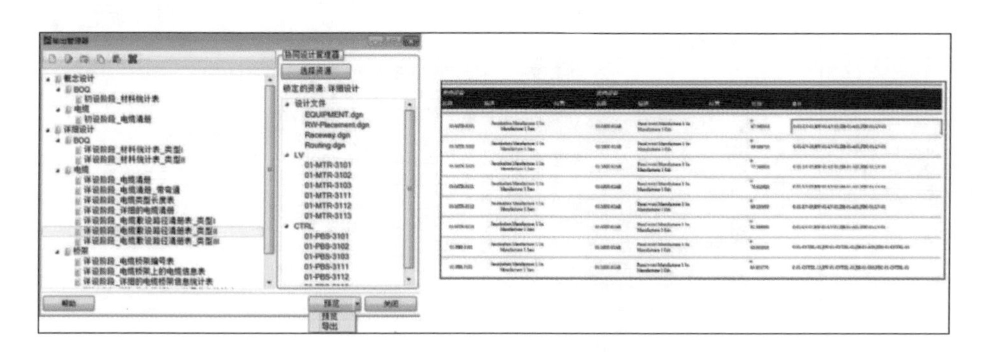

● 图 4-71　生成电缆清册

7）生成二维图纸及创建剖面。

a. 生成二维图纸。框选图纸中的桥架，确认“注册设计文件”内容为“提取二维图形”；在“详细设计”中选择“提取二维图形”即可，如图 4-72 所示。

b. 创建剖面。通过“放置剖面”功能，放置剖面在桥架上，可以设置剖切框的范围；单击“创建剖面信息”，选择需要显示的内容模式，可在图纸上显示剖切内容，如图 4-73 所示。

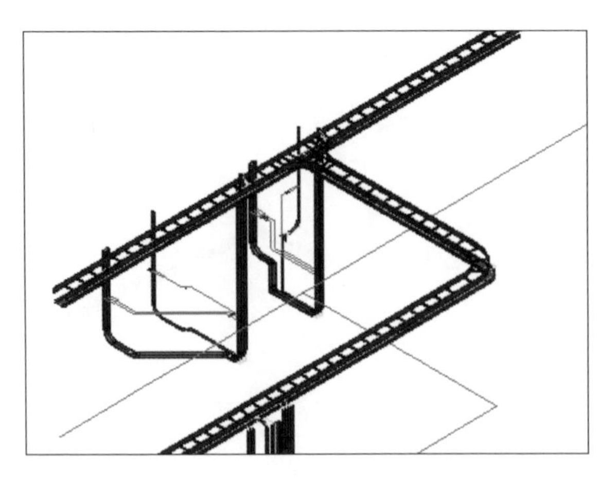

● 图 4-72　生成的二维图纸

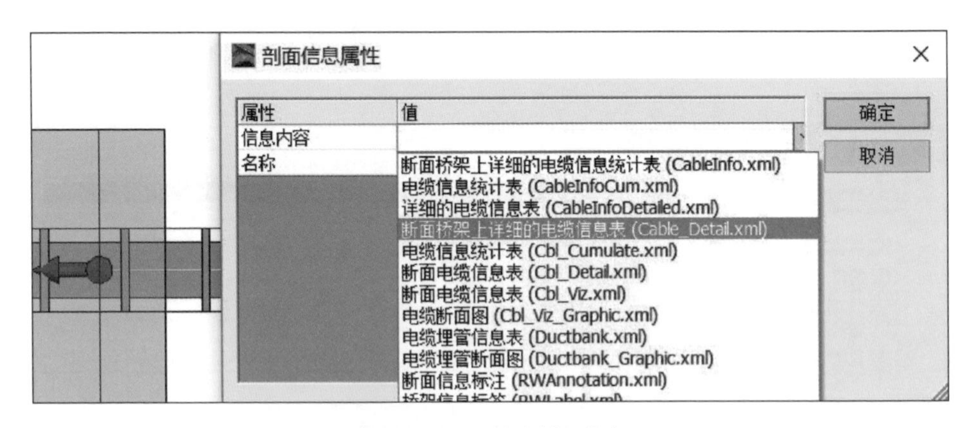

● 图 4-73　创建剖面信息

4.4 土建设计

4.4.1　土建设计流程

1. 设计内容范围

变电站（换流站）工程三维设计中土建设计包括总图三维设计、建筑三维设计、结构三维设计和水工暖通设计共四部分，如图 4–74 所示。

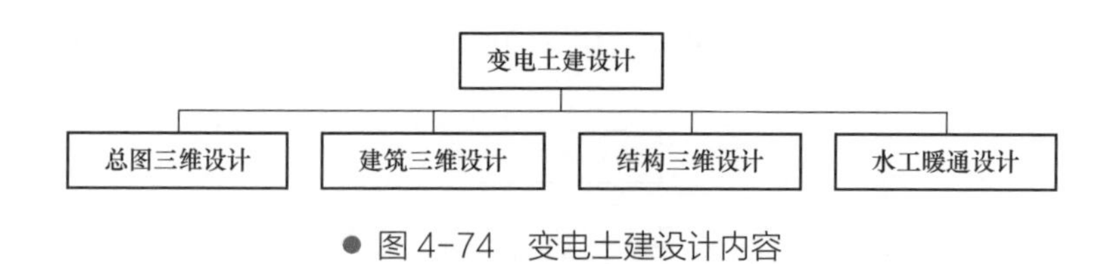

● 图 4-74　变电土建设计内容

2. 设计流程

变电土建设计的一般过程主要包括轴网文件建立、多专业土建建模、模型调整组装与审核、土建设计成果输出四个设计环节。具体地，首先通过在设计文件中添加用于设计中设备快速定位的横竖轴网，实现轴网文件建立；其次通过总图专业建模、建筑专业建模、结构专业建模和水暖专业建模操作，实现多专业土建建模；然后通过含调整模型、本专业模型组装和土建专业模型组装的迭代操作，实现设计模型审核；最后通过生成用于输出的图纸报表和模型到处操作，完成土建设计成果输出。变电土建设计工作流程如图 4–75 所示。

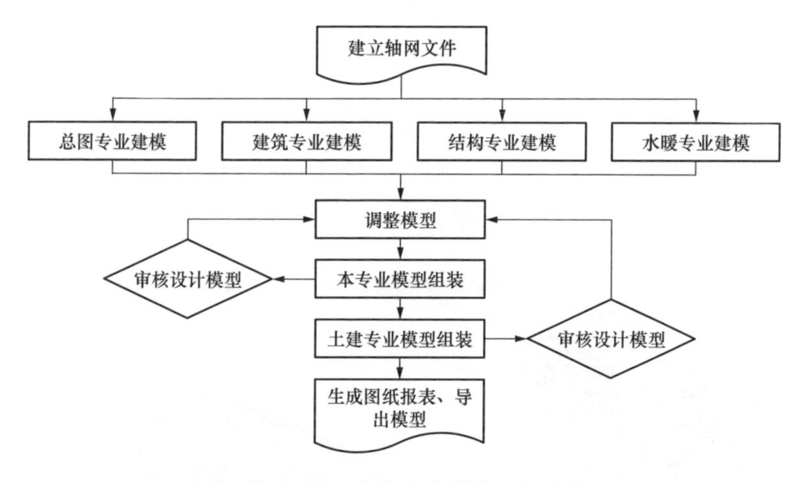

● 图 4-75　变电土建设计工作流程

4.4.2　总图三维设计

土建设计中总图三维设计利用参考测量专业提供的等高线、高程点图纸获得原始三维地形图，设置地形高度、位置、边界等生成设计地形及计算；同时支持实体展示出图的场地及道路三维模型展示。土建设计中总图三维设计包括场地设计、道路与围墙电缆沟设计和设备基础设计，如图 4–76 所示。

● 图 4–76　变电土建总图三维设计内容

1. 场地设计

（1）设计内容。实现变电站场地的地形模型和土方平衡图的设计功能。

（2）设计步骤。场地设计步骤包括新建二次屏柜布置文件、生成三维原始位置地形图、生成设计地形三维模型图、生成土方平衡图、绘制变电站底板及开洞操作，如图 4–77 所示。

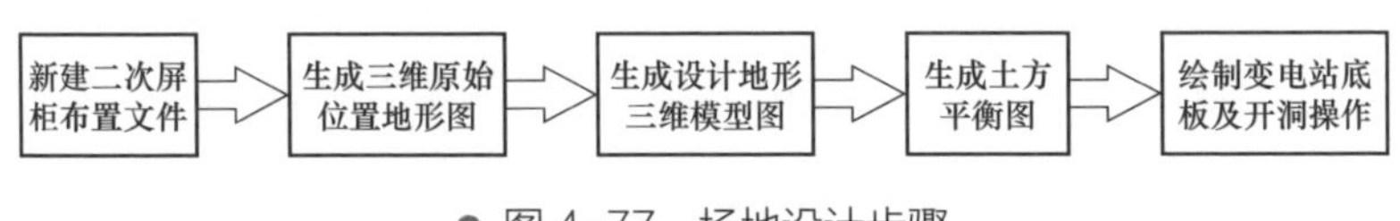

● 图 4–77　场地设计步骤

1）新建二次屏柜布置文件。先在“总图”文件夹内建立名称为“原始地形图”的文件，打开文件后参考“测量等高线图纸”，该图纸由测量专业提供，通常高程信息为 dwg 格式的等高线文件。土建原始地形图如图 4–78 所示。

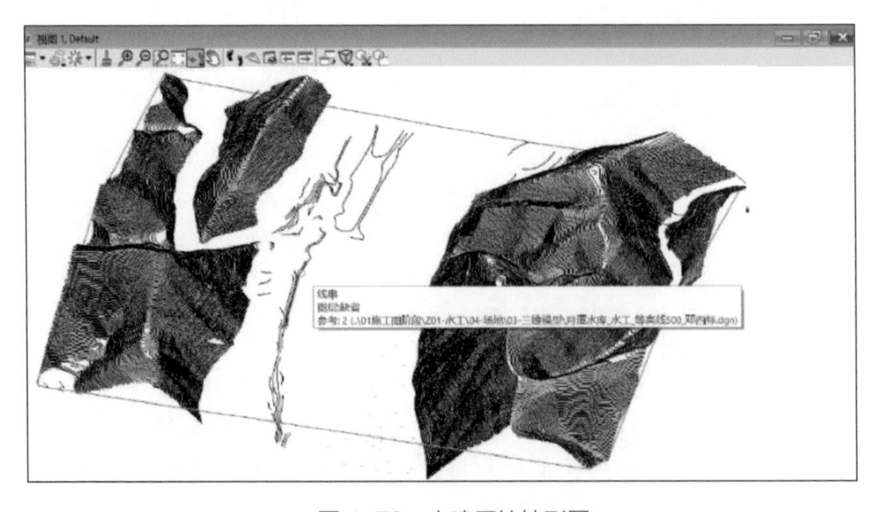

● 图 4–78　土建原始地形图

2）生成三维原始位置地形图。创建三维地形图需要使用“3D 种子文件”建立 DGN 文件，将文件保存到指定的“总图”文件夹后，利用软件中“地形”工具栏下“过滤器生成地形图”命令通过测量文件生成项目的三维原始位置地形图，如图 4–79 所示。

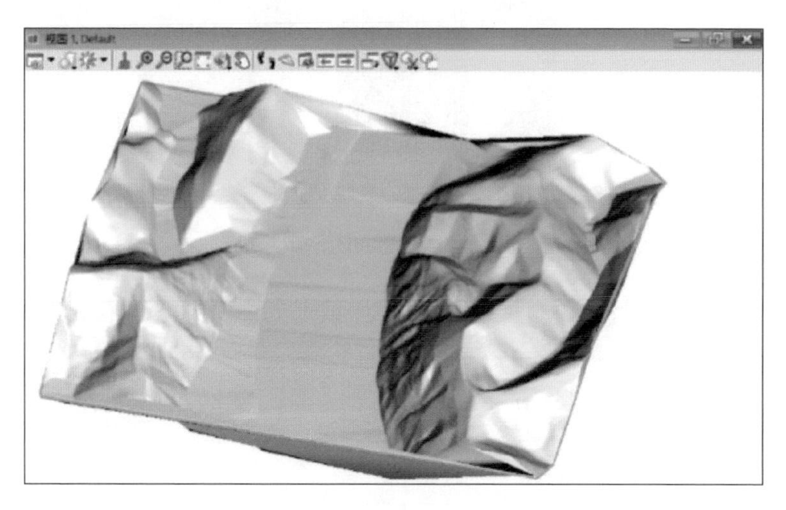

● 图 4-79 原始地形三维模型图

3）生成设计地形三维模型图。原始地形模型建立完成后，下一步要建立设计场坪模型，与原始地形图不同的是使用“2D 种子文件”新建文件，在“总图”文件夹内建立名称为“设计地形图”的模型文件，打开该文件后继续利用参考的方式，将“原始地形图”添加到本文件中进行规划设计。设计场坪的方式为建立设计地形，设计地形的边界可以通过平面设计中的直线绘制，也可利用平台的智能线、曲线等其他平面设计绘制；设计人员可以通过激活的原始地形图的断面线设置场坪的高度，断面线可以保存多个不同的设计高度，依旧是通过激活不同的断面线来实现快速选择不同高度的设计地形；最后通过“地形”中“通过图形生成地形”的功能生成设计地形。设计地形三维模型图如图 4–80 所示。

4）生成土方平衡图。生成设计的地形模型后，利用软件中“土方平衡图”功能进行土方平衡计算，设置地形网格划分后、生成土方平衡图，如图 4–81 所示。

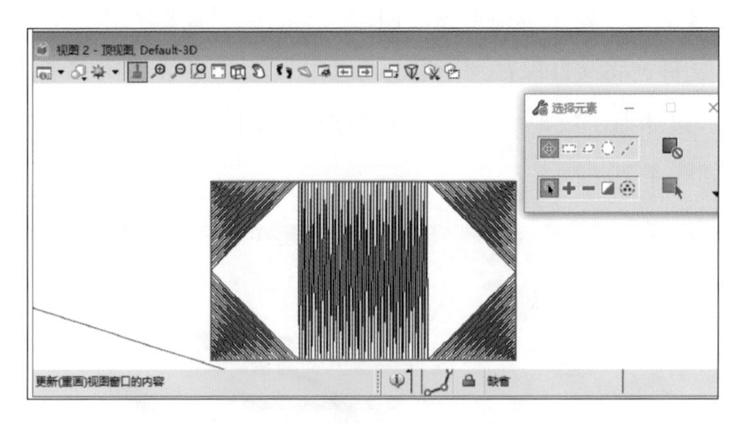

● 图 4-80　设计地形三维模型图

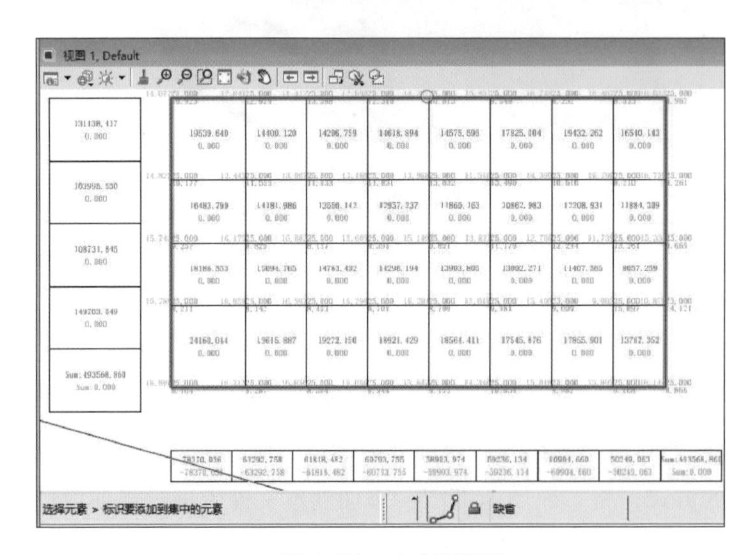

● 图 4-81　土方平衡图

5）绘制变电站底板及开洞操作。总图专业需要生成场地实体模型时，可以在建筑设计软件中选择“板”命令后利用“边界”的方式绘制出变电站底板，如图 4-82 所示。

底板需要开洞的形状使用“智能线”命令绘制：利用“修改”命令栏中“按曲线剪切实体”的命令将底板剪切出需要的洞口，并结合其他专业模型完成底板开洞。完成后的总图底板如图 4-83 所示。

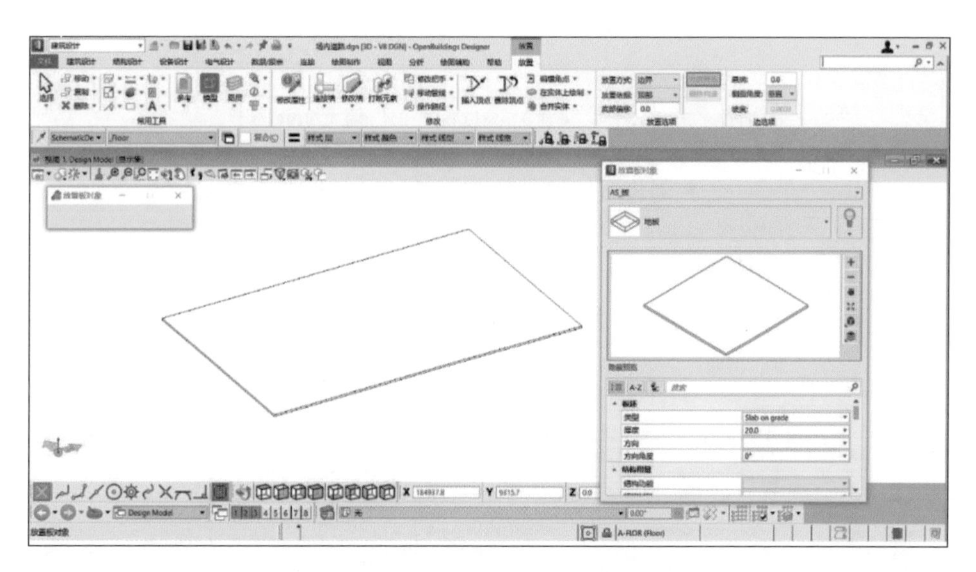

● 图 4-82 绘制变电站底板

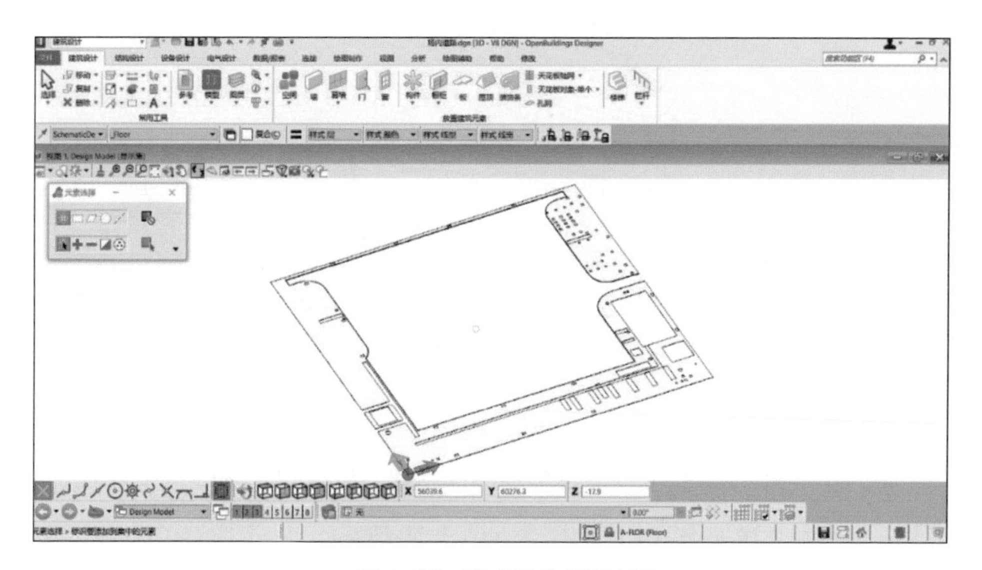

● 图 4-83 完成后的总图底板

2. 道路与围墙电缆沟设计

（1）设计内容。实现变电站道路模型和围墙电缆沟模型设计功能。

（2）设计步骤。道路与围墙电缆沟设计步骤包括建立道路模型、建立围墙模型和建立电缆沟模型，如图 4–84 示。

● 图 4–84　道路与围墙电缆沟设计步骤

1）建立道路模型。利用“智能线”绘制道路形状，转角部分可以切换为“圆角”；利用“板”功能“形状”方式建立道路模型。建立道路模型如图 4–85 所示。

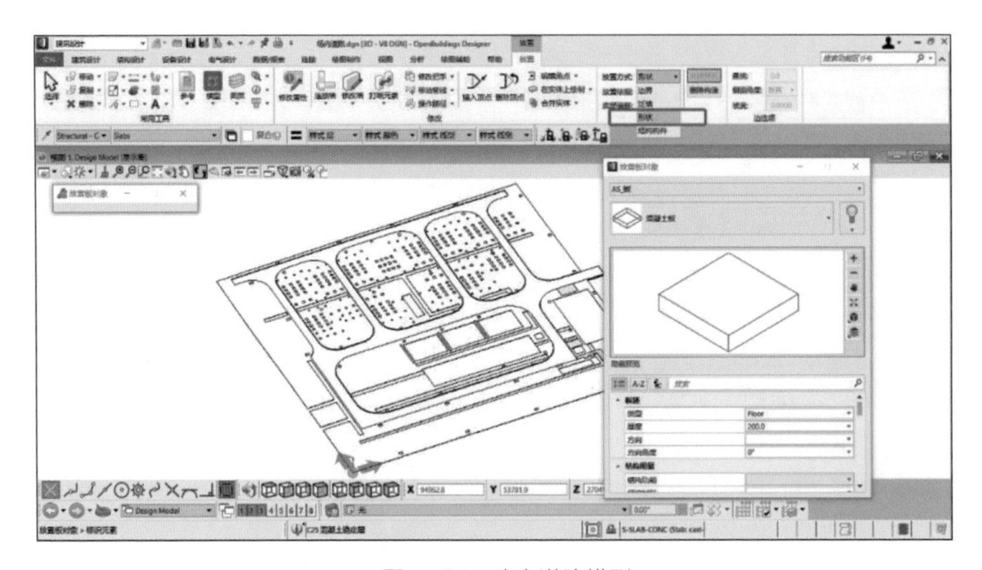

● 图 4–85　建立道路模型

2）建立围墙模型。

a. 新建“围墙大门”文件后参考轴网定位后，利用“柱”命令建立围墙柱，利用“梁”命令添加围墙下部圈梁，如图 4–86 所示。

b. 利用“墙”命令建立砌块围墙，如图 4–87 所示。

另外，异型围墙压顶、挡土墙等部分可以用实体模型建立。完成的围墙模型如图 4–88 所示。

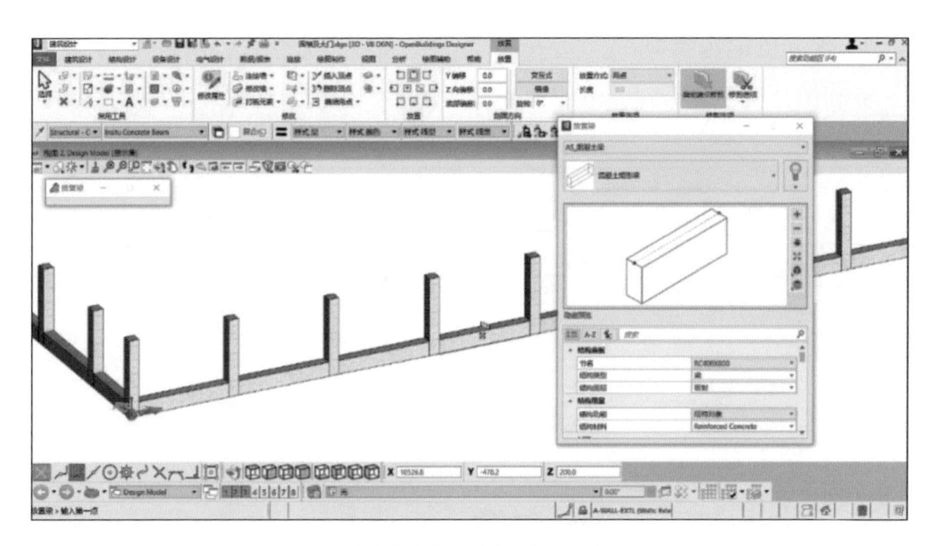

● 图 4-86　添加围墙柱梁

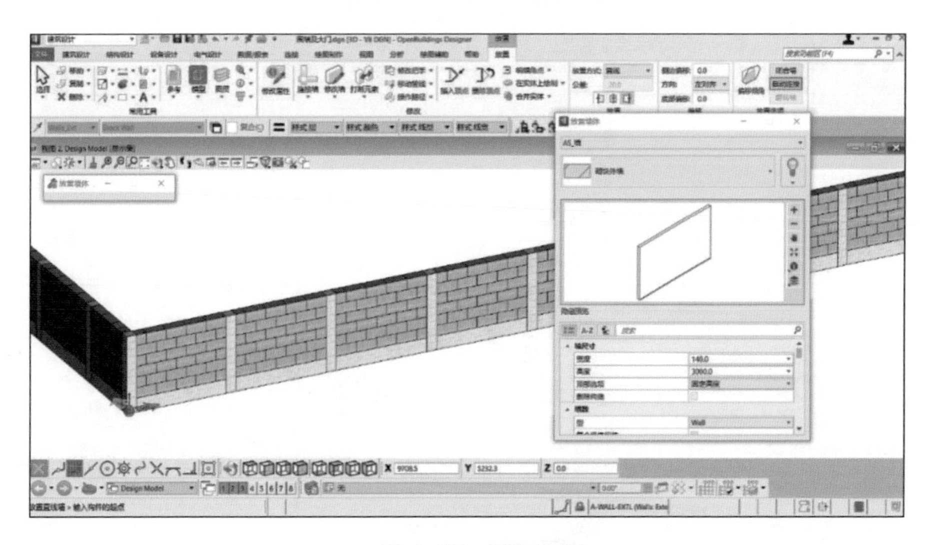

● 图 4-87　添加围墙

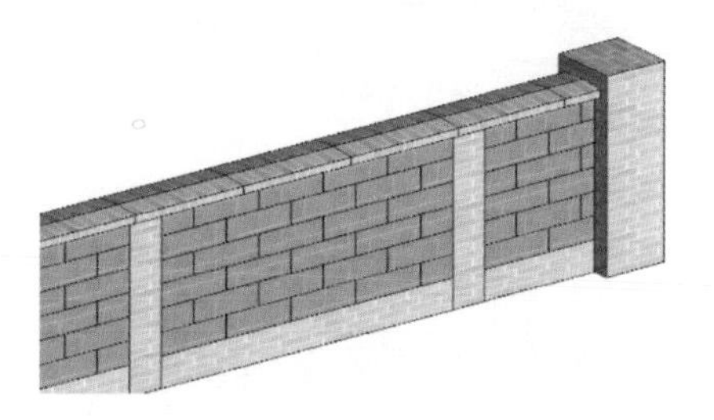

● 图 4-88　完成的围墙模型

3）建立电缆沟模型。

a. 利用“板”命令建立电缆沟底板、垫层、盖板，如图 4–89 所示。

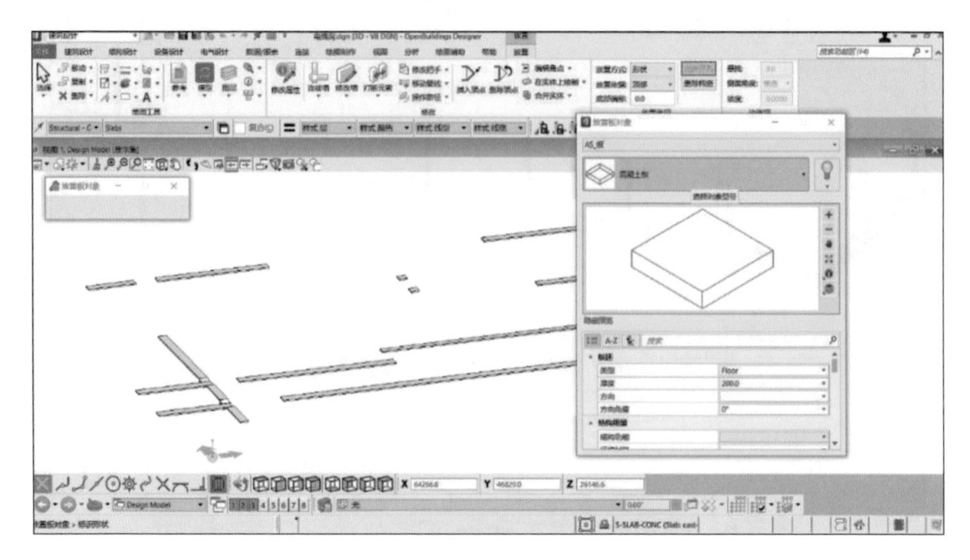

● 图 4–89　电缆沟底板模型

b. 利用“墙”命令建立电缆沟沟壁，防火板，如图 4–90 所示。

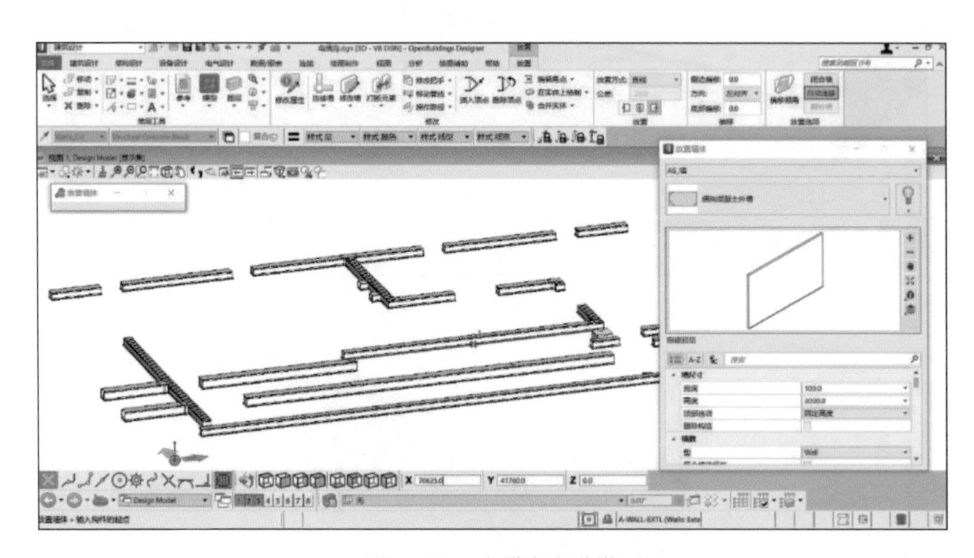

● 图 4–90　电缆沟沟壁模型

c. 利用“管道”命令建立电缆埋管。

完成的电缆沟模型如图 4–91 所示。

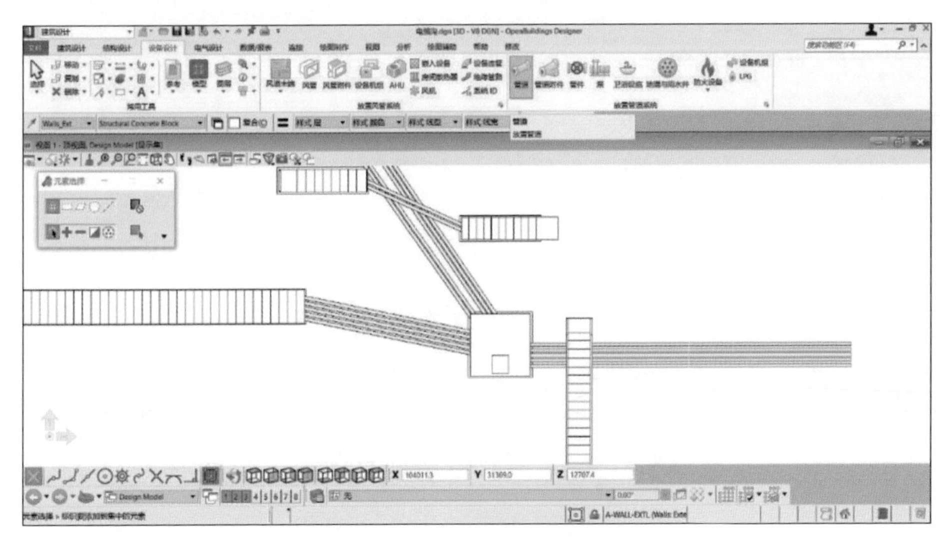

● 图 4–91 完成的电缆沟模型

3. 设备基础设计

（1）设计内容。实现变电站三维实体基础属性设计功能。

（2）设计步骤。设备基础设计步骤包括建立三维实体、编辑三维实体和添加三维实体属性，如图 4–92 所示。

● 图 4–92 设备基础设计步骤

1）建立三维实体。一般基础可以使用“板”命令中的“基础板”类型与“墙”命令中的“墙基础”类型绘制；杯口基础、楔形基础等可以使用三维实体建立后添加基础属性完成；采用工具栏中“倒角”功能建立三维实体，如图 4–93 所示。

2）编辑三维实体。剪切洞口，洞口深度按照实际设计设置。编辑设备基础三维实体如图 4–94 所示。

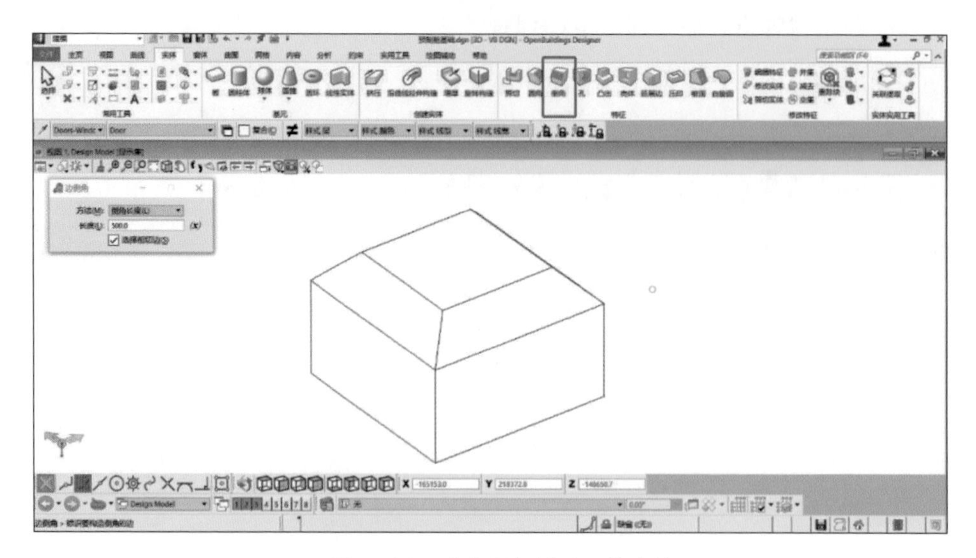

● 图 4-93 建立设备基础三维实体

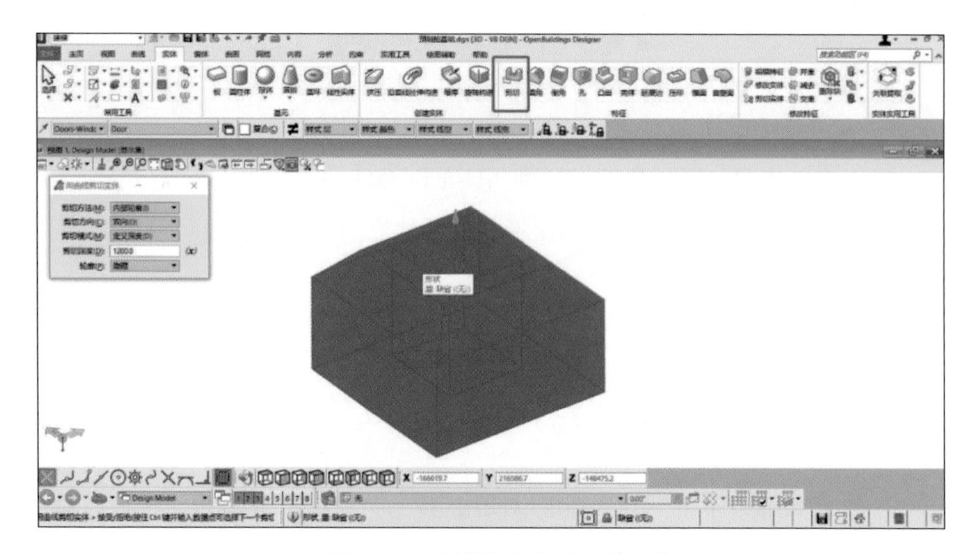

● 图 4-94 编辑设备基础三维实体

3）添加三维实体属性。利用“数据报表”工具栏中“连接”功能，添加三维实体属性，如图 4-95 所示。

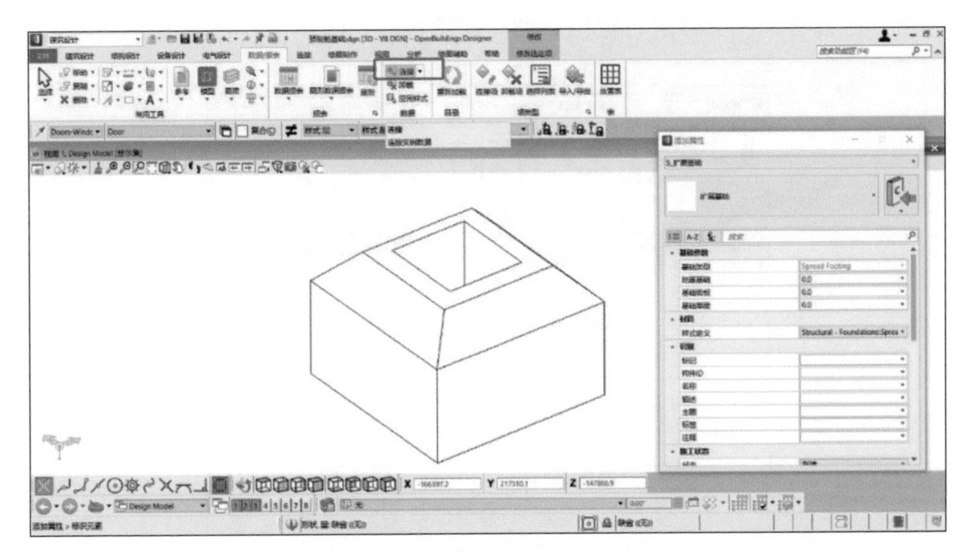

● 图 4-95 添加设备基础三维实体属性

4.4.3 建筑三维设计

土建设计中建筑三维设计包括主建筑物设计和辅助建筑设计，如图 4-96 所示。

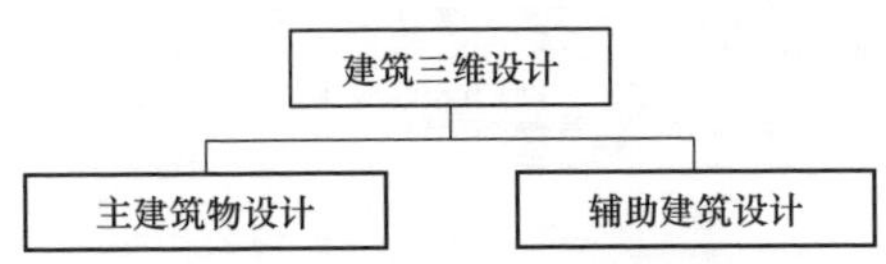

● 图 4-96 变电土建建筑三维设计内容

1. 建筑物设计

（1）设计内容。实现变电站主建筑物模型设计功能。

（2）设计步骤。主建筑物设计步骤包括创建建筑轴网、选择墙体类型并绘制墙体和添加门窗和楼板，如图 4-97 所示。

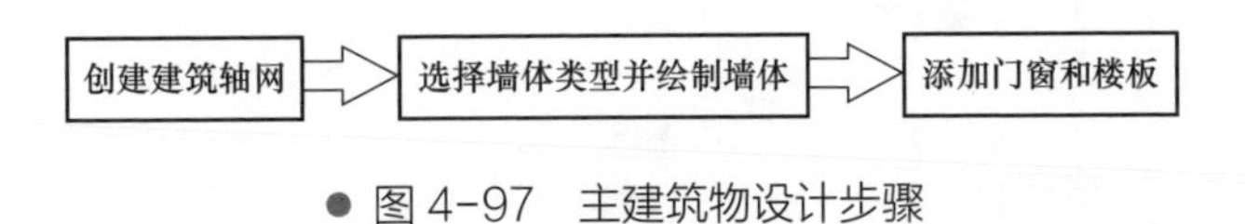

● 图 4-97 主建筑物设计步骤

1）创建建筑轴网。在设计软件“建筑”文件夹内新建“主控楼建筑”文件后，可参考轴网文件进行定位。创建建筑轴网如图 4–98 所示。

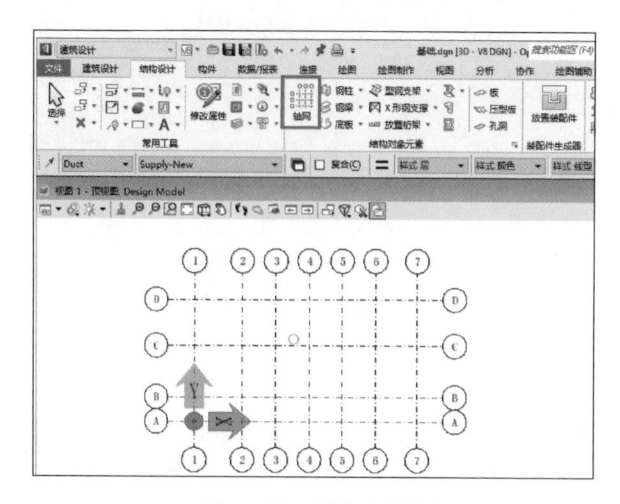

● 图 4–98　创建建筑轴网

2）选择墙体类型并绘制墙体。单击“建筑设计”下面“墙”命令，选择墙体类型（见图 4–99）后绘制墙体，包括内墙、外墙及保护柱隔层，放置时注意墙体类型及放置方式。绘制外墙墙体后，添加完成，外墙模型如图 4–100 所示。

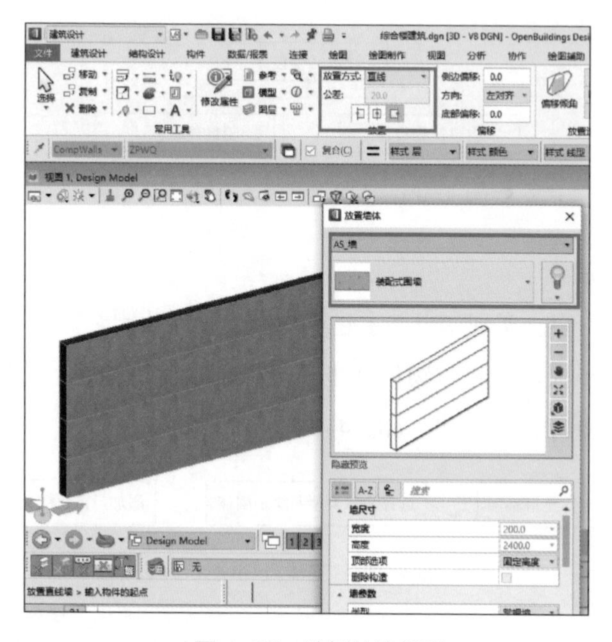

● 图 4–99　选择外墙类型

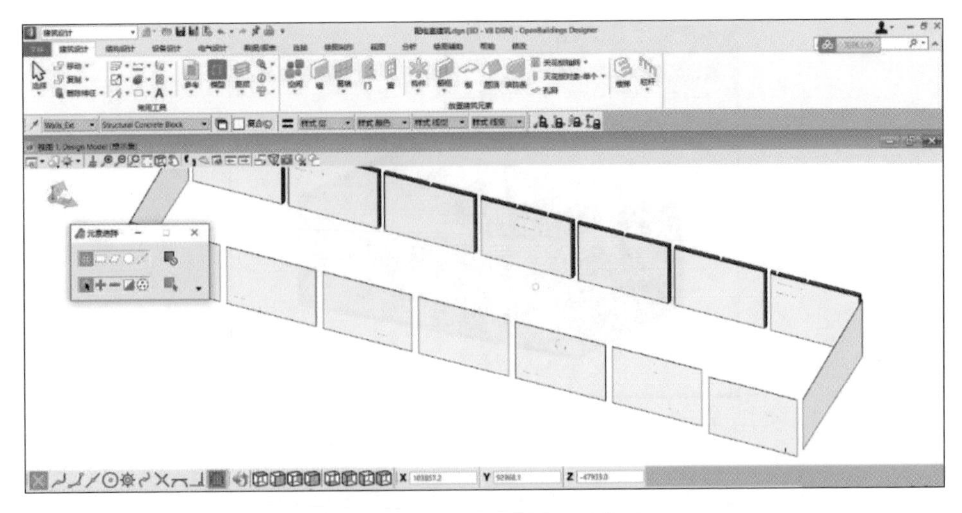

● 图 4-100　完成的外墙模型

3）添加门窗和楼板。

a. 添加门窗。将墙体建立完毕后，可以选择“幕墙”“门”“窗”的命令建立幕墙、门、窗，这三个命令使用方式为单击需要插入的墙体，确定位置，如图 4-101 所示。添加完成的门窗模型如图 4-102 所示。

b. 添加楼板。利用“板”功能可建立楼板、雨棚，如图 4-103 所示。添加完成的楼板模型如图 4-104 所示。

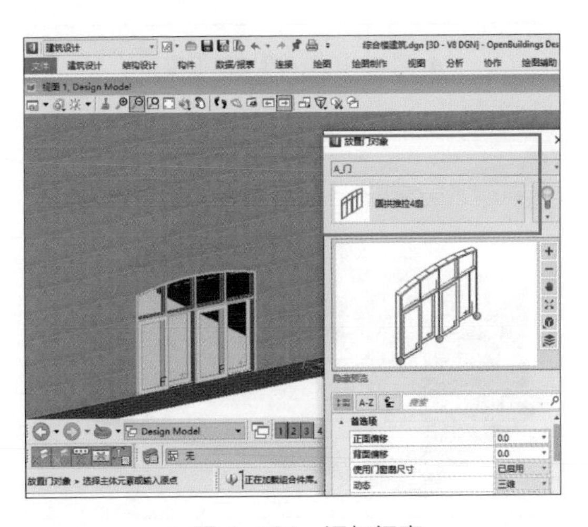

● 图 4-101　添加门窗

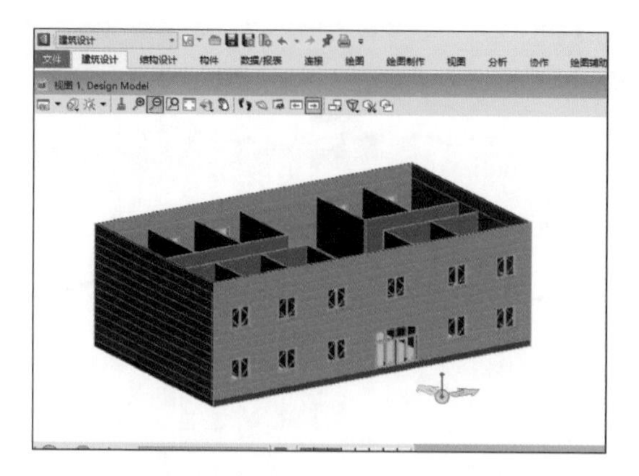

● 图 4-102　添加完成的门窗模型

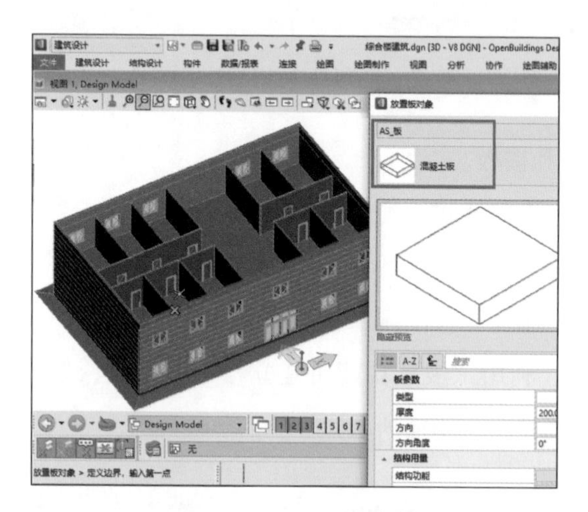

● 图 4-103　添加楼板模型

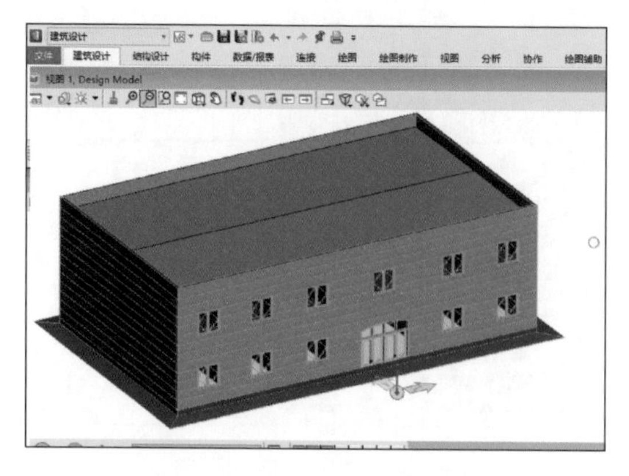

● 图 4-104　添加完成的楼板模型

2. 辅助建筑设计

（1）设计内容。实现变电站辅助建筑模型设计功能。

（2）设计步骤。包括添加附属构件模型、完成建筑模型两个步骤，如图 4–105 所示。

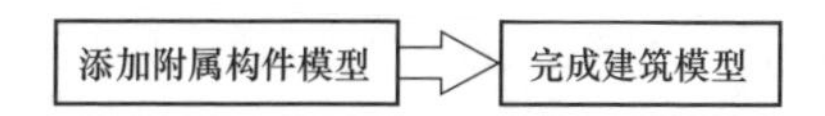

● 图 4–105　辅助建筑设计步骤

1）添加附属构件模型。在设计软件中通过“放置构件”建立其他构件，如图 4–106 所示。

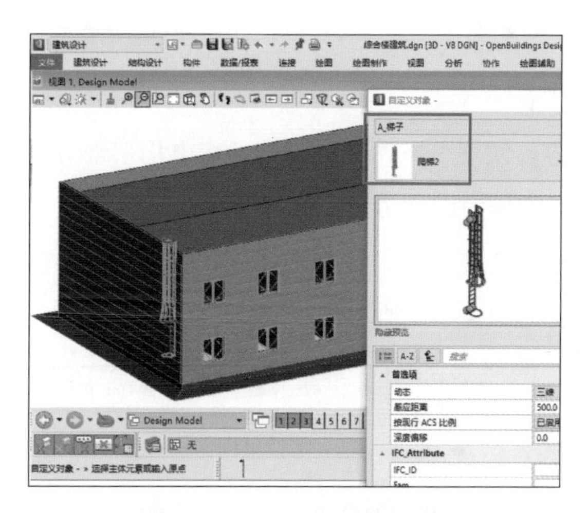

● 图 4–106　添加附属构件模型

2）完成建筑模型。整体一层建筑部分完成，完成的建筑模型如图 4–107 所示。

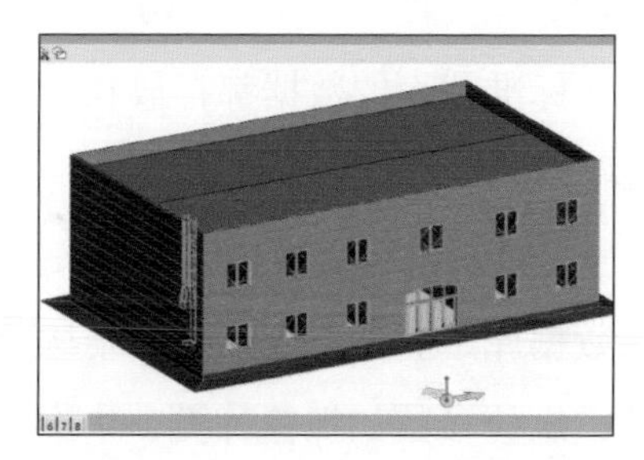

● 图 4–107　完成的建筑模型

4.4.4 结构三维设计

变电站工程土建设计中结构三维设计需要建立型钢及变电构架部分，并在整体结构建立完成后添加参数化节点。本节介绍钢结构在变电站项目中的三维设计过程，土建设计中结构三维设计包括主体结构设计、檩条和其他设计、构架设计。变电土建结构三维设计内容如图 4–108 所示。

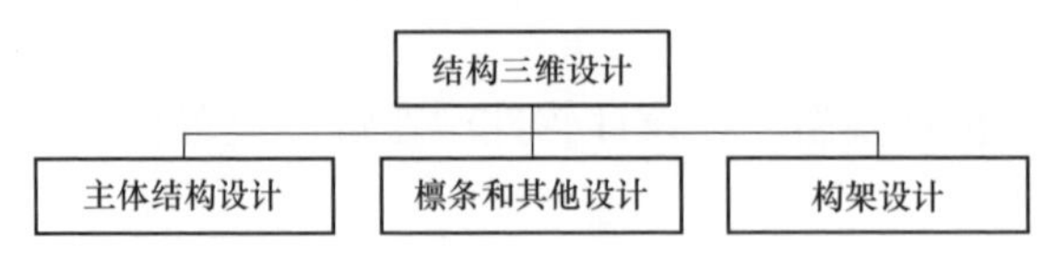

● 图 4–108 变电土建结构三维设计内容

1. 主体结构设计

（1）设计内容。实现变电站建立型钢、变电构架部分以及整体结构建立完成后参数化节点添加的设计功能。

（2）设计步骤。主体结构设计包括建立型钢、建立结构柱梁模型和参数化节点三个步骤，如图 4–109 所示。

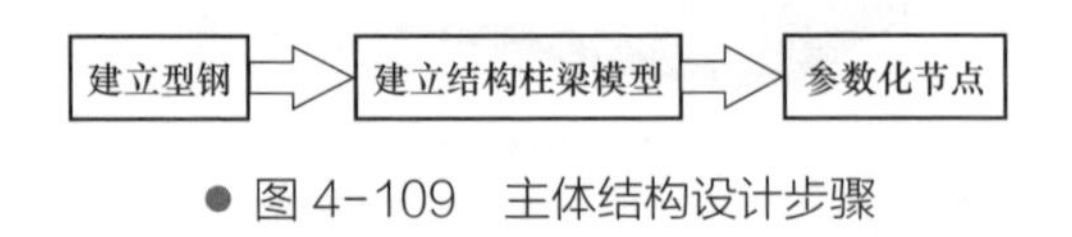

● 图 4–109 主体结构设计步骤

1）建立型钢。打开结构设计软件，在“结构”文件夹中建立“主控楼钢结构”文件；通过“钢结构”任务栏中“型钢”命令建立一层结构柱、结构梁。型钢库中包含我国标准的型钢型号，变电站中常用型钢可以在标准型钢库中找到，不需要特定编辑截面库文件，如图 4–110 所示。但特殊情况时设计人员可选择标准截面，这些标准截面的数据都存放在统一的系统数据库中，可以方便地扩充库，如果需要插入自定义的截面尺寸，或者添加新的截面形式，可以扩充截面库文件。通过截面轮廓线和其他参数来自定义复杂的截面形式，并且可以保存在单独的数据库中。建立主体框架结构后节点连接中所有必需的螺栓都是自动生成的，螺栓参数如螺栓种类、垫圈、间隙和其他必要的附件都可以调节。

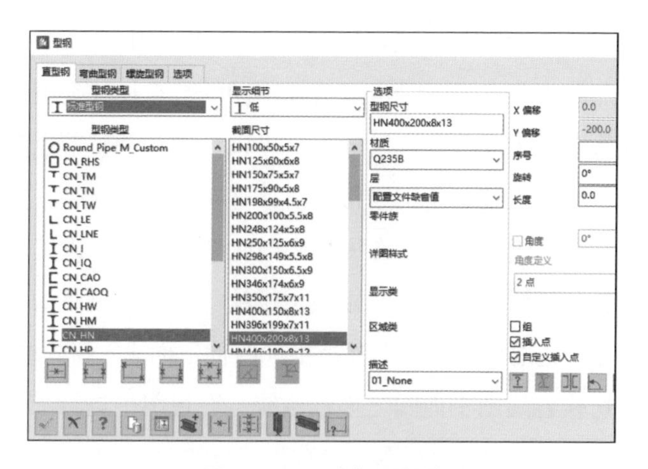

● 图 4-110　选择型钢截面

2）建立结构柱梁模型。添加梁柱型钢后可以对型钢板件进行复制、移动、镜像、克隆等常规编辑操作调整模型，也可批量选中进行集中修改；设计人员还可以进行型钢分割、钻孔、自适应切割、斜切、钝化转角、添加螺栓、开槽等加工操作；可在指定位置添加各种形状的加劲肋，可选择构件和方向确定构件坐标系，便于进行细部操作。软件还允许设计人员生成任何形状的多边形板，几何形状可以从已有的闭合多边形导入，或对板添加加工特征；主建筑物的梁柱可以通过不同图层进行选择、过滤显示等。完成的结构柱梁模型如图 4-111 所示。

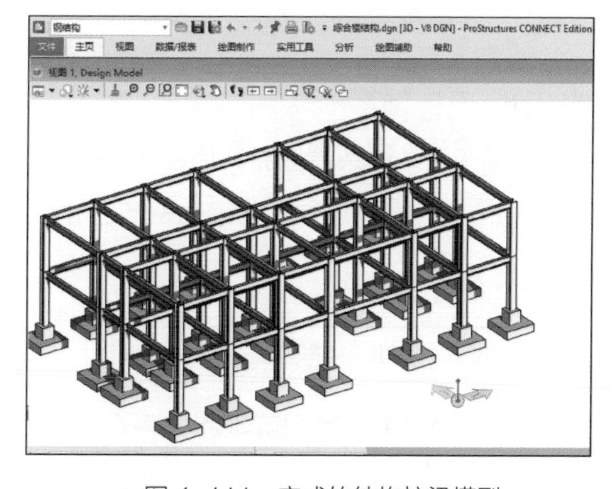

● 图 4-111　完成的结构柱梁模型

3）参数化节点。利用设计软件“钢结构”面板中“节点中心”的命令建立梁柱节点部分，节点设置时可以选择不同的节点样式类型，选择节点类型和连接构件后即可生成节点。设计人员可以设置和调整节点参数，包含通用的端板连接、底板连接、角钢连接、拼接连接、加腋连接、支撑连接、檩条连接等类型。梁柱钢结构构件在添加参数化节点后可以设置回切，单击节点部分可以参数化编辑连接板、弯矩板、螺栓等，需要调整的构件还可以使用精确绘图功能快速地在直角坐标和极坐标两种坐标输入模式之间进行切换，并结合动态的切换各绘图平面间之坐标系统，在视图中进行三维设计，而不必按照以往二维方式多次切换视图。参数化节点如图 4–112 所示。

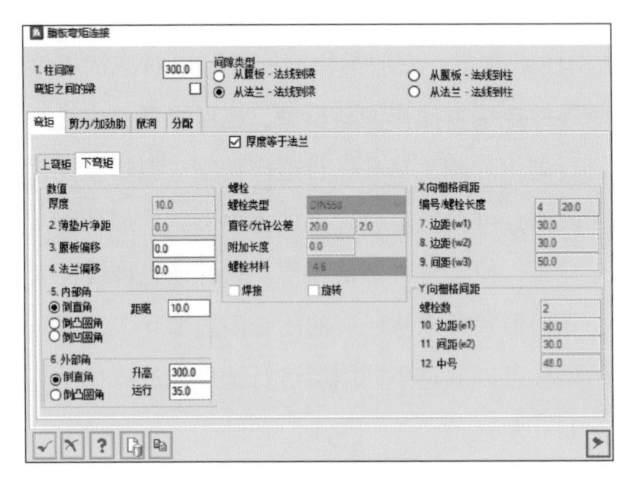

● 图 4–112 参数化节点

2. 檩条和其他设计

（1）设计内容。实现变电站檩条模型和其他设计功能。

（2）设计步骤。包括建立檩条并参数化添加檩条、建立檩条模型两个步骤，如图 4–113 所示。

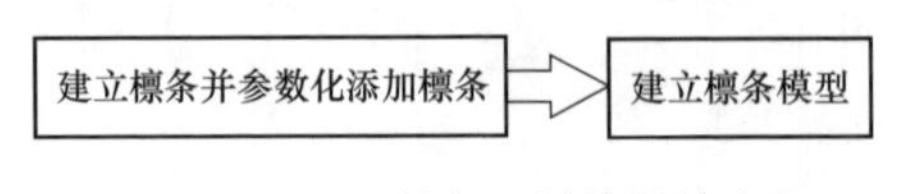

● 图 4–113 檩条和其他设计步骤

1）建立檩条并参数化添加檩条。以结构设计中常见的檩条为例，设计人员设置檩条放置的位置，这个操作是在已有结构型钢的基础上进行的，也就是可以通过单击钢梁设置具体檩条的参数属性，设置檩条型钢型号、所属图层可以使得后期通过梁柱一样的选择方式提取全部檩条型钢；设置檩条的命令时可以按照间隔距离放置，这种方式在一些比较复杂的结构中方便设计人员准确放置，变电站的项目结构比较简单清晰，利用放置檩条的功能也可以快速完成设计，利用“钢结构”任务栏中“檩条”功能建立檩条，并参数化批量调整檩条数据。参数化添加檩条如图 4–114 所示。

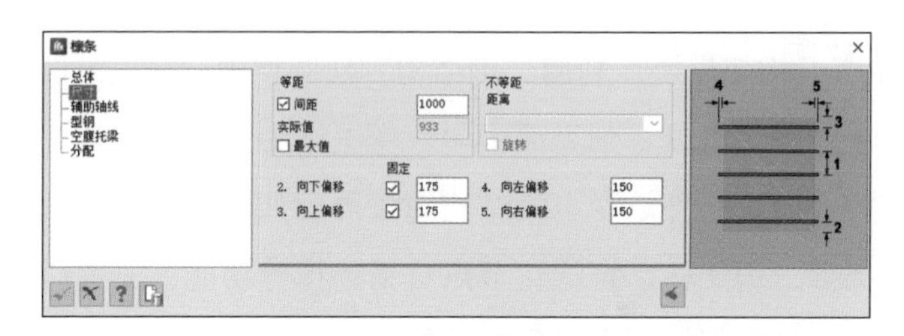

● 图 4–114　参数化添加檩条

2）建立檩条模型。檩条模型添加完成后可以批量进行删除、移动、旋转等常规操作，批量添加的型钢不会因为快速添加模块的方式而产生不可单个修改的情况，设计人员可以重复使用模块建模放置重复类型构件，也可以按照单个建模类似的方式多次复制或者阵列型钢，完成檩条模型放置。檩条模型如图 4–115 所示。

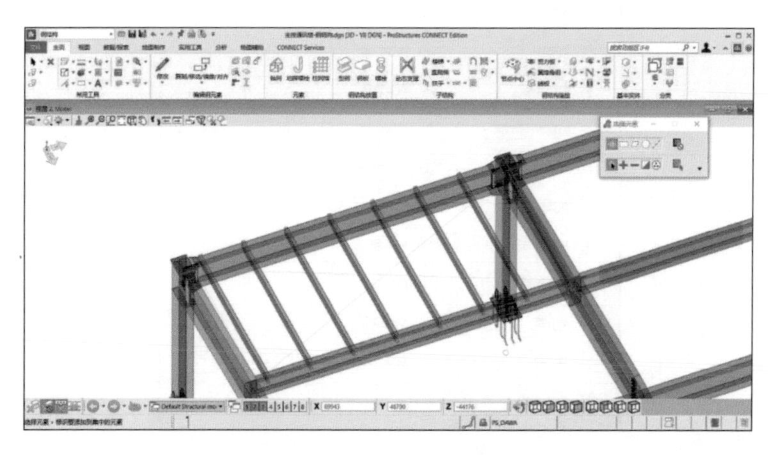

● 图 4–115　檩条模型

3. 构架设计

（1）设计内容。实现变电站构架模型的设计功能。

（2）设计步骤。包括调用变电构架模块、参数化添加结构柱、添加结构柱节点、完成变电构架模型四个步骤，如图 4–116 所示。

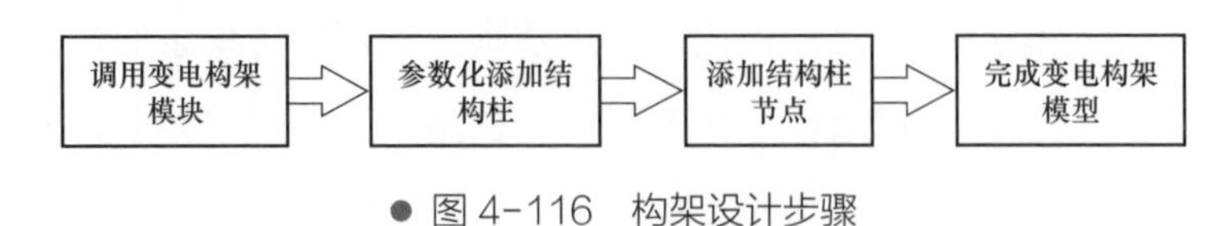

● 图 4–116　构架设计步骤

1）调用变电构架模块。利用“钢结构”任务栏中“变电站图库”建立构架，单击命令之后，可以看到界面中包含变电站中常见的结构，设计人员可以很方便地放置模块构件。变电站结构对象界面如图 4–117 所示。变电构架模块包括桁架梁、构架柱、智能化节点自动连接等功能，放置后的构件可以继续组件、零件自动编号、生成生产图纸等工作；整体放置后的变电结构对象还可以自动生成各种报表如材料表、螺栓统计表、生产管制表等。

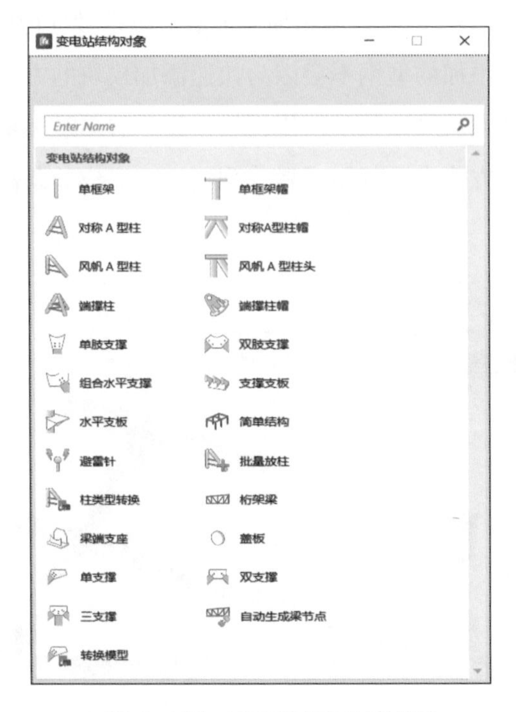

● 图 4–117　变电站结构对象界面

2）参数化添加结构柱。在项目结构文件夹中新建“× × 位置构架”文件，打开文件后参考“场地轴网”模型后，在变电站结构对象面板上双击“端撑柱”命令，在模型中在插入端撑柱组合型钢；在视图中找到准确的位置单击插入支撑柱的中心，第二点为端撑柱的方向，即支撑部分的型钢在对称柱的方向，每个参数具体控制的位置可以查看界面右侧的示意图。参数化添加结构柱如图 4–118 所示。

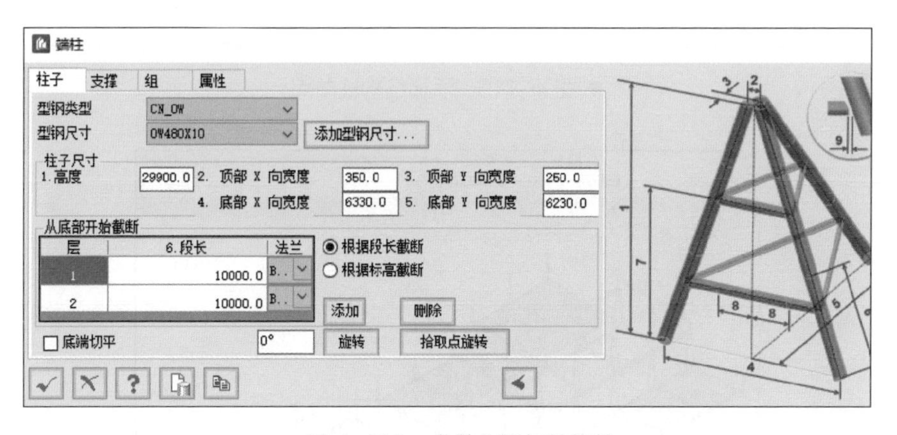

● 图 4–118 参数化添加结构柱

3）添加结构柱节点。通过参数化调整生成构架后，根据变电站的具体三维设计要求，有部分变电构架模型需要添加节点。添加节点时需要注意的是区分节点的类型，以对称 A 型柱为例，需要使用的命令为“对称 A 型柱帽”，设计人员在变电站结构对象面板上双击“对称 A 型柱帽”命令为构架添加节点后，单击需要添加柱帽的 A 型柱，软件识别到柱后会自动添加柱帽，柱帽同样为参数化节点，可以整体编辑或者放置后单独编辑各个型钢，单独编辑时可以使用删除、移动、旋转等常规操作，设计人员可以灵活使用命令。如图 4–119 所示，放置的 A 型柱添加了柱帽后，继续建立了钢管的法兰连接点。

4）完成变电构架模型。户外变电站的构架比较复杂，并且需要结合不同区域设置构架型钢类型，将建立完成后的各区域构架组装成结构构架组装模型，方便其他专业的设计人员参考查看构架模型，可以看到全部的模型但不影响本专业使用软件的速度。完成的变电构架模型如图 4–120 所示。

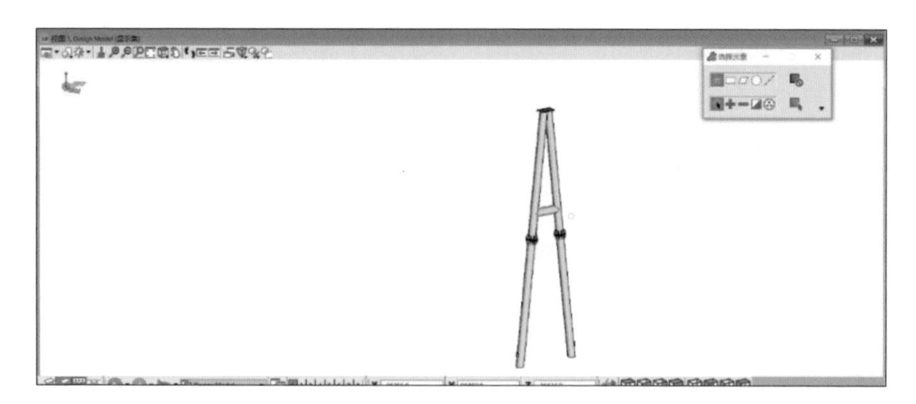

● 图 4-119　添加结构柱节点

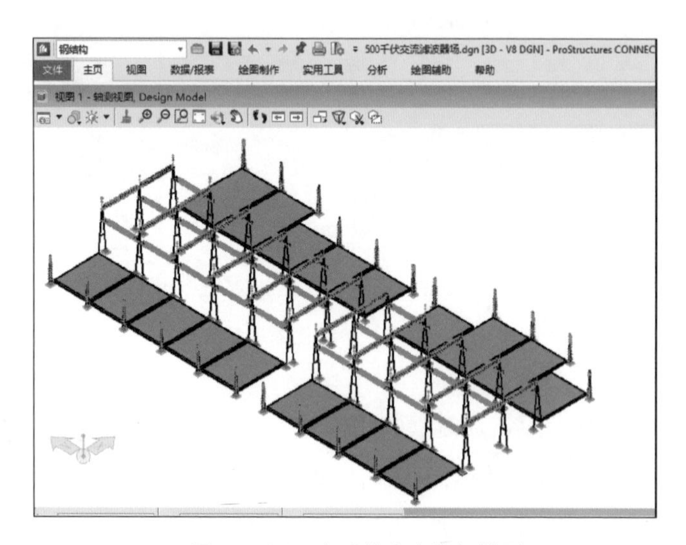

● 图 4-120　完成的变电构架模型

模型总装与校审

4.5.1　模型总装

1. 总装内容

模型总装实现电气专业与土建专业的总装模型和全站组装模型的组装功能。

2. 总装步骤

模型总装包括电气组装、土建组装和全站组装三个步骤，如图 4–121 所示。

● 图 4–121　模型总装设计步骤

（1）电气组装。在“工程管理”的对话框内，新建一张空白名字为“电气三维总装”的 3Dlayout 图纸，参考所有的电气三维模型图纸。需要将全部模型以参考的方式组装成一个电气模型，在“总装模型”文件夹建立“电气模型总装”文件夹后在其中建立“电气总装”文件，利用“参考”的功能将全部电气模型链接到该文件。电气组装操作如图 4–122 所示。电气专业总装模型结果如图 4–123 所示。

（2）土建组装。在“总装模型”文件夹中建立“土建模型总装”文件夹后在其中建立“土建总装”文件，利用“参考”的功能将全部土建模型链接到该文件。创建土建专业总装模型后可以查看不同文件下是否存在位置冲突、尺寸不合理、不同设计人员建立模型时的规范等问题，发现问题之后可以通过三维校审平台给相关设计人员发送批改建议，达到土建专业间通过三维模型校审土建设计的效果。土建专业参考链接如图 4–124 所示。

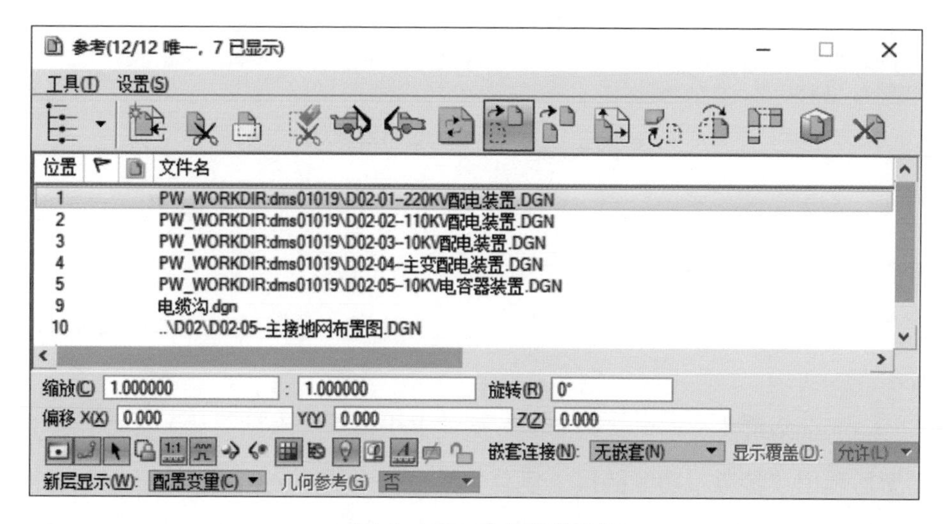

● 图 4–122　电气组装操作

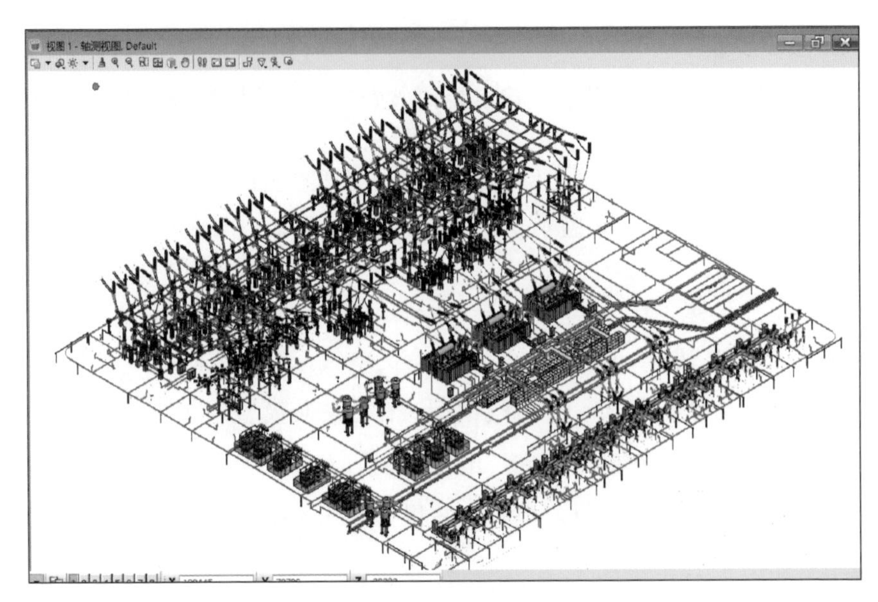

● 图 4-123 电气专业总装模型结果

● 图 4-124 土建专业参考链接

参考项目文件夹中“建筑”“结构”“水暖”等专业总装全部模型后，在界面中可以看到本项目全部土建专业的模型，设计人员可以利用三维模型核对场地管线与结构基础之间的关系等。土建专业总装模型结果如图 4-125 所示。

（3）全站组装。在“总装模型”文件夹中建立“全站总装”文件，打开模型后利用“参考”功能链接土建总装模型、电气总装模型，注意链接文件需要保持“实时嵌套”，嵌套深度可以设置为大于三层，较大的变电站项目中不同专业嵌套深度不同，因此总装模型中需要保持更深的嵌套深度。全站组装参考如图 4–126 所示。

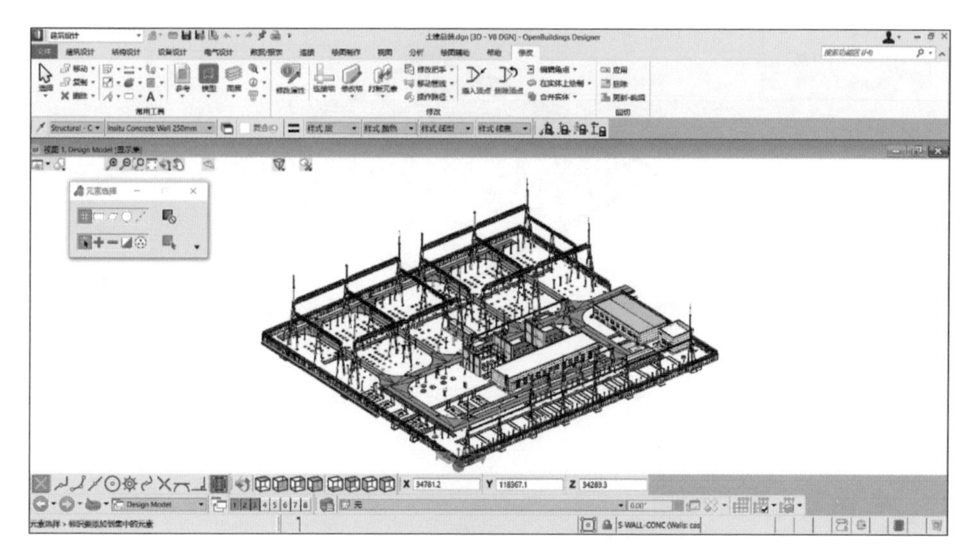

● 图 4–125　土建专业总装模型结果

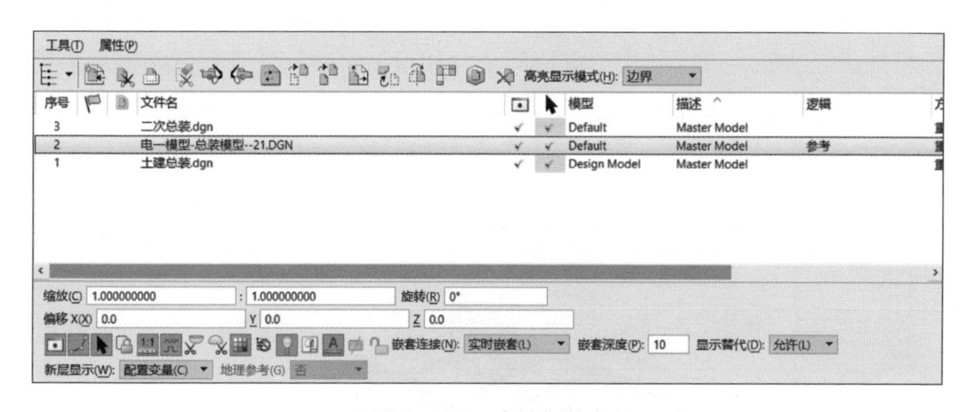

● 图 4–126　全站组装参考

项目级总装模型与专业总装模型一样，文件中没有具体构件，全部用链接的形式展示全部模型，这种方式在文件量很小的情况下可以查看全部项目模型或进行校审工作，三维校审结果可以在协同平台中通知相关设计人员。全站组装模型图如图 4–127 所示。

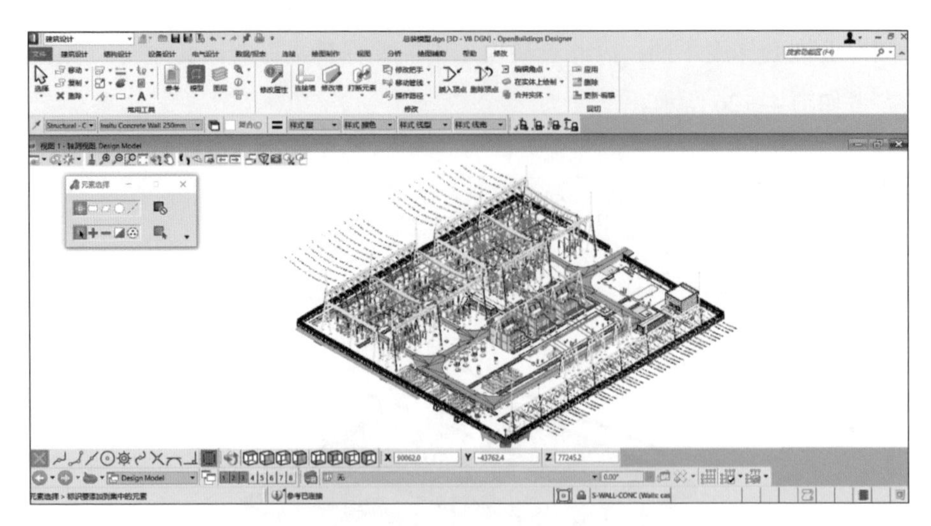

● 图 4-127　全站组装模型图

4.5.2　模型校审

1. 校核内容

模型校审实现变电站工程相关模型的运输检修吊装等检查、碰撞检测、校验批注等功能。可以利用三维协同平台和模型管理软件进行全站模型审核操作。典型全站模型审核图如图 4-128 所示。

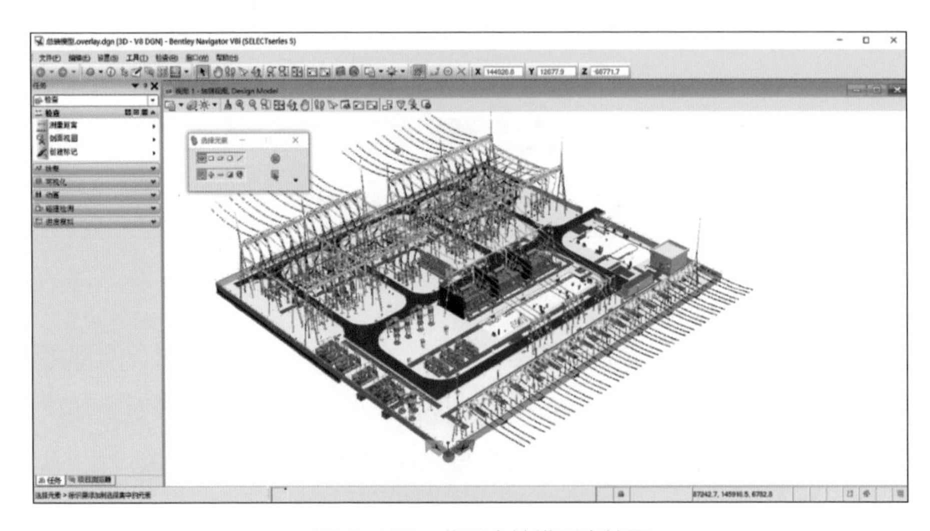

● 图 4-128　典型全站模型审核图

2. 碰撞检测步骤

碰撞检测包括设置模型碰撞检测界面和运行碰撞检测并查看结果两个步骤，如图 4–129 所示。

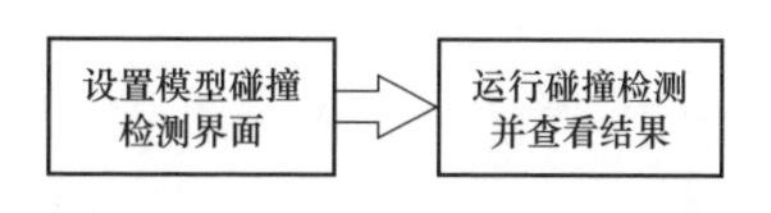

● 图 4-129　碰撞检测设计步骤

（1）设置模型碰撞检测界面。在软件中点开“碰撞”工具栏中“碰撞检测”命令，新建一个检测任务，这个任务可以保留下来不必每次重新开始新的检测，节省了重复的检测工作。静态碰撞校核时可设置碰撞检测中“A 集合”与“B 集合”，不同集合之间进行校验，也可在自身集合中自检。设置模型集合时可以根据具体需要通过模型的图层、不同的参考链接或选择的模型组分类，单击“处理”按键后软件自动检测模型关系，结果显示在“结果”界面。查看碰撞位置的模型可以关闭“检测”界面，再次打开后可以直接查看上一次的结果。模型碰撞检测设置如图 4–130 所示。

● 图 4-130　模型碰撞检测设置

（2）运行碰撞检测并查看结果。设计软件可以记录每一次检测的结果，要注意每次新建检测时填写正确的名称，方便下次查看结果；开始检测后，在界面中高亮显示相互碰撞的构件，单击不同的测试结果可以在模型中快速找到碰撞点。模型碰撞检测结果如图 4-131 所示。

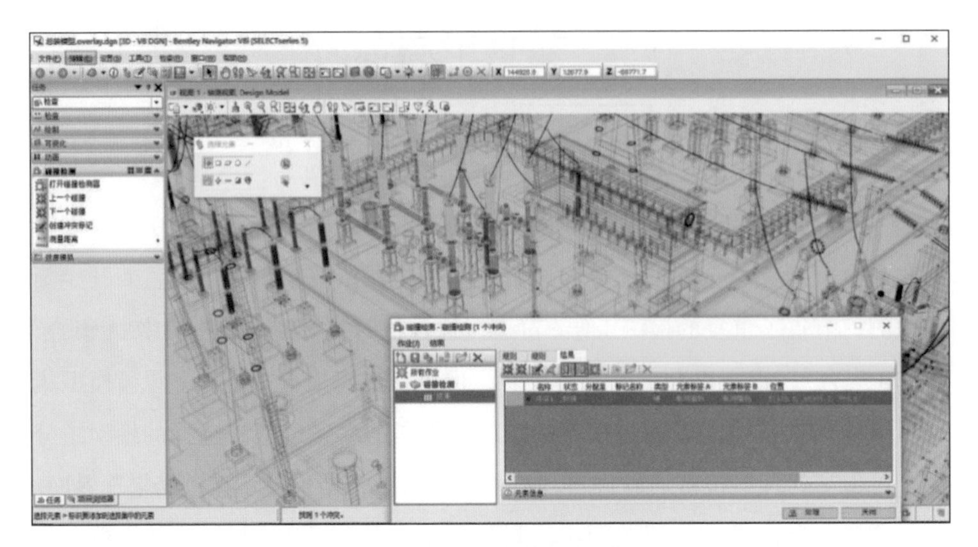

● 图 4-131　模型碰撞检测结果

三维出图及工程量统计

4.6.1　三维出图

1. 出图内容

三维出图实现电气专业各配电装置图和土建专业相关平立面图的输出功能。

2. 出图步骤

（1）电气专业出图步骤。采用变电三维设计软件内置的“断面图辅助设计”模块，生成工程所需图纸和统计相关的内容。断面图辅助设计界面如图 4-132 所示。

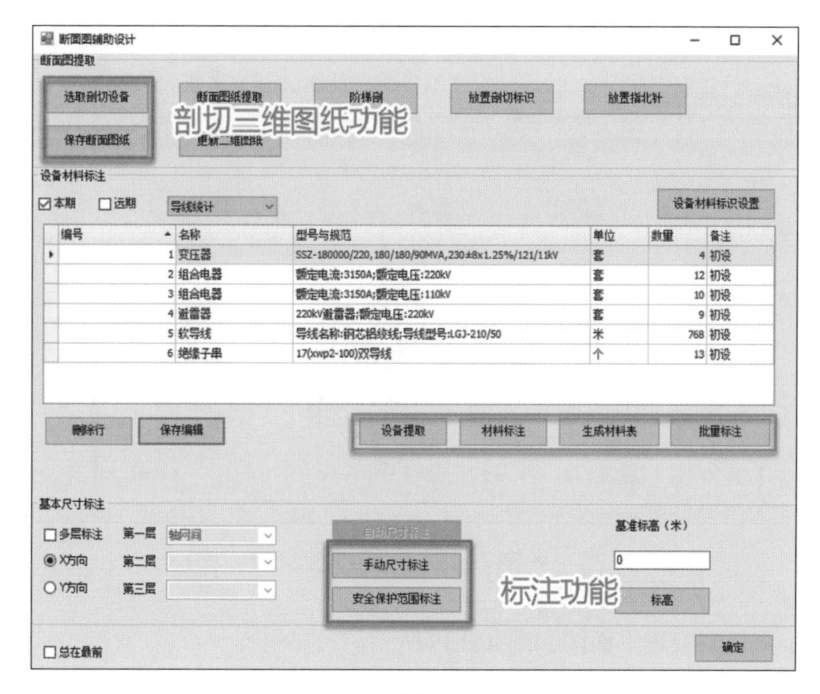

● 图 4-132　断面图辅助设计界面

电气专业各配电装置图包括总装三维图纸、总装平面图、变压器装置平面图、配电装置平面图。

1）总装三维图纸如图 4-133 所示。

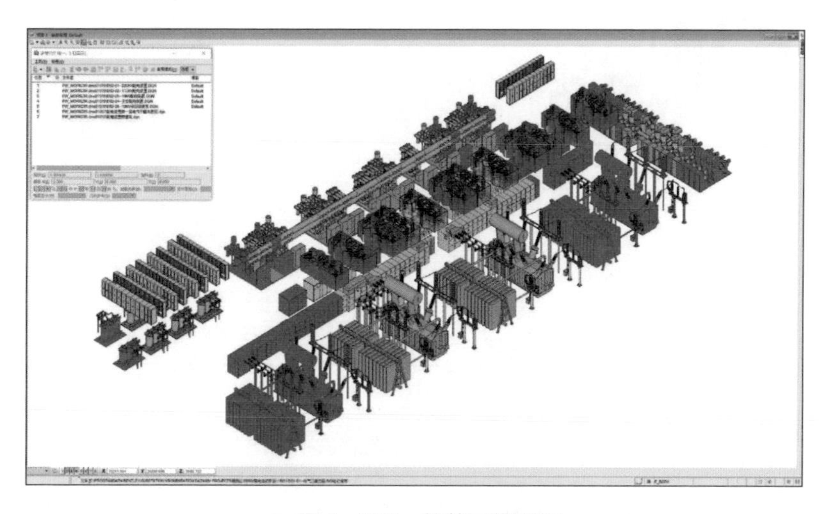

● 图 4-133　总装三维图纸

2）总装平面图如图 4-134 所示。

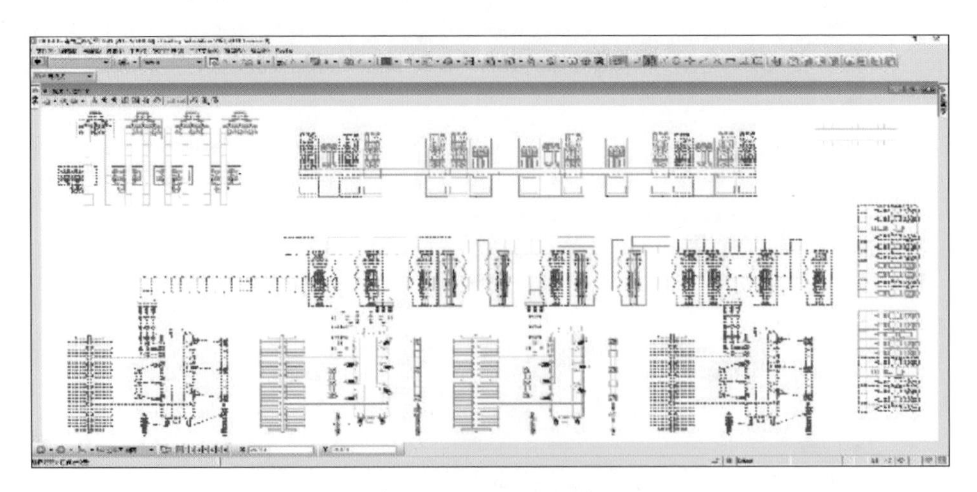

● 图 4-134　总装平面图

3）变压器装置平面图如图 4-135 所示。

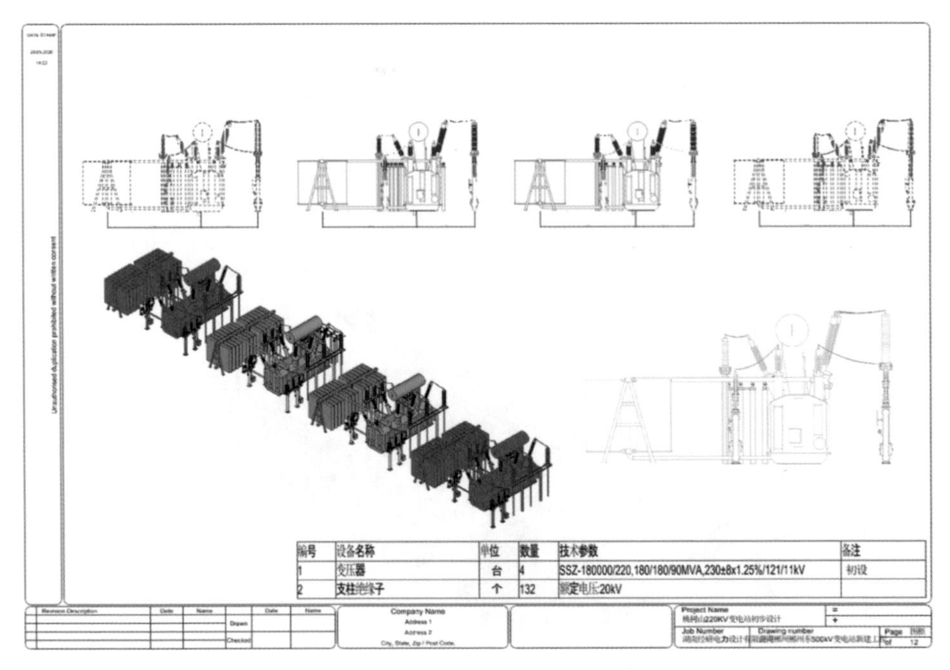

编号	设备名称	单位	数量	技术参数	备注
1	变压器	台	4	SSZ-180000/220,180/180/90MVA,230±8x1.25%/121/11kV	初设
2	支柱绝缘子	个	132	额定电压20kV	

● 图 4-135　变压器装置平面图

4）110kV 配电装置平面图如图 4-136 所示。

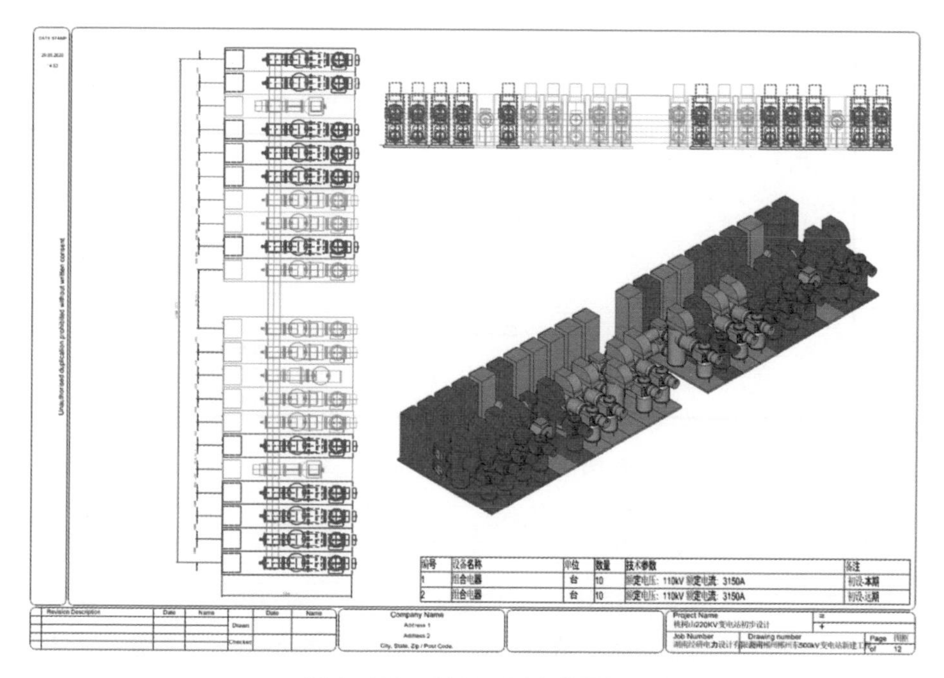

● 图 4-136 110kV 配电装置平面图

（2）土建专业出图步骤。不同图纸可以使用相对应的切图规则：建筑切图规则包含调用构件的建筑的属性信息，利用“注释单元”添加至图纸；结构切图规则为设定“柱脚”“边梁”的显示设置，包括单元化、中心线、单线、双线等方式，包含结构部分的注释信息；设备切图规则为设定风管、管道单双线显示，以及相应的注释信息；调整模型到顶视图。基本操作为：从三维模型中生成二维图纸时，将需要出图的模型另存为“建筑图纸”模型，建立的图纸文件中会包括多个 model，分为“绘图”“图纸”以方便标注和出图等工作。在设计软件中打开需要出图的模型，调整到正视图，单击“绘图制作”面板，利用“平面”功能，选择切图种子后，可以生成平面图。

1）生成建筑一层平面图。出建筑一层平面图过程中注意模型设置细节，例如选择剖切位置、深度；选择剖面的填充、线型、颜色、图层等的样式类型，及时修改相应的样式保证平面、立面、剖切面的正确性，可以设置为同材质的构件在剖切时会合并，并隐藏相同材质的边缘线。建筑一层平面图如图 4-137 所示。

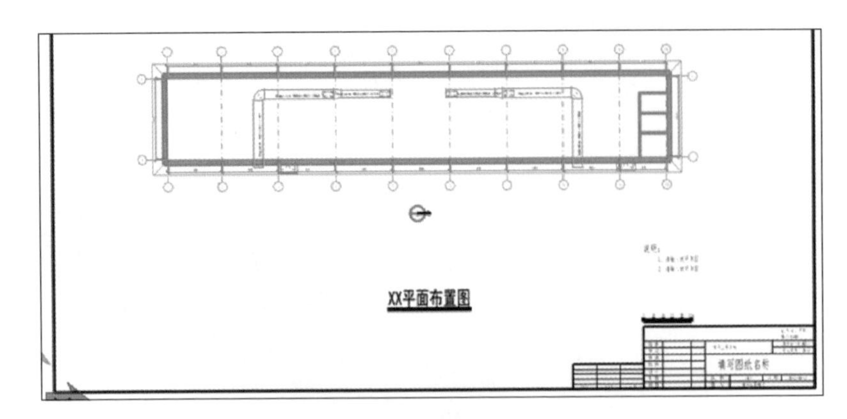

● 图 4-137　建筑一层平面图

2）生成建筑一层剖面图。

a. 设计软件 OBD 出图默认“绘图 model”参考为“缓存”设定，如果剖切内容有更新，及时更新参考或者调整“缓存”为“动态”，等更新完毕再改为“缓存”，并修改“缓存”的“可见边”设置；完成操作后在生成模型界面中确定最终图纸。

b. 打开“绘图制作”面板，单击“剖面”功能，选择切图种子，生成剖面图，如图 4-138 所示。

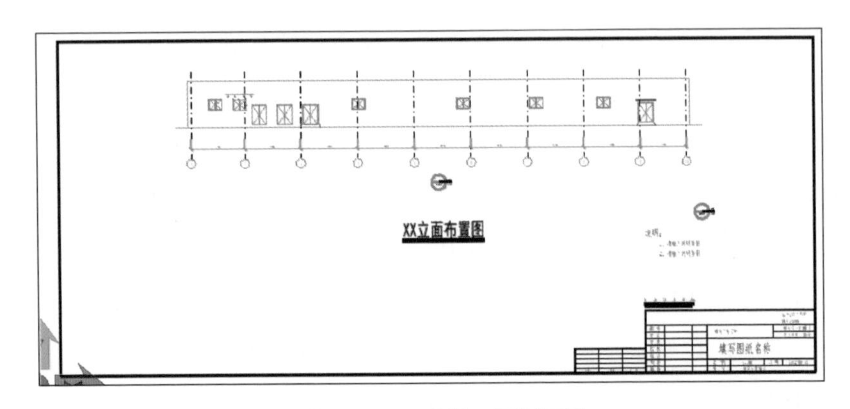

● 图 4-138　建筑一层剖面图

3）生成建筑一层轴立面图。

a. 与 2）生成建筑一层剖面图的 a. 相同。

b. 生成立面图纸时可以选择合适的楼层管理器且符合当前视图，通过“切面视图”和“向前视图”的显示样式可以调整图面显示样式，调整模型至顶视图；打开“绘图制作”面板，单击“立面”功能，选择切图种子后，单击需要生成图纸的模型方向，放置立面图标识后生成立面图。

建筑一层① – ⑧轴立面图如图 4–139 所示。

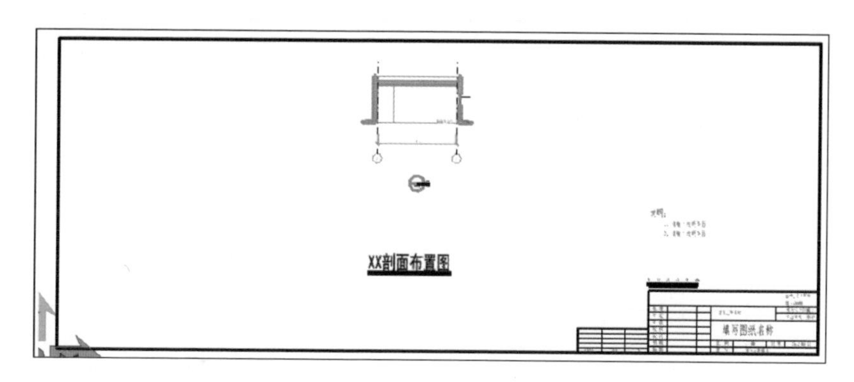

● 图 4–139　建筑一层① – ⑧轴立面图

4）生成建筑轴侧图。三维模型可以用“保存视图”的功能生成轴侧图，旋转视图至合适的轴侧角度后调整视图显示样式，“保存视图”命令不只可以将视图角度定格，也可记录模型当前样式和添加剖切框将模型剖切显示。建筑轴侧图如图 4–140 所示。

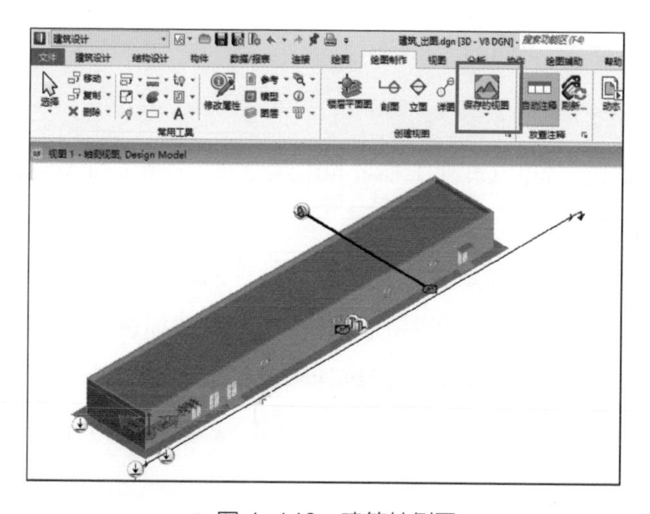

● 图 4–140　建筑轴侧图

5）同一图纸出图操作。支持将平、立、剖面图和轴侧图放到同一图纸中出图。一层建筑图如图 4–141 所示。

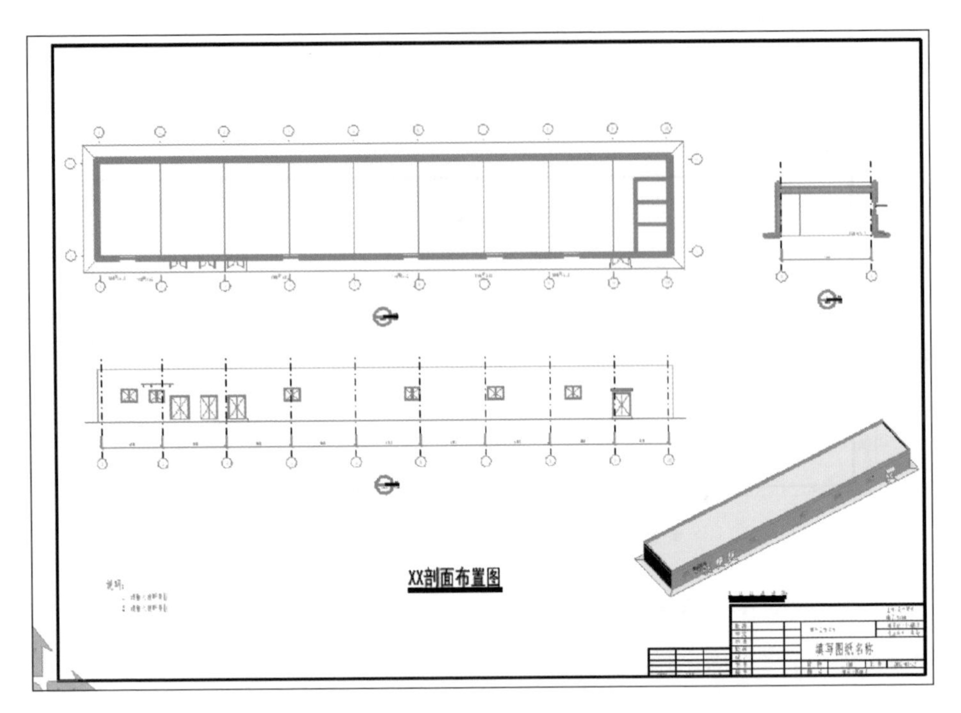

● 图 4–141　一层建筑图

4.6.2　工程量统计

1. 统计内容

工程量统计实现电气专业工程量和土建专业工程量的统计功能。

2. 统计步骤

（1）电气专业工程量统计。三维设计软件内置了“断面图辅助设计”模块，能够生成设备材料统计及标注、材料表、尺寸标注、安全保护范围标注等功能；支持按照不同的设计阶段统计和兼具本远期统计功能。电气专业工程量统计如图 4–142 所示。

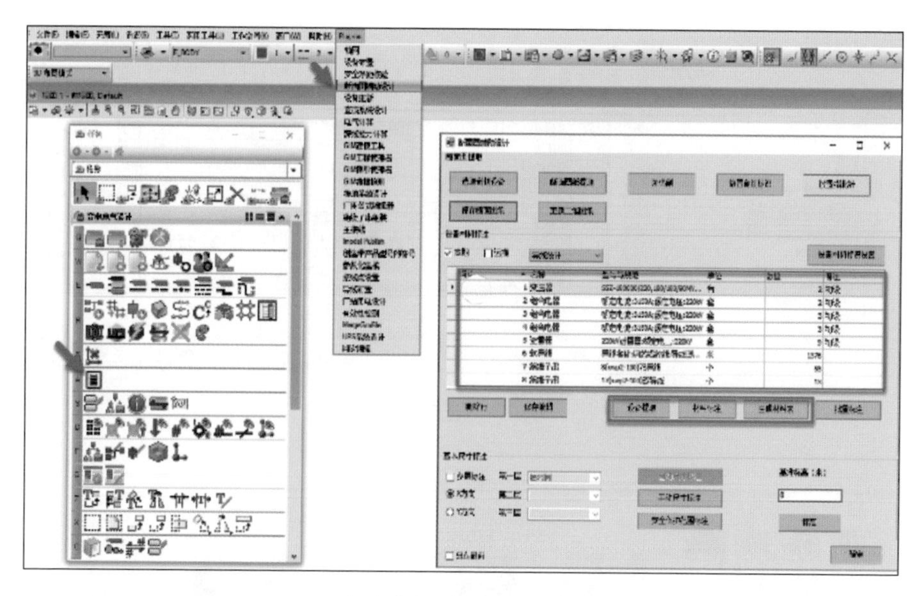

（a）断面图辅助设计模块

设备材料标注

☑本期 ☐远期 导线统计 设备材料标识设置

编号	名称	型号与规范	单位	数量	备注
1	变压器	SSZ-180000/220,180/180/90MV...	台	2	初设
2	组合电器	额定电流:3150A;额定电压:220kV	套	2	初设
3	组合电器	额定电流:3150A;额定电压:220kV	套	3	初设
4	组合电器	额定电流:3150A;额定电压:220kV	套	3	初设
5	避雷器	220kV避雷器;额定电压:220kV	套	9	初设
6	软导线	导线名称:钢芯铝绞线;导线型...	米	1376	
7	绝缘子串	8(xwp2-100)双导线	个	55	
8	绝缘子串	17(xwp2-100)双导线	个	13	

删除行 保存编辑 设备提取 材料标注 生成材料表 批量标注

（b）设备材料标注及统计

● 图 4-142　电气专业工程量统计

工程量统计格式可以有文档形式和 DGN 形式两种。文档形式支持多种格式，如 Word、Excel、pdf 等，如图 4-143 所示。DGN 格式可以直接放置在图面上，如图 4-144 所示。

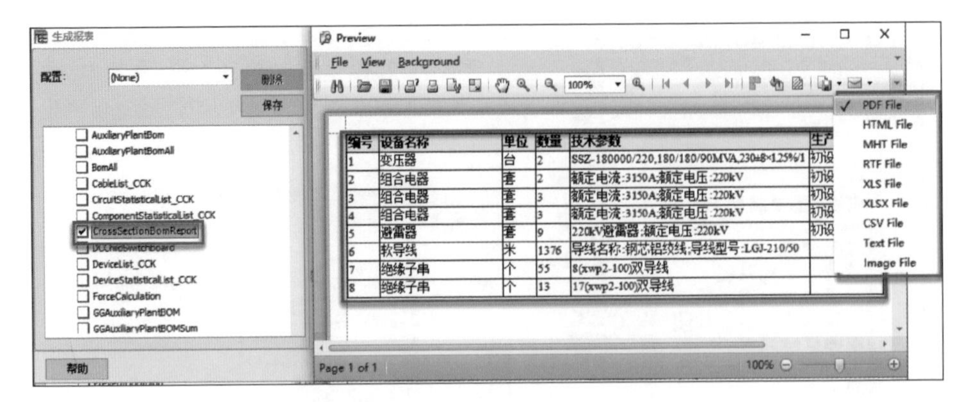

● 图 4-143　工程量统计格式

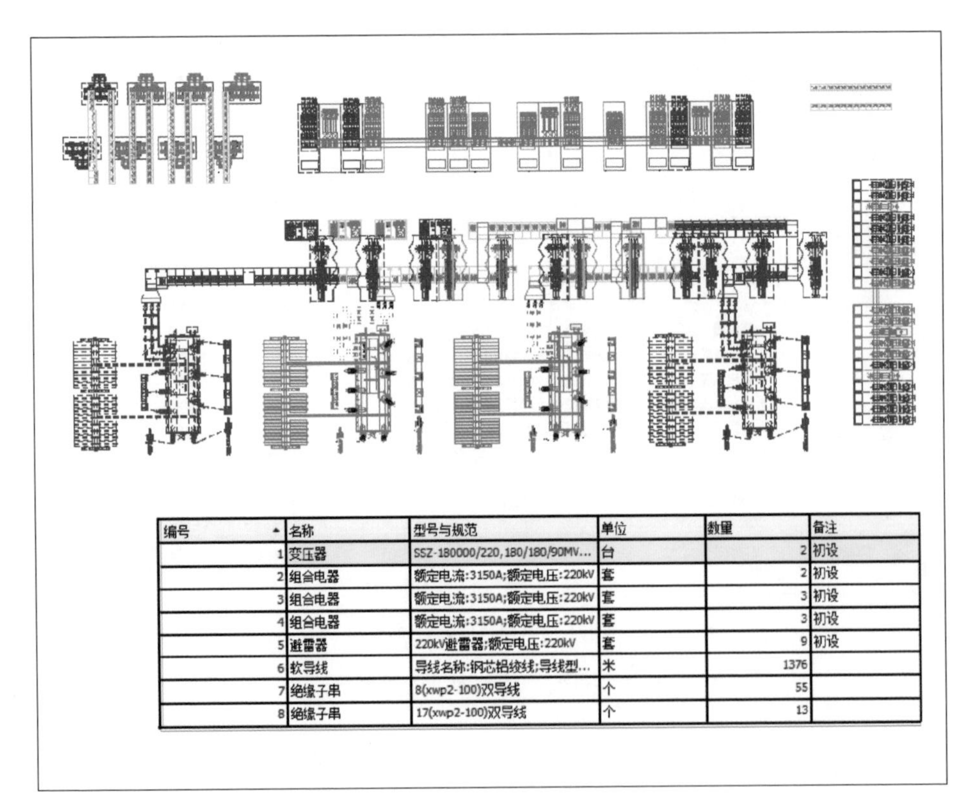

● 图 4-144　DGN 工程量统计格式

（2）土建专业工程量统计。土建专业工程量统计包括获取提量图、生成建筑工程量表和导出建筑工程量表的三个步骤，如图 4–145 所示。

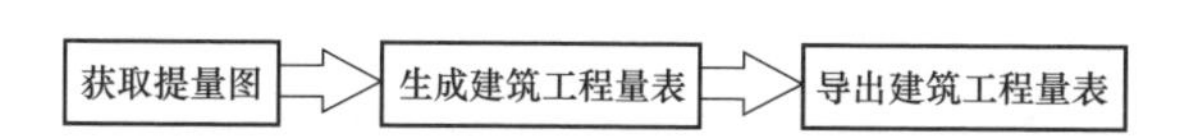

● 图 4-145　土建专业工程量统计步骤

1）获取提量图。在设计软件中单击“数据报表”，即可提取施工所需要的模型量，在此基础上还可以进一步统计出构件的密度、质量、面积、长度、个数等材料报表信息。土建专业一层建筑提量图如图 4-146 所示。

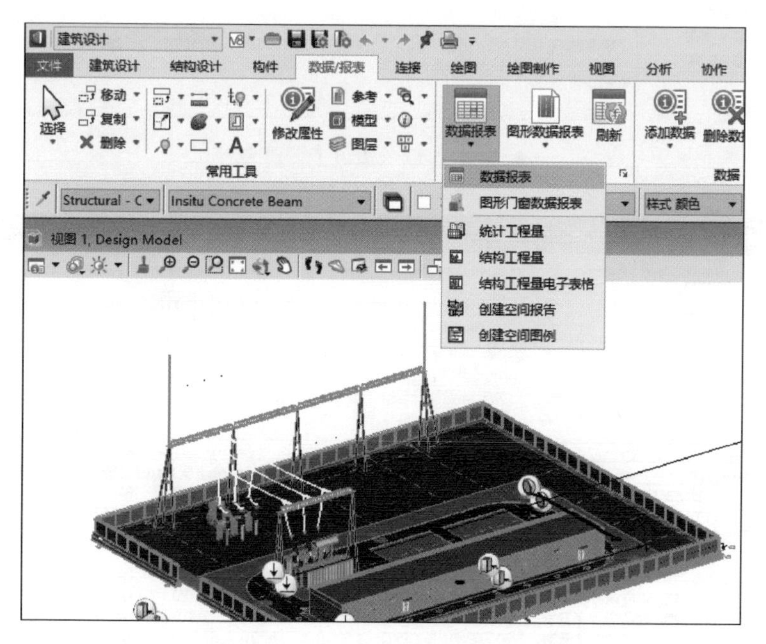

● 图 4-146　土建专业一层建筑提量图

2）生成建筑工程量表。打开需要提取工程量的模型，单击“项目管理器”功能，可以看到已使用的构件的全部属性，据报表中可显示目前模型中所使用的全部构件及其属性信息。建筑工程量表如图 4-147 所示。

3）导出建筑工程量表。选择一类构件或多类构件可导出 Excel、文本、xml 等其他格式报表，提供给其他项目参与方，做到没有专业的三维设计软件也可以查看变电站模型的工程量，部分工程量需要进行二次更改或者添加系数时可以利用 Excel 等报表软件自带功能进行计算。建筑工程量导出如图 4-148 所示。

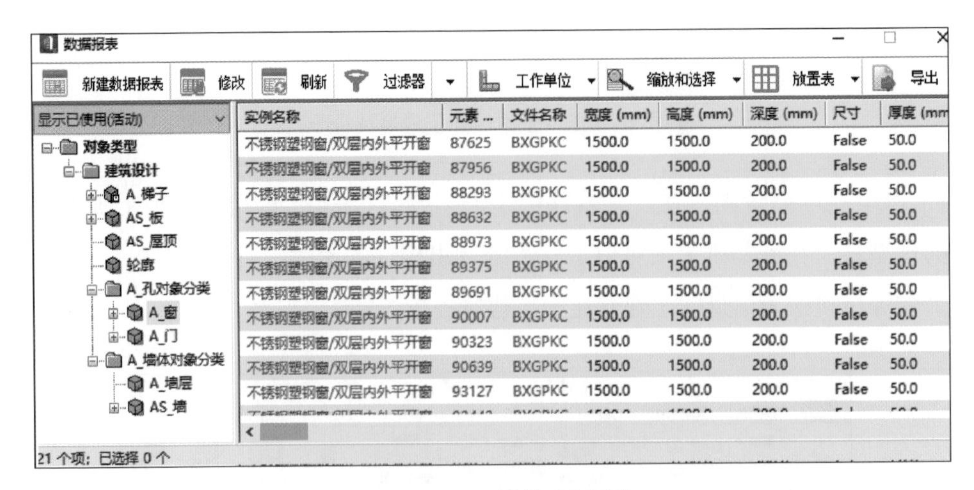

实例名称	元素 ...	文件名称	宽度 (mm)	高度 (mm)	深度 (mm)	尺寸	厚度 (mm
不锈钢塑钢窗/双层内外平开窗	87625	BXGPKC	1500.0	1500.0	200.0	False	50.0
不锈钢塑钢窗/双层内外平开窗	87956	BXGPKC	1500.0	1500.0	200.0	False	50.0
不锈钢塑钢窗/双层内外平开窗	88293	BXGPKC	1500.0	1500.0	200.0	False	50.0
不锈钢塑钢窗/双层内外平开窗	88632	BXGPKC	1500.0	1500.0	200.0	False	50.0
不锈钢塑钢窗/双层内外平开窗	88973	BXGPKC	1500.0	1500.0	200.0	False	50.0
不锈钢塑钢窗/双层内外平开窗	89375	BXGPKC	1500.0	1500.0	200.0	False	50.0
不锈钢塑钢窗/双层内外平开窗	89691	BXGPKC	1500.0	1500.0	200.0	False	50.0
不锈钢塑钢窗/双层内外平开窗	90007	BXGPKC	1500.0	1500.0	200.0	False	50.0
不锈钢塑钢窗/双层内外平开窗	90323	BXGPKC	1500.0	1500.0	200.0	False	50.0
不锈钢塑钢窗/双层内外平开窗	90639	BXGPKC	1500.0	1500.0	200.0	False	50.0
不锈钢塑钢窗/双层内外平开窗	93127	BXGPKC	1500.0	1500.0	200.0	False	50.0

● 图 4-147　建筑工程量表

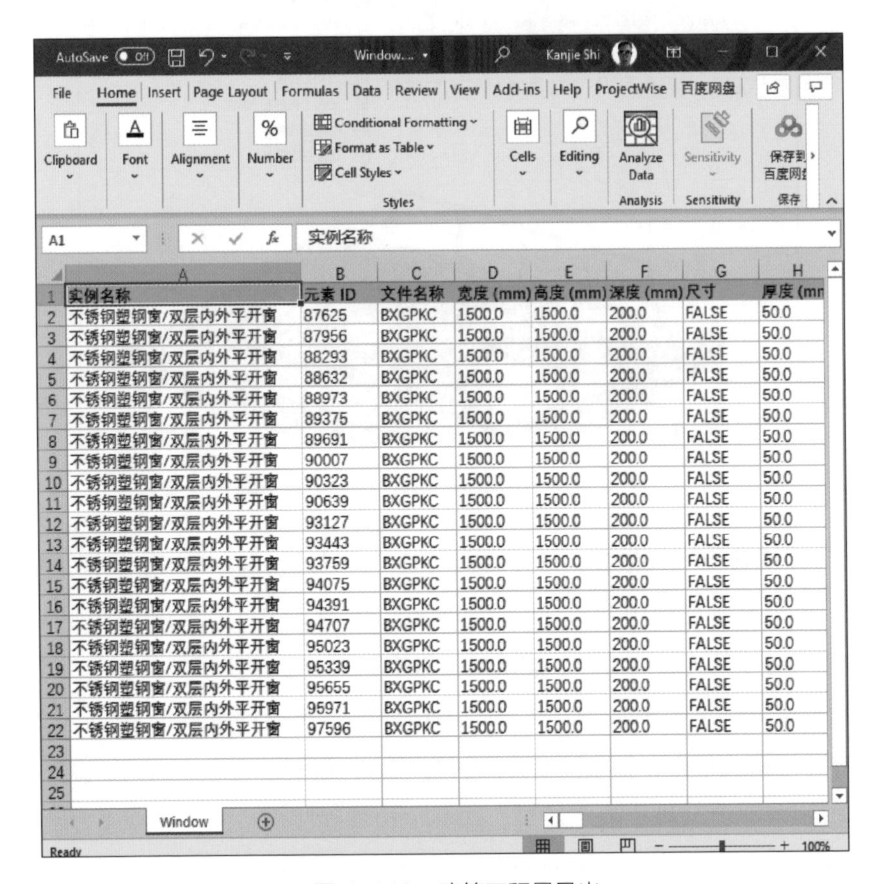

	A	B	C	D	E	F	G	H
1	实例名称	元素 ID	文件名称	宽度 (mm)	高度 (mm)	深度 (mm)	尺寸	厚度 (mm
2	不锈钢塑钢窗/双层内外平开窗	87625	BXGPKC	1500.0	1500.0	200.0	FALSE	50.0
3	不锈钢塑钢窗/双层内外平开窗	87956	BXGPKC	1500.0	1500.0	200.0	FALSE	50.0
4	不锈钢塑钢窗/双层内外平开窗	88293	BXGPKC	1500.0	1500.0	200.0	FALSE	50.0
5	不锈钢塑钢窗/双层内外平开窗	88632	BXGPKC	1500.0	1500.0	200.0	FALSE	50.0
6	不锈钢塑钢窗/双层内外平开窗	88973	BXGPKC	1500.0	1500.0	200.0	FALSE	50.0
7	不锈钢塑钢窗/双层内外平开窗	89375	BXGPKC	1500.0	1500.0	200.0	FALSE	50.0
8	不锈钢塑钢窗/双层内外平开窗	89691	BXGPKC	1500.0	1500.0	200.0	FALSE	50.0
9	不锈钢塑钢窗/双层内外平开窗	90007	BXGPKC	1500.0	1500.0	200.0	FALSE	50.0
10	不锈钢塑钢窗/双层内外平开窗	90323	BXGPKC	1500.0	1500.0	200.0	FALSE	50.0
11	不锈钢塑钢窗/双层内外平开窗	90639	BXGPKC	1500.0	1500.0	200.0	FALSE	50.0
12	不锈钢塑钢窗/双层内外平开窗	93127	BXGPKC	1500.0	1500.0	200.0	FALSE	50.0
13	不锈钢塑钢窗/双层内外平开窗	93443	BXGPKC	1500.0	1500.0	200.0	FALSE	50.0
14	不锈钢塑钢窗/双层内外平开窗	93759	BXGPKC	1500.0	1500.0	200.0	FALSE	50.0
15	不锈钢塑钢窗/双层内外平开窗	94075	BXGPKC	1500.0	1500.0	200.0	FALSE	50.0
16	不锈钢塑钢窗/双层内外平开窗	94391	BXGPKC	1500.0	1500.0	200.0	FALSE	50.0
17	不锈钢塑钢窗/双层内外平开窗	94707	BXGPKC	1500.0	1500.0	200.0	FALSE	50.0
18	不锈钢塑钢窗/双层内外平开窗	95023	BXGPKC	1500.0	1500.0	200.0	FALSE	50.0
19	不锈钢塑钢窗/双层内外平开窗	95339	BXGPKC	1500.0	1500.0	200.0	FALSE	50.0
20	不锈钢塑钢窗/双层内外平开窗	95655	BXGPKC	1500.0	1500.0	200.0	FALSE	50.0
21	不锈钢塑钢窗/双层内外平开窗	95971	BXGPKC	1500.0	1500.0	200.0	FALSE	50.0
22	不锈钢塑钢窗/双层内外平开窗	97596	BXGPKC	1500.0	1500.0	200.0	FALSE	50.0
23								
24								
25								

● 图 4-148　建筑工程量导出

4.7

GIM 文件发布

GIM 文件夹下会有 4 个文件夹用来保存不同级别的数据文件，这 4 个文件夹是有层级关系的，一个变电项目的数据是按照 cbm—dev—phm—mod 的顺序来描述的。一个项目的 GIM 数据文件总是从 Project.cbm 文件开始的，然后按照区域大小向下展开，从 F1.cbm 到 F4.cbm，一个 F4.cbm 文件描述了一个电气设备或者材料；再向下是描述图形的 dev、phm 和 mod 文件。通过变电三维设计软件中的 GIM 工程管理可以完成 GIM 文件的生成。GIM 工程管理器如图 4-149 所示。

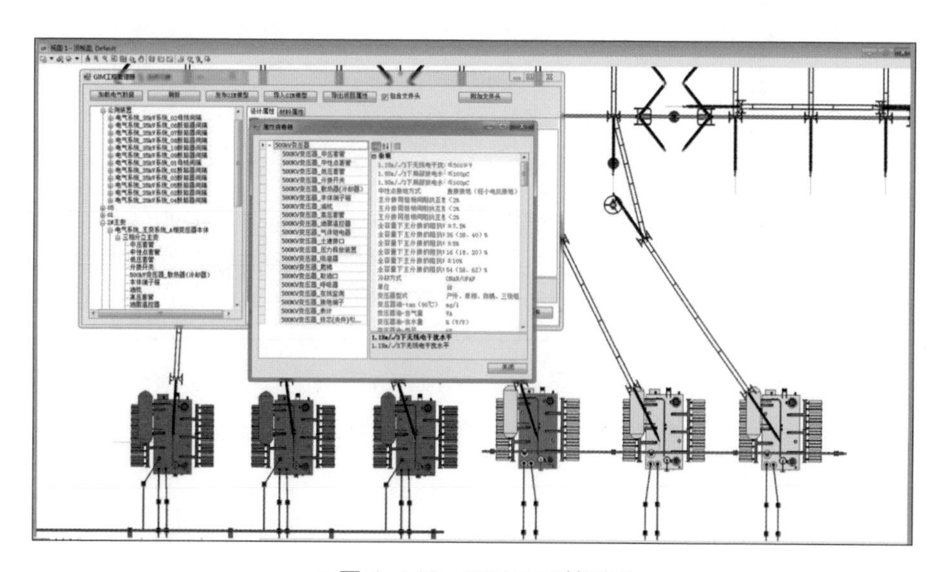

● 图 4-149　GIM 工程管理器

GIM 文件发布步骤如下：打开“GIM 工程管理器”，单击“加载电气数据”，待工程数据加载至“GIM 工程管理器”后，在设计属性的对话框中可以编辑该工程的工程属性和设计属性，注意确认 blha 和 type 字段不能为空。在工程参数和工程属性确认无误后，单击“发布 GIM 模型”，将 GIM 文件保存至指定的文件夹内即可。GIM 文件发布和文件保存如图 4-150 所示。

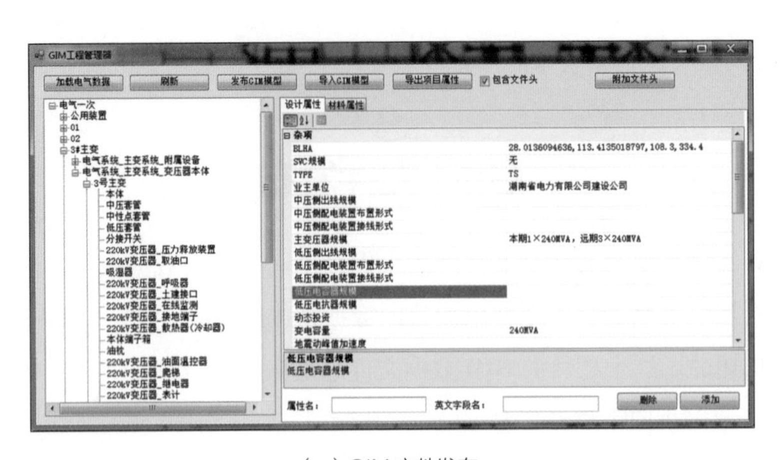

（a）GIM 文件发布

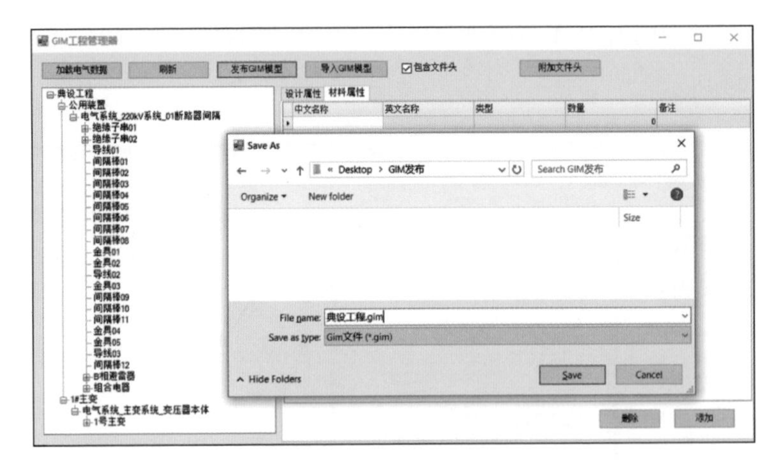

（b）文件保存至自定义文件夹

● 图 4-150　GIM 文件发布和文件保存

05

第 5 章

变电数字化移交

输变电工程数字化移交是指在输变电实体工程的建设过程中，将与工程相关的规划、前期、设计、施工等投运前所有技术资料按照一定的规范或标准进行数字化存储并逐阶段移交。本章首先介绍了数字化移交的概念、原则和需求，其次介绍了变电数字化移交流程，最后结合工程实例说明变电站数字化移交全过程。

5.1 数字化移交概述

5.1.1 基本概念

数字化移交是输变电工程设计单位、监理单位、施工单位通过数据采集、加工、整理，将设计图纸、设备信息、地理信息及工程建设文件等工程信息与三维模型融为一体，随实体工程同步进行移交的工作。数字化移交不是简单地对现有资料的电子化移交，而是多维信息模型的移交，是向电网企业提交的一个数字化输变电工程模型。该模型应可完整地被电网企业接受，并对电网企业现有的地理信息数据进行更新覆盖。

5.1.2 数字化移交原则

输变电工程数字化移交应严格执行相关的国家法律法规、国家标准、行业标准及电网企业标准，确保数字化成果的合法性、规范性、完整性和正确性。输变电工程数字化移交需符合原则具体如下：

（1）合法性。数字化移交数据的来源应符合现行的国家相关法律法规要求，遵循的法律法规有保密法、测绘法等，要保证数据安全等。

（2）规范性。数字化移交数据应符合现行的国家标准、电力行业标准、电网企业标准及有关文件的规定，执行的技术标准包括电网三维模型系列规范：模型分类与编码规范、模型建库规范、输电线路建模规范、输电线路模型检测规范、数据采集与处理规范、电网三维建模通用规则等。

（3）完整性。数字化成果生产单位应保证数字化移交的数据内容完整。

（4）正确性。三维模型与属性信息对应关系正确，三维模型应采用树状进行分类，属性信息应采用结构化数据组织形式；数字化移交数据中的任意设备及设施应依照编码系统进行唯一编码，保证其在工程中的唯一性。

5.1.3 数字化移交内容

输变电工程数字化移交的内容，包括地理信息模型、数字化变电站模型、数字化线路模型、电子文档资料四个单元，如图 5-1 所示。

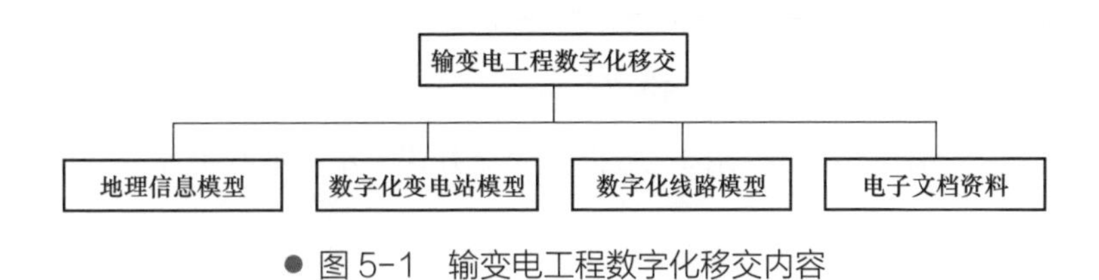

● 图 5-1 输变电工程数字化移交内容

这四个单元通常应移交到同一个统一系统平台。输变电工程数字化移交是分阶段实施完成的，四个单元移交的具体要求如下。

1. 地理信息模型移交

地理信息模型相关数据单元移交，采用地理信息系统（Geographic Information System，GIS）数据，数据结构格式相对统一，数据使用规则是一致的，通过信息交互，可以通过电网企业地理信息系统数据库更新实现移交。

2. 数字化变电站模型移交

数字化变电站模型移交是以变电站相关设备模型为载体，包括所有的结构化和非结构化数据信息的成果，借助统一的变电站设备模型数据库实现移交。移交内容应遵循设计单位向电网企业提交的工程档案内容和要求，只是形式和方法的变化：图纸变成了三维模型，平、断面图为电子图，设计说明书、技术规范书、设备清册、工程概算书、协议、变更等结构化和非结构化文字信息在通过数字化模型关联的同时，提交含结构化的工程数据资料在内的电子文档资料。设计单位的数字化变电站模型移交内容实质是变电站设备模型关系和设计中的相关结构化和非结构化数据。

3. 数字化线路模型移交

数字化线路模型移交是以线路相关设备模型为载体，包括所有的结构化和非结构化数据信息的成果，借助统一的线路设备模型数据库实现移交。与数字化变电站模型移交相比，数字化线路移交相对简单，主要由于线路设计和展示主要依托地理信息系统，三维漫游对线路来讲，关注点在地理信息和相互关系，对塔、基础、绝缘子和金具的设计可以采用参数化实现。

4. 电子文档资料移交

电子文档资料移交，实际上是对档案移交的补充。这些资料包括设计过程中的所有相关电子文档及图纸（如平面图、断面图、安装图、设计说明书、技术规范书、设备清册、工程概算书、协议、变更等），还包括为跨平台检索建立起的所有结构化、半结构化和非结构化数据。移交方式采用标准数据库移交模式。

5.2 变电数字化移交流程

变电站（换流站）工程数字化移交包括设计数据移交和设备、设施管理信息移交。其流程如图 5-2 所示。

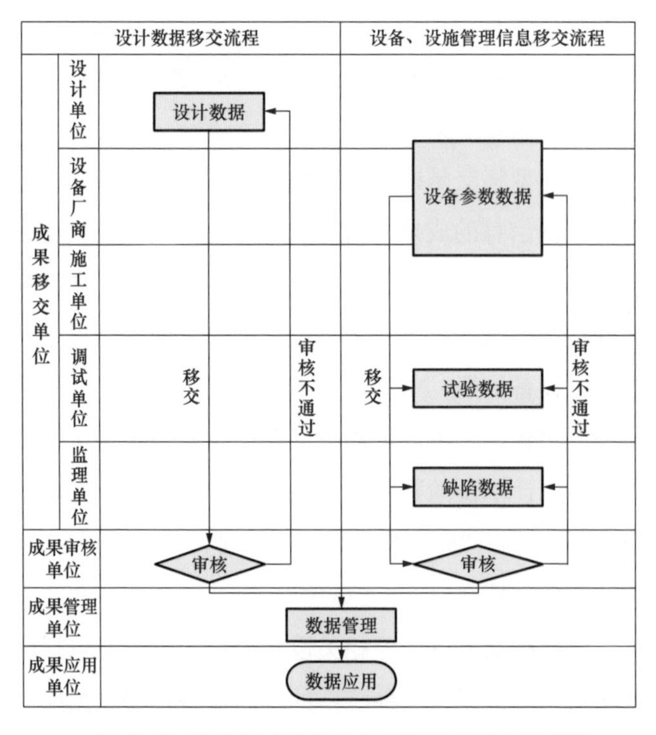

● 图 5-2 变电站（换流站）工程数字化移交流程

1. 设计数据移交流程

由设计单位提供设计数据，然后移交到成果审核单位进行审核，审核未通过则返回设计单位进行再次设计，最后若通过审核则移交给成果管理单位和成果应用单位进行数据管理和数据应用。

2. 设备、设施管理信息移交流程

设计单位、设备厂商和施工单位提供设备参数数据；数据移交给调试单位进行试验数据审核，未审核通过则返回修改重新审核，审核通过则移交给建立单位进行缺陷数据审核，未审核通过则返回修改重新审核；缺陷数据审核通过后移交给成果管理单位和成果应用单位进行数据管理和数据应用。

5.3 变电数字化移交内容

5.3.1 移交内容范围

变电站工程数字化移交流程中，移交内容范围包括变电站（换流站）设计数据和设备、设施管理信息两部分，如图 5-3 所示。

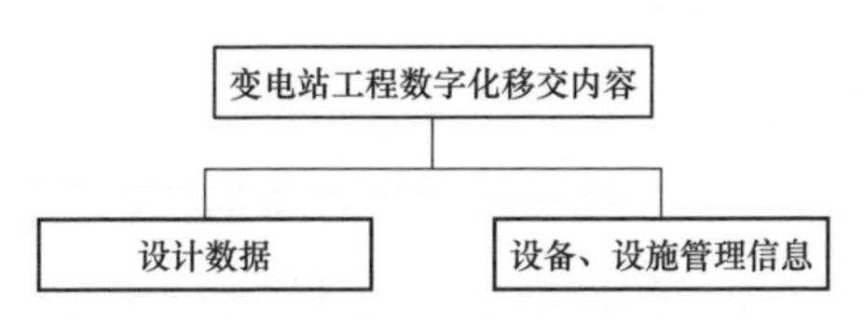

● 图 5-3 变电站工程数字化移交内容

5.3.2 设计数据移交内容

设计数据移交内容包括工程地理信息数据、三维设计模型、文档资料和装配模型四部分，如图 5-4 所示。

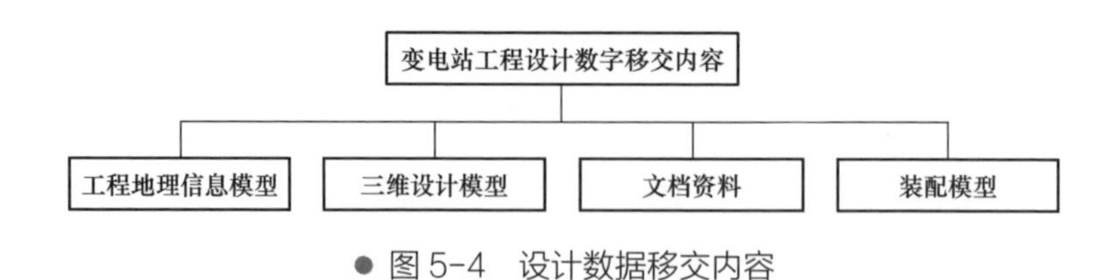

● 图 5-4 设计数据移交内容

1. 工程地理信息数据

初步设计、施工图设计、竣工图编制阶段应移交对应阶段的三维设计工程地理信息数据，并附关键属性字段说明。工程地理信息数据包括数字正射影像和数字高程模型。移交时应提供影像数据信息表，见表 5-1。影像和模型以 tif、img、asc、shp、tab 格式移交，数据文件命名采用“工程名称 _ 数据类型 _ 编号”的方式。

表 5-1 影像数据信息表

数据类型	数据名称（文件名）	数据格式	工程名	数据来源（航片 / 卫片 / 地形图 / 工程测量等）	数据精度	备注
数字正射影像						
数字高程模型						

2. 三维设计模型

初步设计、施工图设计、竣工图编制阶段应移交对应阶段的三维设计模型，应满足 Q/GDW 11798.1—2018、Q/GDW 11810.1—2018、Q/GDW 11809—2018 的相关要求。变电三维设计软件生成的原始工程数据应在竣工图阶段随三维设计模型同步移交。竣工图编制阶段移交的三维设计模型应与验收后的实际施工结果一致。三维设计模型应与设计图纸关联，模型层级结构与关联图纸类型对应关系见表 5-2。竣工图编制阶段应关联图纸，初步设计和施工图设计阶段可不关联图纸。

表 5-2 模型层级结构与关联图纸类型对应关系

层级结构	图纸	数据格式
第 1 级：全站级	主接线图，总平面图	pdf
第 2 级：单元级	—	—

续表

层级结构		图纸	数据格式
第 3 级：系统级	F1	—	—
	F2	配电装置平面图	pdf
	F3	配电装置断面图	pdf
		构架透视图	
		基础平面布置图图	
		建筑物平、立面图	
第 4 级：设备级	设备	主要电气设备安装图	pdf
	构架	构架详图	pdf
	道路	道路详图	pdf
	电缆沟	电缆沟剖面图	pdf

3. 文档资料

文档资料包括三个阶段的内容，具体为初步设计阶段、施工图设计阶段和竣工图编制阶段，如图 5–5 所示。

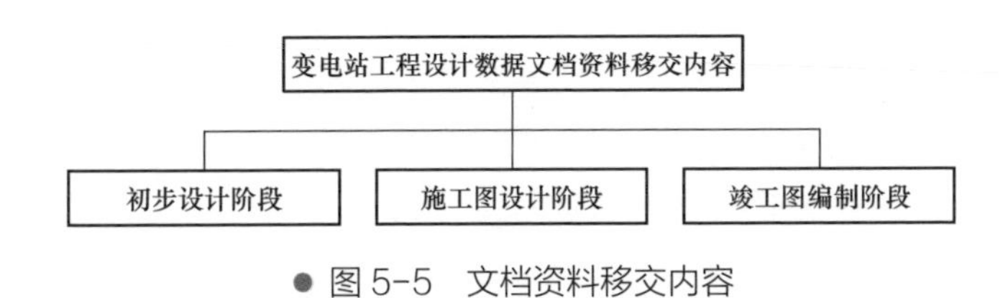

● 图 5-5　文档资料移交内容

（1）初步设计阶段文档资料。①含核准报审文件和核准下发文件的可研核准文件，其中报审文件包括可研报告、专题研究报告、可研审查意见等，核准下发文件包括预可研批复、可研批复等；②初步设计评审及批复意见；③含水文、气象、地质、测量等的勘测报告；④含设计图纸、说明书、材料设备清册的图纸；⑤专题报告；⑥概算书。

（2）施工图设计阶段文档资料。①含水文、气象、地质、测量等的勘测报告；②施工图评审意见；③含设计图纸、说明书、材料设备清册的图纸；④施工图预算书。

（3）竣工图编织阶段文档资料。其内容为全套竣工图。

文档资料的文件存储结构与格式见表5–3。设计图纸文件夹层级结构依次为：图纸、专业名称、卷册号 + 卷册名称、图号 + 图纸名称。其命名规则为“卷册号 + 图号 + 图纸名称”。

表5–3 文档资料存储结构与格式

阶段	第1级	第2级	格式
初步设计阶段	可研核准文件（指预可研、可研阶段的核准报审文件和核准下发文件。报审文件包括可研报告、专题研究报告、可研审查意见等。核准下发文件包括预可研批复、可研批复等）	—	pdf
	初步设计评审及批复意见	—	pdf
	勘测报告（水文、气象、地质、测量等）	—	pdf
	说明书	—	pdf
	图纸	电气一次部分；二次系统部分；土建部分；水工及暖通部分	pdf
	专题报告	—	pdf
	概算书	—	pdf
施工图设计阶段	施工图评审意见	—	pdf
	勘测报告（水文、气象、地质、测量等）	—	pdf
	图纸（设计图纸、说明书、设备材料清册）	电气一次部分；二次系统部分；土建部分；水工及消防部分；暖通部分	pdf
	施工图预算书	—	pdf
竣工图编制阶段	图纸（设计图纸、说明书、设备材料清册）	电气一次部分；二次系统部分；土建部分；水工及消防部分；暖通部分	pdf

4. 装配模型

装配模型移交内容包括设备材料安装、混凝土配筋、钢结构加工 / 放样等。移交文件应包含设备模型、设施模型、材料模型等子文件夹。各设备如主变压器、电抗器等应按设备名称列在设备模型文件夹内，阀冷系统、空调系统等设施列在设施模型内，管线母线、灯具等材料列在材料模型内。各装配模型文件以 stl、pdf 等格式移交。

5.3.3 设备设施管理信息移交内容

设备设施管理信息移交内容包括缺陷数据、试验数据和设备参数数据，如图 5-6 所示。

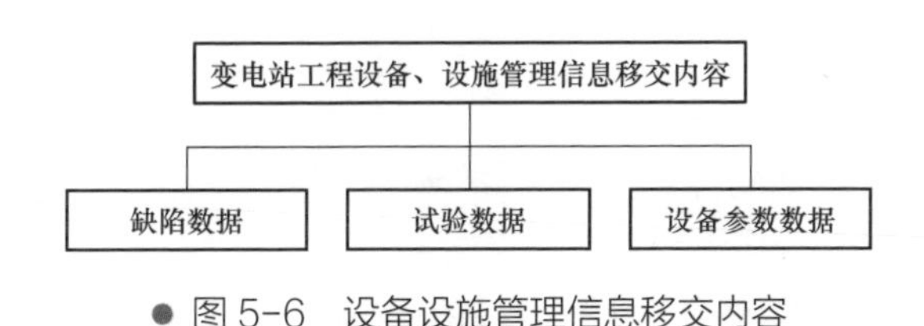

● 图 5-6 设备设施管理信息移交内容

1. 缺陷数据

应移交缺陷报告和移交缺陷汇总表。缺陷报告及缺陷汇总内容见表 5-4，详见 Q/GDW 11812.1—2018。缺陷数据的文件应包含缺陷汇总表及各设备子文件夹，各设备缺陷数据宜按 pdf 格式文件保存在相应设备子文件内。缺陷报告命名规则为“电压等级 + 电站 + 设备类型 + 缺陷 +3 位流水号”。缺陷汇总表以 xlsx 等表格形式移交。

表 5-4 缺陷报告及缺陷汇总内容

序号	参数名称	缺陷报告是否必填	缺陷汇总表是否必填	参数内容或选项	填写说明
1	缺陷编号	Y	Y	—	电压等级 + 电站 + 设备类型 + 缺陷 +3 位流水号（例：220kV××变电站变压器缺陷 001）
2	电压等级	Y	Y	—	按缺陷设备电压等级填写。填写方式见 Q/GDW 11809—2018 附录 F
3	电站名称	Y	Y	—	缺陷设备的所属电站或路线
4	电站 ID	N	N	—	—
5	缺陷主设备	Y	Y	—	—

续表

序号	参数名称	缺陷报告是否必填	缺陷汇总表是否必填	参数内容或选项	填写说明
6	缺陷主设备 ID	N	N	—	—
7	设备类型	Y	Y	—	—
8	设备种类	N	N	—	—
9	具体部件	Y	Y	—	—
10	部件类型	N	N	—	—
11	部件种类	N	N	—	—
12	设备型号	Y	Y	—	—
13	生产厂家	Y	Y	—	—
14	专业分类	Y	Y	输电、变电	—
15	发现来源类型	Y	Y	安装、调试、试验、验收	—
16	发现日期	Y	N	—	—
17	发现人单位	Y	N	—	—
18	发现人	Y	N	—	—
19	缺陷部位	Y	Y	—	—
20	缺陷性质	Y	Y	一般、严重、危急	—
21	缺陷内容	Y	Y	—	—
22	责任原因	Y	N	—	—
23	技术原因	Y	N	—	—
24	是否消缺	Y	Y	—	—
25	消缺单位	Y	N	—	—
26	消缺人	Y	N	—	—
27	消缺日期	Y	N	—	—
28	遗留问题	Y	Y	—	—
29	验收是否合格	Y	Y	—	—
30	验收单位	Y	N	—	—

续表

序号	参数名称	缺陷报告是否必填	缺陷汇总表是否必填	参数内容或选项	填写说明
31	验收人	Y	N	—	—
32	验收日期	Y	N	—	—
33	验收意见	Y	Y	—	—
34	登记单位	Y	N	—	—
35	登记人	Y	N	—	—
36	登记日期	Y	N	—	—
37	附件	N	Y	—	缺陷报告

注 Y 表示是；N 表示否。

2. 试验数据

试验数据应移交试验汇总表和试验报告。试验报告汇总内容见表 5-5。试验数据的文件包含试验汇总表及各设备子文件夹，各设备试验数据宜按 pdf 格式保存在相应设备子文件内。试验报告命名为试验名称，试验汇总表以 xlsx 等表格形式移交。

表 5-5 试验报告汇总内容

序号	参数名称	是否必填	填写说明
1	站名称	Y	—
2	站 ID	N	—
3	试验结论	Y	—
4	试验时间	Y	—
5	创建时间	Y	—
6	附件名称	Y	试验报告名称
7	试验名称	Y	—
8	设备类型	Y	—
9	站类型	Y	—

注 Y 表示是；N 表示否。

3. 设备参数数据

设备参数数据移交的设备对象包括主变压器、接地变压器、站用变压器、电抗器、平波电抗器、组合电器、电力电容器、静态无功补偿装置、静止无功补偿发生装置、串联补偿装置、滤波电容器、耦合电容器、电容器、断路器、电流互感器、组合互感器、电压互感器、隔离开关、负荷开关、故障指示器、避雷器、交流滤波器、熔断器、结合滤波器、阻波器、开关柜、穿墙套管等。设备参数数据可分成为设备公共参数和设备专用参数两类。主变压器设备公共参数见表 5-6，主变压器设备专用参数（部分）见表 5-7，详见 Q/GDW 11812.1—2018。设备参数数据的文件包含试验汇总表及各设备子文件夹，各设备试验数据宜按 xlsx 表格格式保存在相应设备子文件内，表格命名规则为“电压等级 + 工程名称 + 配电装置名称 + 设备分类名称参数表 +3 位流水号”。

表 5-6　主变压器设备公共参数表

序号	属性描述	是否必填	设计单位	厂商单位	施工单位	数据类型
1	型号	Y	—	√	—	VARCHAR2
2	生产厂家	Y	—	√	—	VARCHAR2
3	出厂编号	Y	—	√	√	VARCHAR2
4	产品代号	N	—	√	—	VARCHAR2
5	制造国家	N	—	√	—	VARCHAR2
6	出场日期	Y	—	√	—	DATE
7	物料编码	Y	√	√	—	VARCHAR2
8	实物 ID	Y	—	√	√	VARCHAR2

注　Y 表示是；N 表示否；√表示要求；—表示不要求。

表 5-7　主变压器设备专用参数（部分）

序号	参数名称	设计单位	施工单位	设备厂商	字符类型	填写说明
1	额定电压	√	—	—	VARCHAR2	计量单位：kV
2	电压比	√	—	—	VARCHAR2	—
3	绝缘耐热等级	√	—	—	VARCHAR2	—

续表

序号	参数名称	设计单位	施工单位	设备厂商	字符类型	填写说明
4	绝缘介质	√	—	—	VARCHAR2	包括：1—油浸；2—SF_6；3—干式；4—环氧树脂；5—光电式；6—空气；7—真空；8—氮气
5	额定容量	√	—	—	NUMBER	计量单位：MVA
6	额定电流（中压）	√	—	—	NUMBER	计量单位：A
7	额定电压（低压）	√	—	—	NUMBER	计量单位：A
8	短路阻抗（高压—中压）	√	—	—	NUMBER	计量单位：%
9	短路阻抗（高压—低压）	√	—	—	NUMBER	计量单位：%
10	短路阻抗（中压—低压）	√	—	—	NUMBER	计量单位：%
11	负载损耗（满载）	√	—	—	NUMBER	计量单位：kW
12	绝缘水平	√	—	—	VARCHAR2	—
13	绝缘水平（中性点）	√	—	—	VARCHAR2	—
14	额定电压（中压）	√	—	—	VARCHAR2	计量单位：kV
15	额定电压（低压）	√	—	—	VARCHAR2	计量单位：
16	额定电流（中性点）	√	—	—	NUMBER	计量单位：A

注 √表示要求；—表示不要求。

5.4 变电数字化移交工程实例

5.4.1 电网数字化移交平台概述

本节以某220kV变电站工程数字化移交为例，基于电网工程数字化管理应用平台，介绍变电站数字化移交的实施流程。

电网工程数字化管理应用平台是一套基于地理信息系统的、电力三维数字化设计成果管理和移交的系统，支持输变电工程三维设计成果的自动化移交、结构化存储、集中管理和展示。电网工程数字化管理应用平台主界面如图 5-7 所示，主要包括信息发布、数据检索、综合展现及业务模块入口四部分。

● 图 5-7 电网工程数字化管理应用平台主界面

按照平台设计成果移交模块的业务处理环节，可将变电站工程数字化移交实施流程分为数据移交、数据管理、数据展示三个阶段。平台变电站工程数字化移交实施流程如图 5-8 所示。

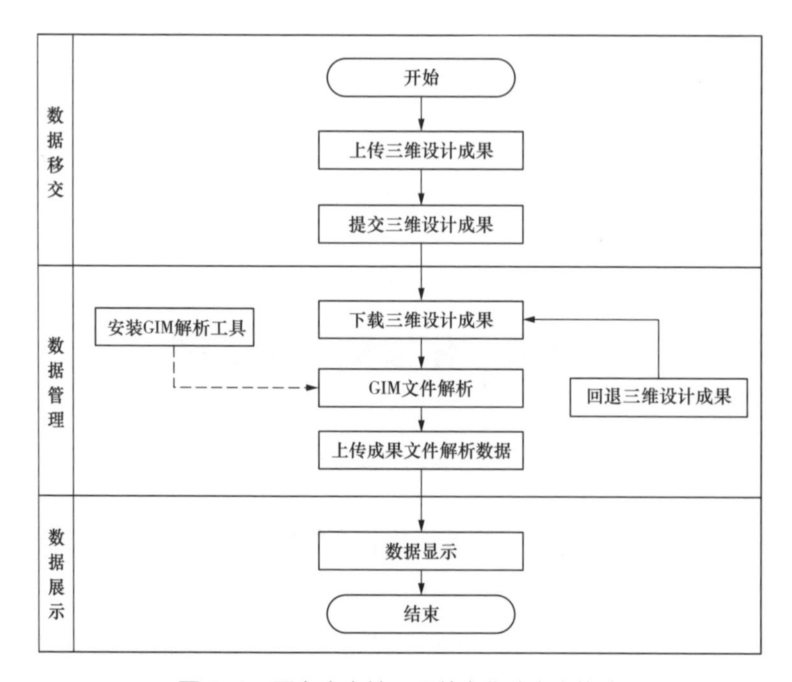

● 图 5-8 平台变电站工程数字化移交实施流程

5.4.2 数字化移交实施步骤

变电站工程数字化移交实施步骤如图 5-9 所示，具体包括项目管理信息初始化、单项工程信息创建、加载变电站 GIM 文件、变电站 GIM 数据质检、变电站 GIM 数据解析和变电站 GIM 数据成果上传。

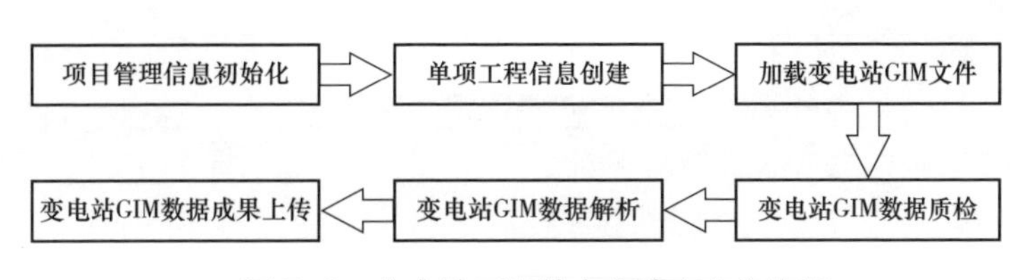

● 图 5-9 变电站工程数字化移交实施步骤

（1）项目管理信息初始化。系统正式数字化移交操作前，数字化移交实施组部署和规划计划系统的接口，完成项目信息的初始化工作。工程数字化移交用户打开项目信息管理页面可以查看项目信息，系统按照接口方案定期和规划计划系统进行数据更新。项目信息管理列表如图 5-10（a）所示；若平台中无项目信息，可“新增”项目，新建项目操作如图 5-10（b）所示。

（a）项目信息管理列表

● 图 5-10 项目管理信息初始化（一）

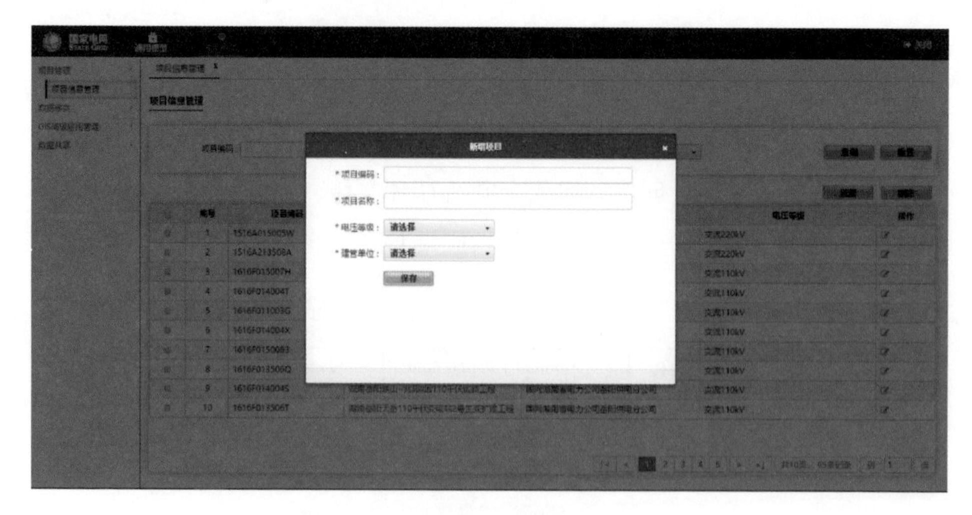

（b）新建项目操作

● 图 5-10　项目管理信息初始化（二）

（2）单项工程信息创建。对拟数字化移交的工程创建其单项工程信息，创建完成后选择需要提交的单项工程；相关操作菜单是“项目信息管理”→“新增”，如图 5-11 所示。

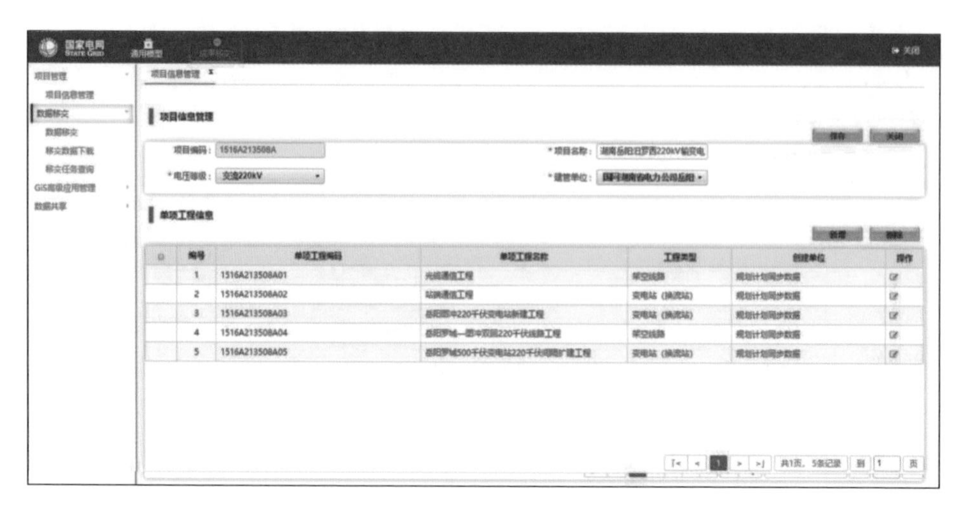

● 图 5-11　创建单项工程信息

（3）加载变电站 GIM 文件。选择“GIM 解析”界面，打开待质检变电站施工图设计 GIM 文件，单击“加载 GIM 变电站”，如图 5-12 所示。GIM 检查工具支持国家电网有限公司输变电工程 GIM 数据的解析、质检、三维预览、解析失败报告导出等功能。

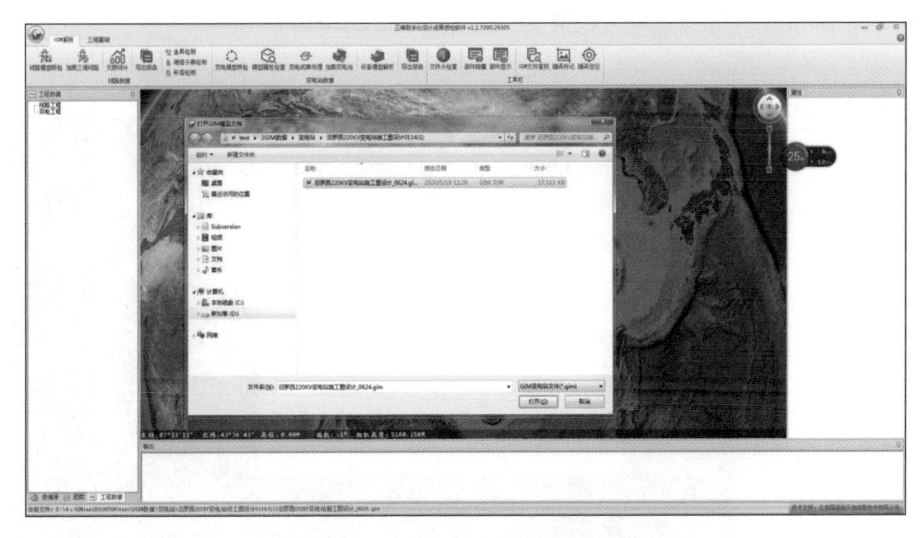

● 图 5-12　变电站 GIM 文件加载

（4）变电站 GIM 数据质检。选择“GIM 解析”页，单击“导出报告”，选择保存路径，导出变电站 GIM 数据质检文件。典型变电 GIM 检查报告导出结果如图 5-13 所示。

EV-Image

数字化设计成果（GIM）质量检查报告

输变电工程数字化设计成果(GIM)

检测报告

文件名	220KV 变电站施工图设计_0624.gim
文件大小	16.71MB
送检时间	2020/05/19
检查人	
检查时间	2020/05/19

公司

1. 检测依据

1. 《QGDW 11809—2018 输变电工程三维设计模型交互规范》
2. 《QGDW 118010.1—2018 输变电工程三维设计模型交互规范　第 1 部分：变电站（换流站）》

2. 文件头信息

3. 解析内容

通过对 gim 格式的数字化设计成果解析，解析出的内容如下：

汨罗西 220KV 变电站施工图设计_0624.gim 变电站

4. 解析效果

解析效果图：

5. 问题统计

（1）致命错误：2893 项

①模型完整性错误：2887 项
②模拟合规性错误：0 项
③属性完整性错误：0 项
④属性合规性错误：0 项
⑤图元完整性错误：0 项
⑥图元合规性错误：6 项

（2）严重错误：0 项

①模型完整性错误：0 项
②模拟合规性错误：0 项
③属性完整性错误：0 项
④属性合规性错误：0 项
⑤图元完整性错误：0 项
⑥图元合规性错误：0 项

● 图 5-13　典型变电 GIM 检查报告导出结果

（5）变电站 GIM 数据解析。打开平台 GIM 解析工具，选择待解析的变电站施工图设计 GIM 文件，输入该工程的单项工程编码和设计阶段，单击“变电 GIM 解析及入库”，实现 GIM 数据解析，如图 5-14 所示。

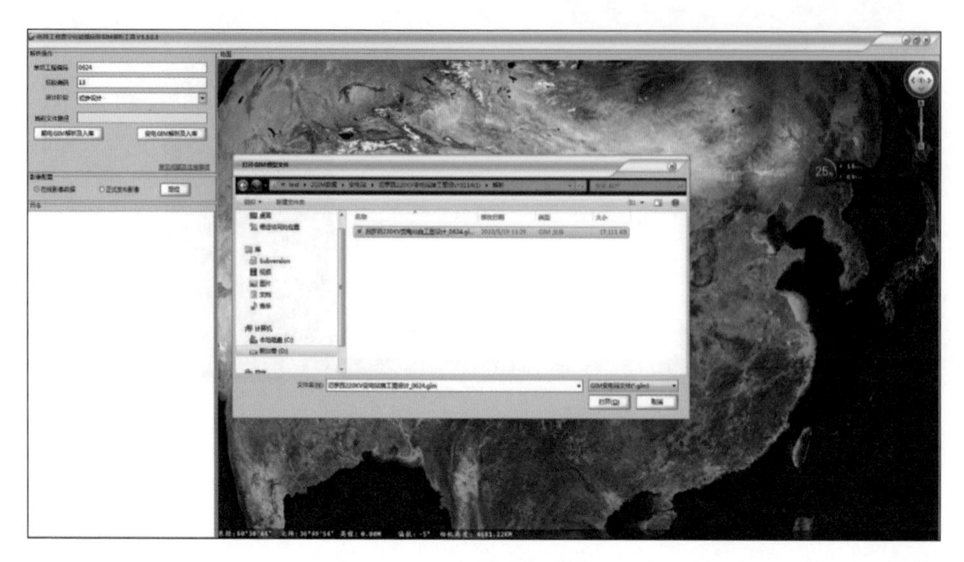

（a）选择 GIM 数据解析文件

名称	修改日期	类型	大小
0624_01	2020/5/19 13:18	文件夹	
0624_01成果	2020/5/19 13:18	文件夹	
汨罗西220KV变电站施工图设计_0624Lod	2020/5/19 13:18	文件夹	
汨罗西220KV变电站施工图设计_0624.ani	2020/5/19 13:12	动态光标	10,807 KB
汨罗西220KV变电站施工图设计_0624.db	2020/5/19 13:13	DB 文件	8,992 KB
汨罗西220KV变电站施工图设计_0624.evd	2020/5/19 16:07	EVD 文件	160,608 KB
汨罗西220KV变电站施工图设计_0624.gim	2020/5/19 11:29	GIM 文件	17,111 KB
汨罗西220KV变电站施工图设计_0624.material	2020/5/19 13:11	MATERIAL 文件	8 KB
汨罗西220KV变电站施工图设计_0624.mesh	2020/5/19 13:12	MESH 文件	148,072 KB

（b）解析成果

● 图 5-14　变电站工程 GIM 数据解析

（6）变电站 GIM 数据成果上传。使用标准移交目录实现变电站 GIM 数据成果上传，按菜单路径“项目管理”→“标准移交目录管理”进行提交操作，如图 5-15 所示。

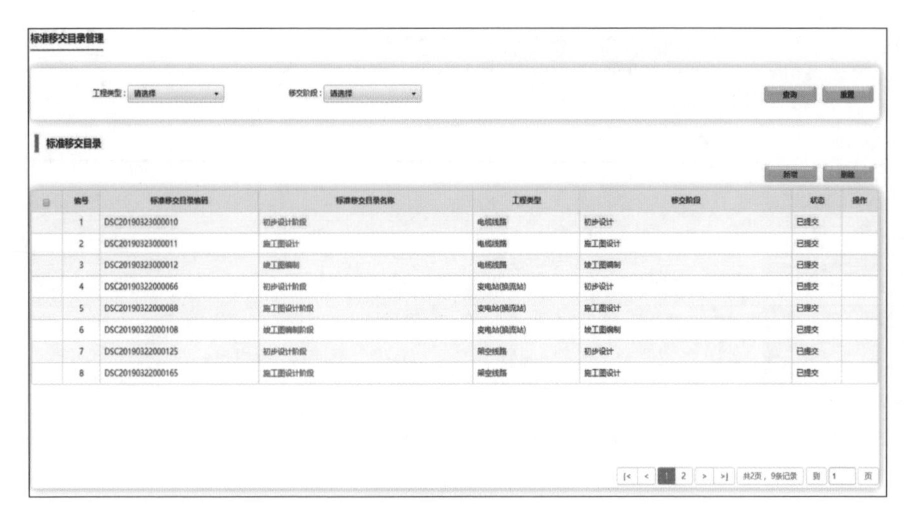

标准移交目录管理

工程类型：请选择　移交阶段：请选择　查询　重置

标准移交目录

新增　删除

	编号	标准移交目录编码	标准移交目录名称	工程类型	移交阶段	状态	操作
	1	DSC20190323000010	初步设计阶段	电缆线路	初步设计	已提交	
	2	DSC20190323000011	施工图设计	电缆线路	施工图设计	已提交	
	3	DSC20190323000012	竣工图编制	电缆线路	竣工图编制	已提交	
	4	DSC20190322000066	初步设计阶段	变电站(换流站)	初步设计	已提交	
	5	DSC20190322000088	施工图设计阶段	变电站(换流站)	施工图设计	已提交	
	6	DSC20190322000108	竣工图编制阶段	变电站(换流站)	竣工图编制	已提交	
	7	DSC20190322000125	初步设计阶段	架空线路	初步设计	已提交	
	8	DSC20190322000165	施工图设计阶段	架空线路	施工图设计	已提交	

|< < 1 2 > >| 共2页，9条记录 到 1 页

● 图 5-15　变电站工程标准移交目录管理

5.4.3　移交成果展示与共享

1. 移交成果展示

平台支持变电站工程数字化移交后的成果展示（见图 5-16），展示内容包括输变电工程信息、三维设计成果和设备属性信息。相关操作菜单路径是“数据展示”→“查询 / 查看三维模型 / 查看属性信息”。

（a）输变电工程信息

● 图 5-16　平台移交成果展示（一）

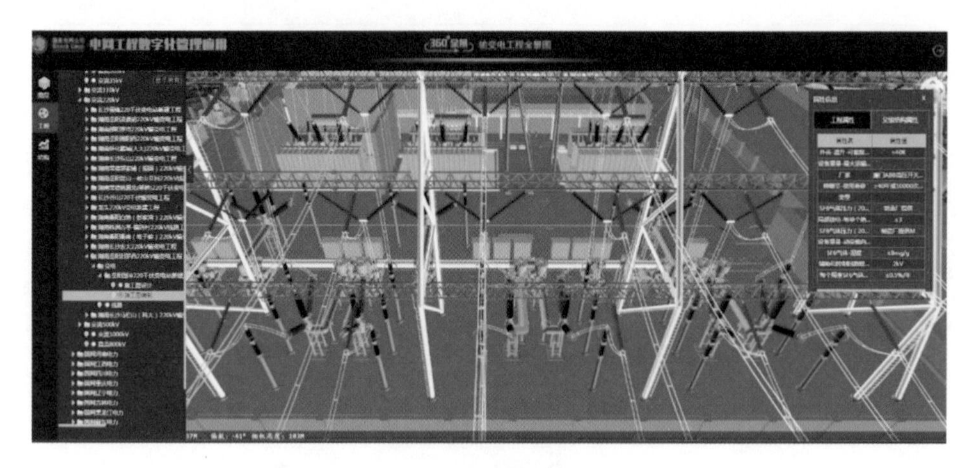

（b）设备属性信息

● 图 5-16　平台移交成果展示（二）

2. 移交成果数据共享

平台支持变电站工程数字化移交后的成果数据共享，共享内容包括数据共享申请创建和查询、输变电工程信息、三维设计成果和设备属性信息。相关操作菜单路径是“数据共享”→“数据共享申请 / 数据共享审核 / 数据共享区”。创建数据共享申请如图 5-17 所示。

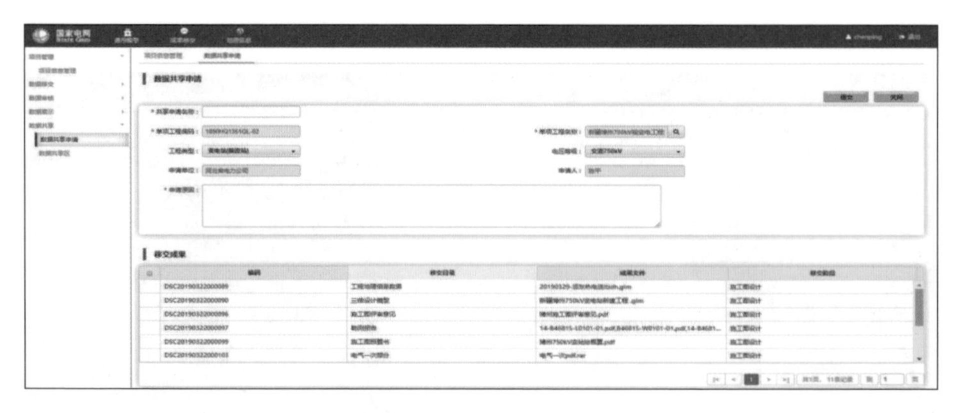

● 图 5-17　创建共享申请

第6章

变电站工程三维设计实例

变电站工程三维设计中，典型变电站电压等级包括 35、110、220、500kV。本章结合实际工程设计实例，介绍典型 35、110、220、500kV 变电站的三维设计完整过程。

6.1

35kV 变电站工程设计实例

6.1.1 工程概况

永州 35kV 变电站工程采用湖南省通用设计 35–E3–1 方案，三维设计模型全景效果图如图 6–1 所示。工程采用半户内站，主变压器 1 台，户外布置；主接线 5kV 出线 2 回，采用单母线分段接线，充气柜单列布置；10kV 出线 6 回，单母线接线，开关柜双列布置；无功补偿装置 1 台，35kV 与 10kV 开关柜均布置在配电装置楼高压室内。

● 图 6–1 永州 35kV 变电站三维设计模型全景效果图

6.1.2 设计过程

地理坐标系统采用 2000 国家大地坐标系，高程采用 1985 国家高程基准。总平面布置建立后，利用统一的坐标系统及标高系统将建筑、结构、构支架、给排水、暖通、电气等各部分模型链接入总平面，可直观地展示变电站整体形象及各部分构成。在同一基准原点上，同时开展多个三维设计子项目进行协同设计，包含电气设备、接地、建筑、钢结构、暖通、管道、照明及智能辅控系统、户外支架及基础、消防、电缆沟、给排水和总图，如图 6–2 所示。

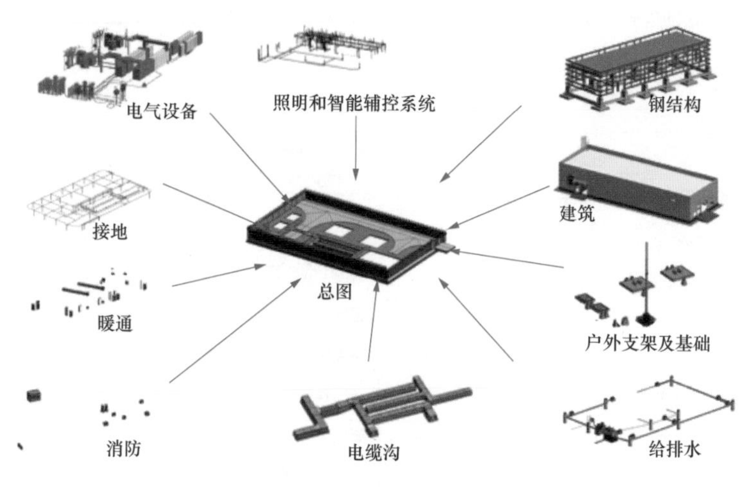

● 图 6-2　协同设计内容

1. 对象建模

建模工作分为设备建模、材料建模及土建建模三部分。

（1）电气设备建模。首先收集已投运的设备图纸，确保参数属性满足国家电网有限公司通用设计“四统一”标准，根据建模规范几何细度表中关于施工图深度的产品模型要求，建立精细的电气一次设备模型。35kV 变电站主变压器模型如图 6–3 所示。

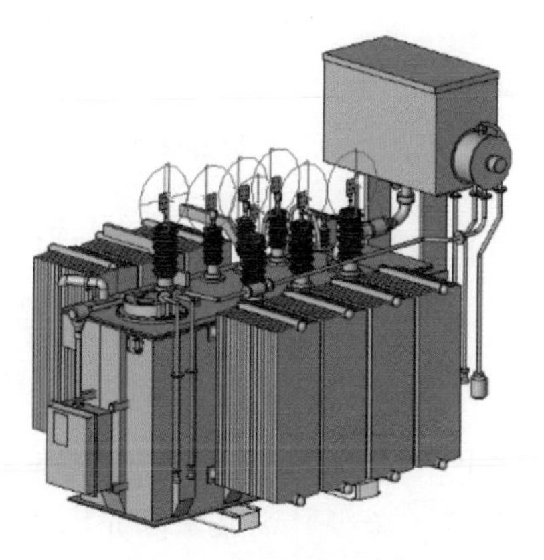

● 图 6-3　35kV 变电站主变压器模型

一次设备以主变压器为例，按照几何细度表中要求的基本图元先组成建模内容中的各个子部件，根据设备实物对其进行配色后组合成完整的主变压器模型；再依据主变压器属性细度表要求，导入子部件属性及整体参数；然后根据本工程具体情况填写工程信息表。主变压器参数如图 6–4 所示。

设置参数

设备属性 | 部件属性

保存 | 更多 | 覆盖同类

设计参数 | 全部参数

属性名称	属性值	操作
模型分类名称		
工程中名称	1#主变压器	
电压等级	35kV	
电网工程标识系统编码	10ATA01GT101	
调度编码	-	
实物ID	5266-500004766-00004	
附件编号	-	
设备名称	主变压器	
名称	SZ11-10000/35	
型式	三相双绕组	
容量	10MVA	
额定频率	50Hz	
单位	1	

设置参数

设备属性 | 部件属性

保存 | 添加 | 更多 | 覆盖同类

更新部件族

部件名称	族名称	操作
本体端子箱	本体端子箱	
低压套管	低压套管	
高压套管	高压套管	
气体继电器	气体继电器	
散热器	散热器	
中性点套管	零相套管	
压力释放装置	压力释放阀	
吸湿器	有载开关储油柜呼吸器	
油枕	油枕	
土建接口	土建接口	
爬梯	爬梯	
油面温控器	温控器	
本体	本体	
分接开关	有载开关控制箱	

● 图 6–4　主变压器参数

二次设备主要包含二次屏柜、安防系统、火灾报警系统三部分。屏柜以厂家实际尺寸建立模型，不同屏柜单独建模，将对应的装置或设备以添加子部件的方式键入模型，并定义颜色、材质、属性等参数。安防系统、火灾报警系统设备模型一部分在网络上收集，一部分自行建立，从网络上收集的必须通过软件自带的模型校验，确保其为基本图元构成，满足 GIM 标准要求。二次设备模型如图 6–5 所示。

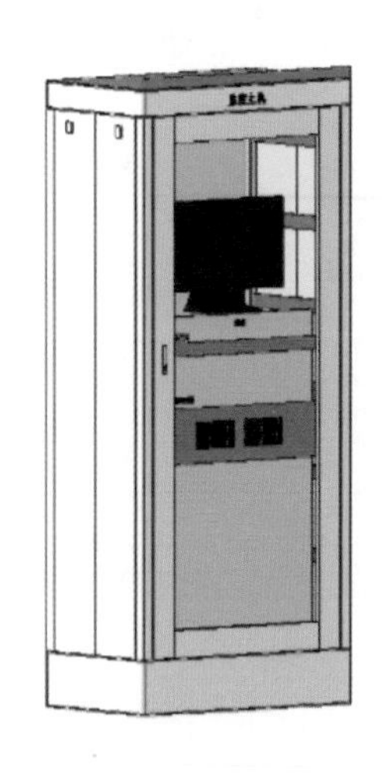

● 图 6-5　二次设备模型

（2）材料建模。材料建模细化为七个小部分执行，分别为导体、绝缘子串、端子箱、照明及小动力材料、接地材料、电缆及其附件、安装材料。设计软件平台一般都已经建好相应的参数化模型，在方案组建时，对模型库里的模型参数进行相应的调整，以致满足项目的需要。对于缺漏的金具、线夹等，按照金具手册用基本图元参照设备建模组建，并附上对应的参数属性。

（3）土建建模。土建建模主要分为总图、建筑物、构筑物及基础、水工暖通设备四大模块。首先全面考虑变电站总图设计的各种因素，然后利用飞时达土方计算软件根据断面模块形成边坡和道路的三维模型，确定合理的设计标高，对边坡及挡土墙进行分析，建立基础实际模型，并进行土方平衡计算。以此为基础在三维中建立设计面，并建立围墙、大门及道路等。建筑外墙严格按照分层做法建模，如建筑物的围护结构、屋面防水保温做法按通用设计施工图要求建模，每层材料均附带相应材质及属性，并以此完善标准化模型库。建筑材料参数如图 6-6 所示。

钢结构采用 PKPM 软件进行空间结构分析，所有梁、柱、基础、板及梁柱结构构造按照计算分析结果建模，结构部分按类型、材质、材质强度、规格、防腐处理、耐火极限、物料编码等属性细度要求一一赋值，从而形成详细的施工详图和准确的工程量统计。钢结构模型如图 6-7 所示。

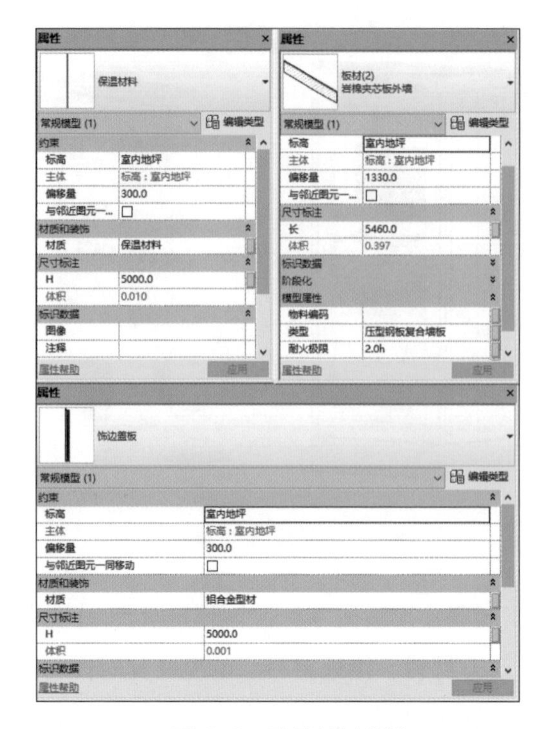

● 图 6-6　建筑材料参数

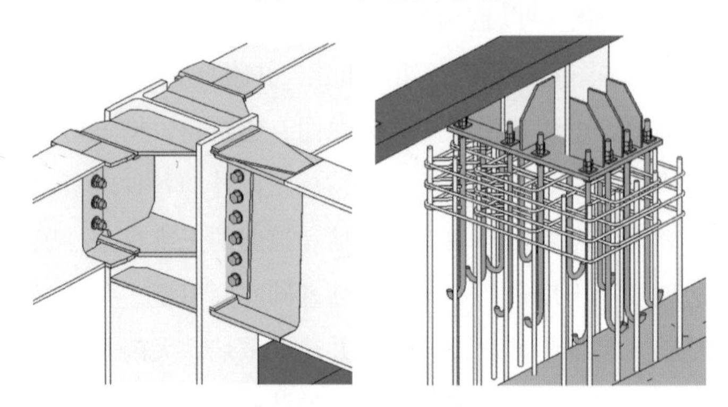

● 图 6-7　钢结构模型

2. 主接线设计

建立电气主接线并将其与设备一一关联生成标准，实现主接线符号、设备模型、参数标注三方联动，如图 6-8（a）所示。35kV 分段断路器柜设计属性如图 6-8（b）所示，第一列为设备和属性名称，中间为主接线值反映的数据，最右边为模型值。

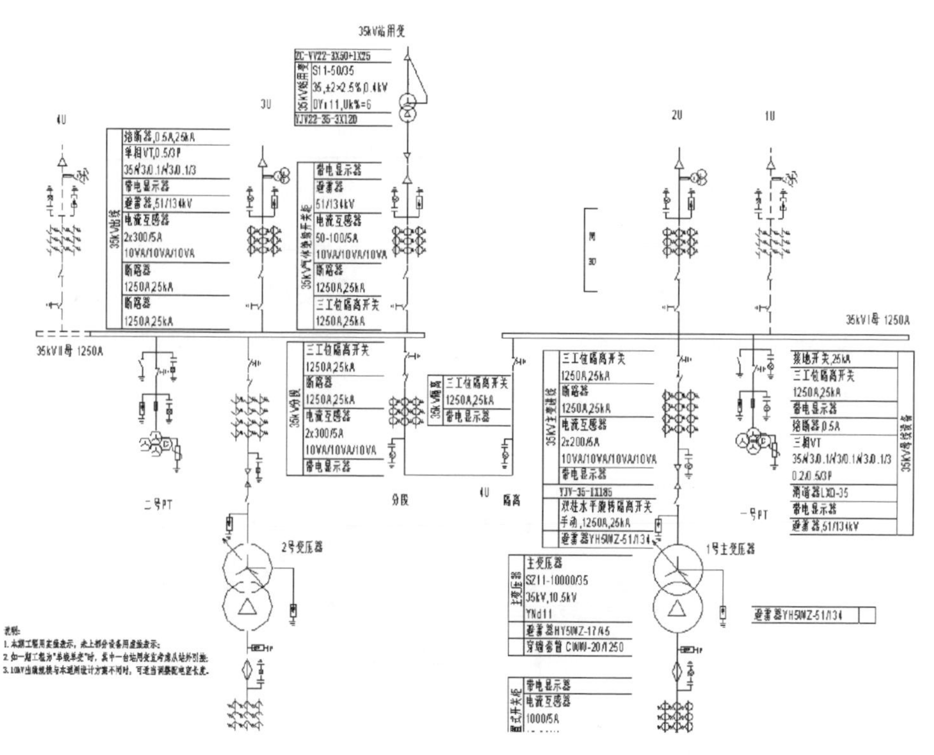

（a）电气主接线

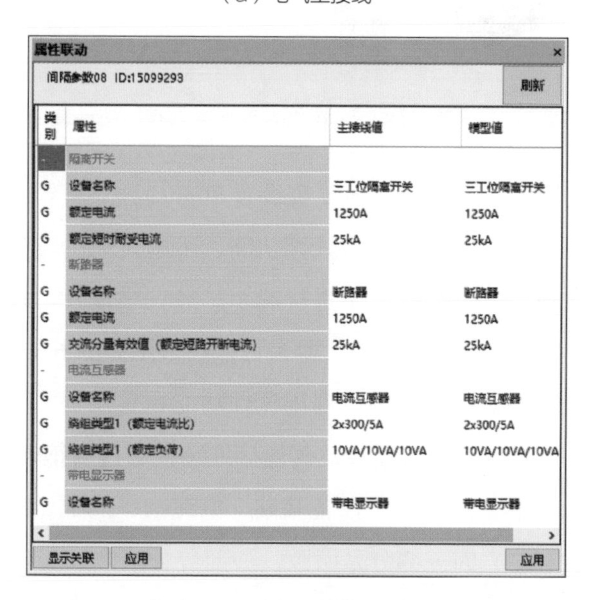

属性联动

间隔参数08 ID:15099293 刷新

类别	属性	主接线值	模型值
-	隔离开关		
G	设备名称	三工位隔离开关	三工位隔离开关
G	额定电流	1250A	1250A
G	额定短时耐受电流	25kA	25kA
-	断路器		
G	设备名称	断路器	断路器
G	额定电流	1250A	1250A
G	交流分量有效值（额定短路开断电流）	25kA	25kA
-	电流互感器		
G	设备名称	电流互感器	电流互感器
G	绕组类型1（额定电流比）	2x300/5A	2x300/5A
G	绕组类型1（额定负荷）	10VA/10VA/10VA	10VA/10VA/10VA
-	带电显示器		
G	设备名称	带电显示器	带电显示器

显示关联 应用 应用

（b）35kV 分段断路器设计属性

● 图 6-8　电气主接线及 35kV 分段断路器设计属性

3. 设备及材料布置

（1）电气设备模型布置。完成建模及主接线之后，进行设备布置，在实际操作过程中，首先由土建专业建立工程的轴网及楼层平面，确定项目的基准点。该工程为半户内站，一般考虑以建筑物钢结构的左下角钢柱中心为基准点。35kV 平面基础分户内和户外两个标高，对应高程差为 0.3m。设备布置时按各自轴线位置分别布置在对应的支架平面或标高平面上。根据工程的期次区分本期和远期，通过建立过滤器，从显示效果上做颜色标识。该工程实例粉红色为远期设备，其他为本期设备。电气设备模型布置如图 6-9 所示。

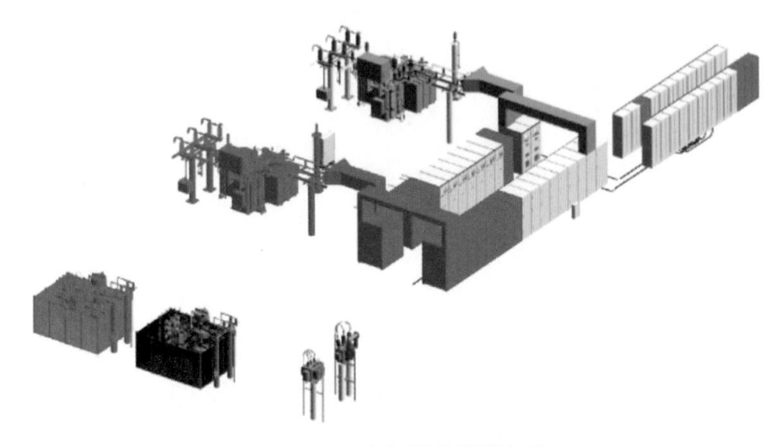

● 图 6-9　电气设备模型布置

（2）防雷及接地三维设计。该工程设置 30m 高独立避雷针 1 根作为直击雷保护，利用三维设计平台的防雷计算功能，可以自动生成整站避雷保护范围，并可以直观地在二三维界面中进行展示。经三维设计可视化防雷保护范围校验，所有设备均为保护范围内。避雷针保护范围如图 6-10 所示。

室外主接地网相对比较简单，利用软件功能布置水平、垂直接地极，构成完整网络。再将各设备的接地端及其他接地装置通过扁钢连接至主接地网，为体现施工实际情形，需在相应设备基础、电缆沟、门框做适当下沉。室内接地网相对复杂一些，因一部分是明敷，一部分为暗敷，需要一步一步生成；最复杂的是等电位接地的布置，只能一根一根布置，并在二次设备室电缆沟出口处与主接地网连接。主接地网及设备引下线如图 6-11 所示。

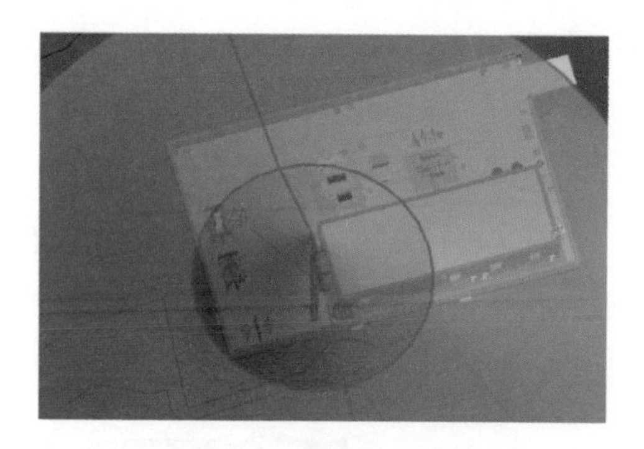

● 图6-10　避雷针保护范围

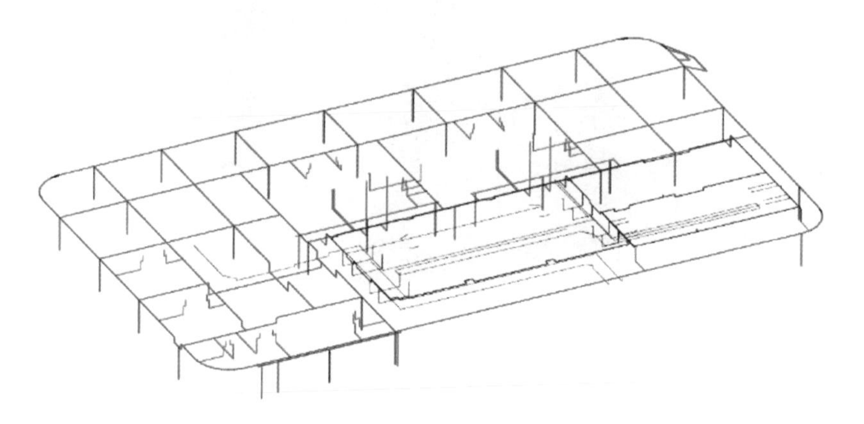

（a）主接地网

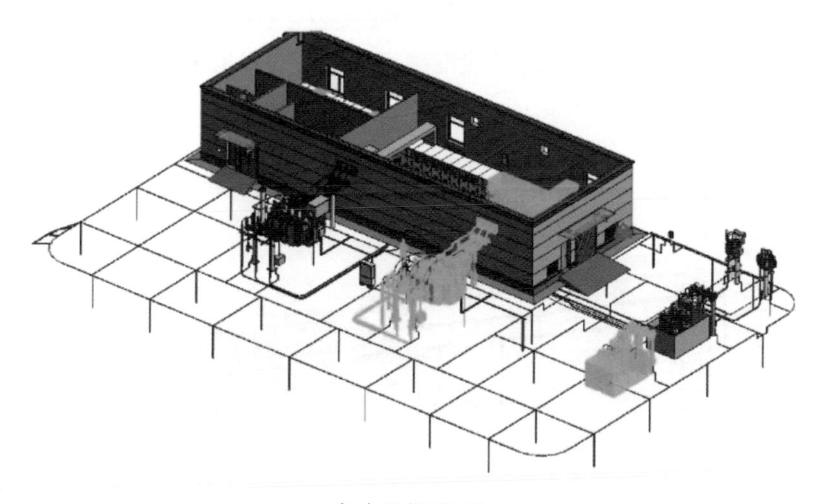

（b）设备引下线

● 图6-11　主接地网及设备引下线

（3）电缆导线的敷设连接。在电缆沟土建部分已完成建模及布置后，根据通用设计方案展开电缆沟支架布置，开始电缆敷设。为实际体现电缆分层、分侧敷设以指导施工，电缆敷设前需提前对其路径进行规划，利用三维工具可视化的敷设电缆，再对其进行参数赋值。电缆分层与分侧布置如图 6–12 所示。在二次电缆方面，则通过数字化自动辅助设计软件绘制原理图，自动生成屏柜端子排图及电缆清册。

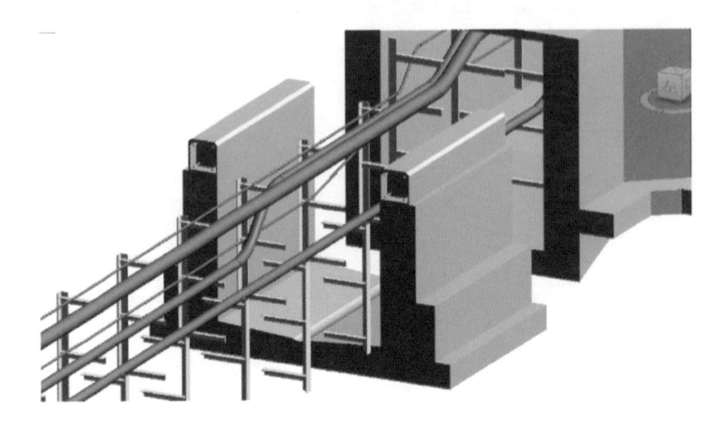

● 图 6–12　电缆分层与分侧布置

4. 其他系统布置

（1）照明及动力管线预埋。利用三维工具建立精细的灯具、开关、插座、线缆槽盒等模型，以及详尽的管线准确定位，并通过完整的属性尽可能使管线设计更精细化。照明及动力管线系统如图 6–13 所示。

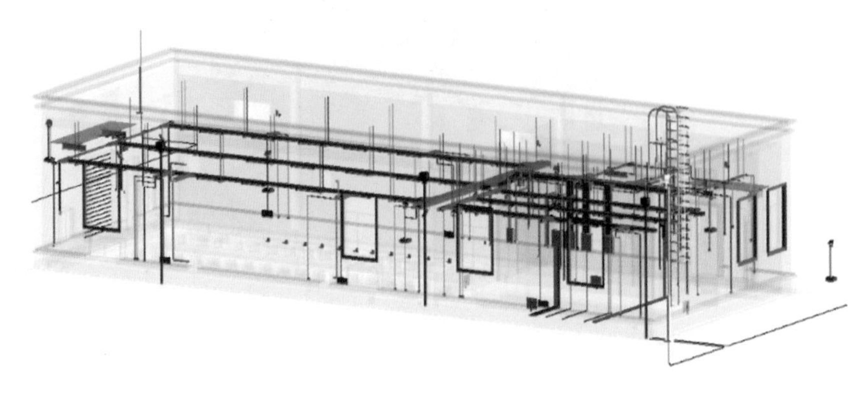

● 图 6–13　照明与动力管线系统

（2）水工设计。水工系统对站区和建筑物室内上下水管道、排水系统及事故排油系统进行精细建模，各管道、检查井、雨水井等给排水部件均附以完整的属性信息，并对不同管道附以不同配色，以作为明显区分。水工系统设计如图 6-14 所示。

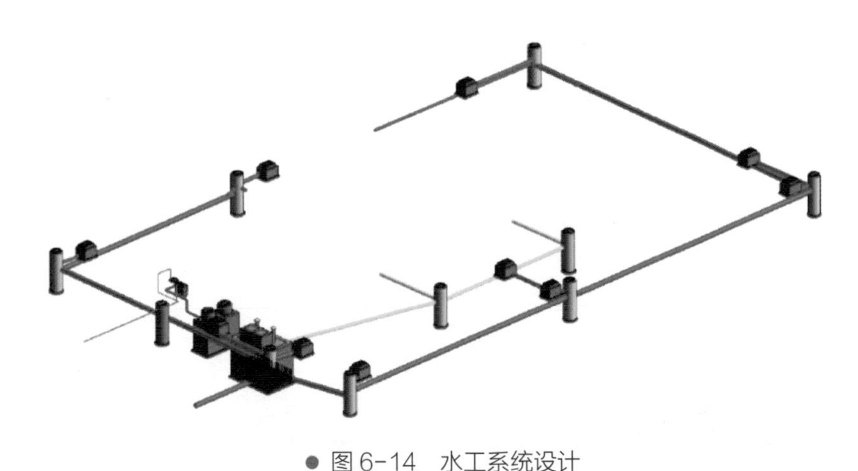

● 图 6-14　水工系统设计

（3）消防设计。消防系统根据本工程需要完成消防砂箱、灭火器箱、消防小车等模型建模及布置，清晰指导施工摆放，如图 6-15 所示。

● 图 6-15　消防系统设计

（4）暖通设计。暖通系统完成建筑物内除湿机、空调、风机及其配套控制器和管道的建模设计，相关设备的属性信息完整。管道及附件均按施工图设计安装布置。暖通系统设计如图 6-16 所示。

● 图 6-16　暖通系统设计

（5）辅助控制系统。利用三维技术实现变电站辅助控制系统设计，建立智能辅助系统前端设备模型，完成前端设备的配置、布点方案设计。辅助控制系统布置如图 6-17 所示。

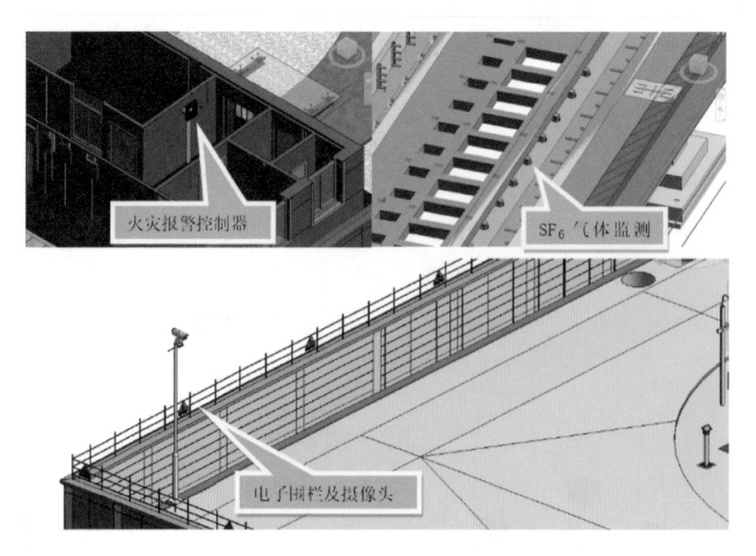

● 图 6-17　辅助控制系统布置

6.1.3　实例成效

该工程采用三维设计，多专业间协同设计，实现了虚拟全站三维漫游支持，全站虚拟场景漫游如图 6-18 所示。工程依据实时协同设计模式，提高了工程设计质量和设计效率。

（a）室外漫游

（b）室内漫游

● 图 6-18 全站虚拟场景漫游

110kV 变电站工程设计实例

6.2.1 工程概况

湘潭 110kV 变电站工程采用湖南省电力有限公司标准化设计 HN-110-A2-4 方案，其三维设计模型全景效果如图 6-19 所示。主变压器 1×50MVA，110kV 出线 2 回，采用全电缆出线，10kV 本期 12 回。

● 图 6-19 湘潭 110kV 变电站三维设计模型全景效果图

6.2.2 设计过程

1. 电气一次设计

（1）绘制电气设备模型。设备模型使用基本图元建模，设备属性包含设备类型、电压等级、制造厂家、设备型号等信息，属性能够表达模型的基本信息，便于文件的识别、管理、存储、发布、传递以及后期可扩展性方面的要求，满足后期出图加工需要，设备部件、属性完整，设备体量适中。110kV 变电站主变压器模型如图 6-20 所示。

（2）绘制电气数字化主接线。建立典型设备、间隔的二维电气符号库，并对设备、导体的二维符号附加可自定义的属性、参数、产品信息和编码。利用已创建典型设备、间隔的二维电气符号库，绘制电气主接线图，赋予主接线相关安装区、安装点及符号编码，根据需要采用虚实线标示出近、远期设备，并添加相关设备、母线参

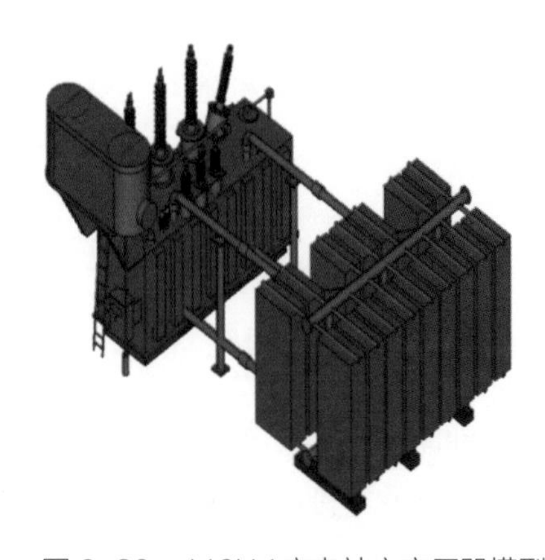

● 图 6-20 110kV 变电站主变压器模型

数等文字说明。110kV 变电站电气主接线如图 6-21 所示。

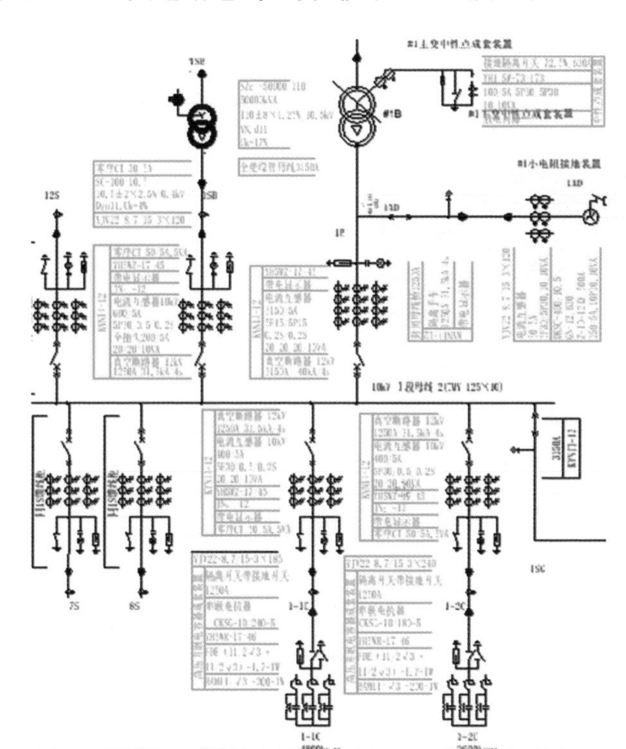

● 图 6-21　110kV 变电站电气主接线

（3）设备布置。将绘制好的设备模型根据工程实际设备布置方式，将设备模型布置完成。设备布置赋值如图 6-22 所示。

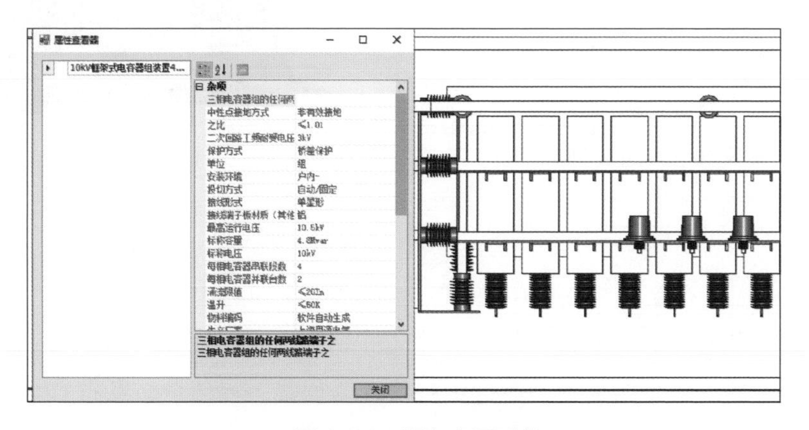

● 图 6-22　设备布置赋值

（4）接地极、避雷带、接地端子布置。采用三维软件布置水平接地极、垂直接地极、屋顶避雷带及接地端子等，在水泵房及配电装置楼屋顶设置避雷带。屋顶避雷带沿建筑物钢柱引下并与主地网连接，如图 6–23 所示。

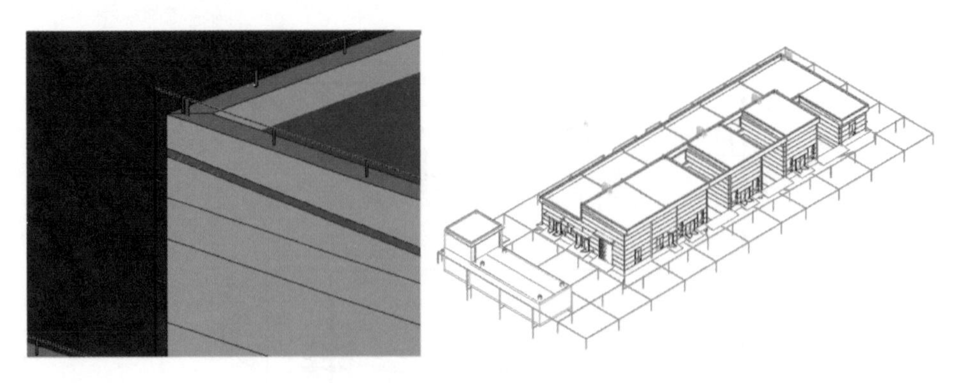

● 图 6–23　屋顶避雷带与主地网连接

（5）全站照明设计。照明设计是在建筑的三维图纸上布置，可视性强。布置完灯具后，可单独呈现灯具的布置与连接。全站照明布置如图 6–24 所示。建筑物灯具布置效果图如图 6–25 所示。

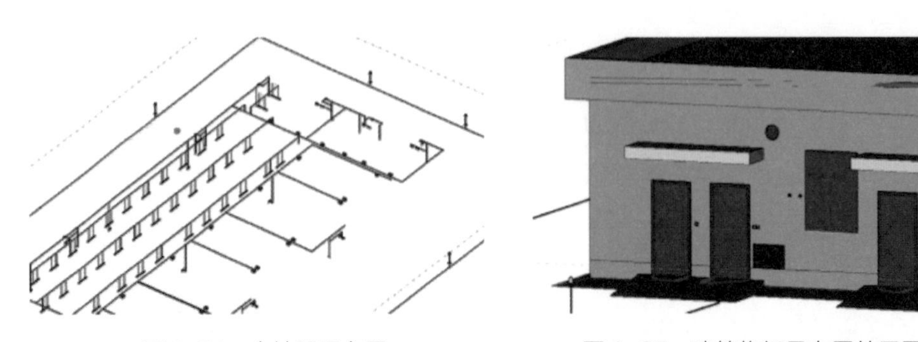

● 图 6–24　全站照明布置　　● 图 6–25　建筑物灯具布置效果图

（6）电缆敷设。采用三维设计软件绘制完成电缆沟、埋管后，结合光 / 电缆清册的信息，自动实现全站电缆光缆优化敷设，如图 6–26 所示。

（7）GIM 发布。对电气专业设计文件编码，土建专业转 IFC 格式打包，最后参考到一张总图之中，通过工程管理器加载工程信息，发布 GIM 文件，实现数字化移交。

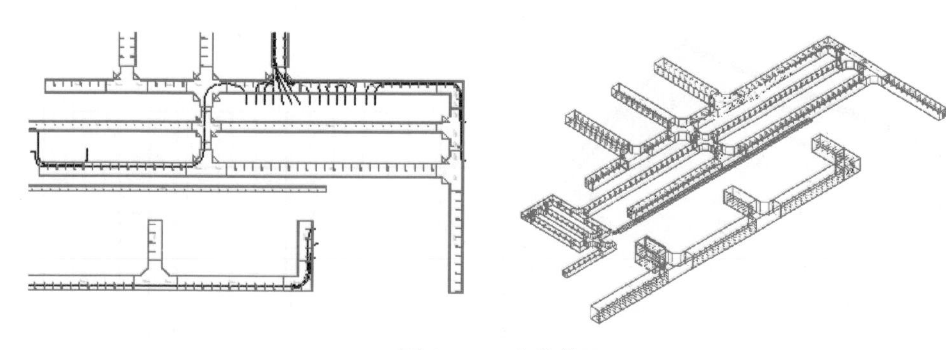

● 图 6-26　电缆敷设

2. 电气二次设计

（1）建立二次屏柜、蓄电池等二次设备模型。根据设计深度要求，建立全站精细化的二次屏柜、蓄电池等二次设备模型，各模型利用基本图元进行建模，并定义颜色、材质、属性等参数，满足数字化移交相关要求。保护屏柜如图 6–27 所示。蓄电池如图 6–28 所示。

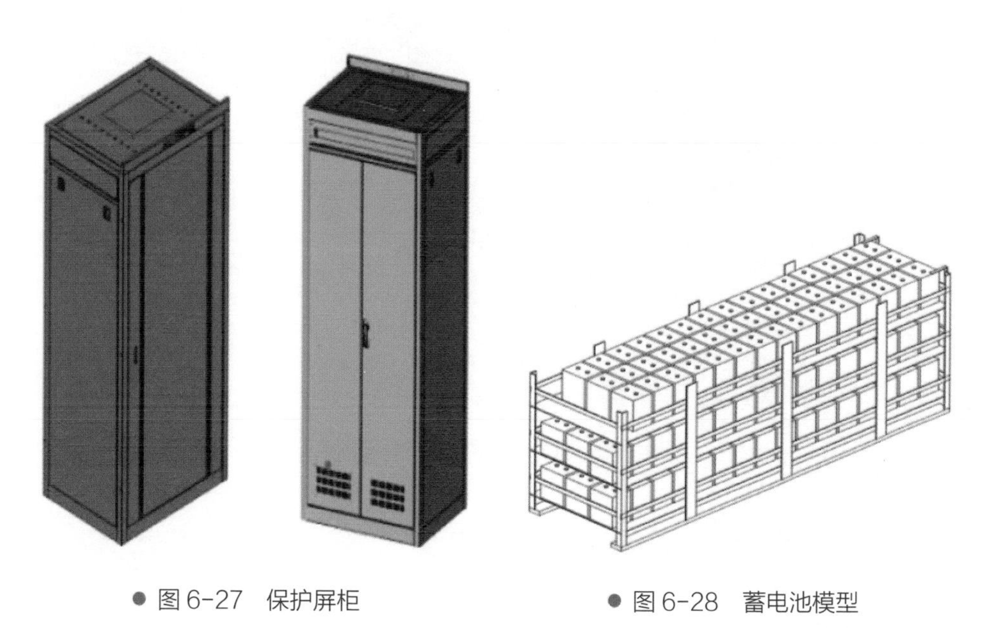

● 图 6-27　保护屏柜　　● 图 6-28　蓄电池模型

（2）二次设备布置。完成全站二次设备建模后，根据工程实际二次设备布置方式，将设备模型布置完成。二次设备轴侧及平面布置图如图 6–29 所示。

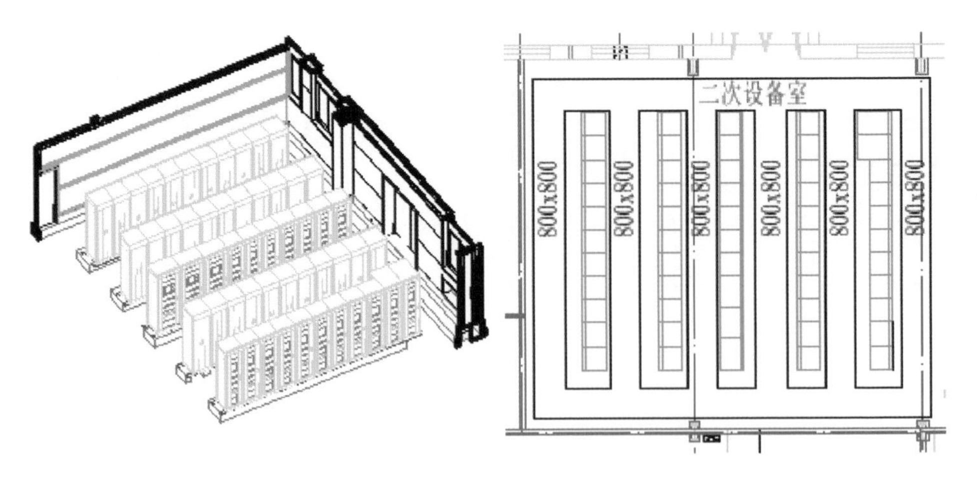

● 图 6-29 二次设备轴侧及平面布置图

（3）视频监控装置布置。在全站构筑物中完成智能视频监控系统设备布置，如摄像头等，如图 6-30 所示。

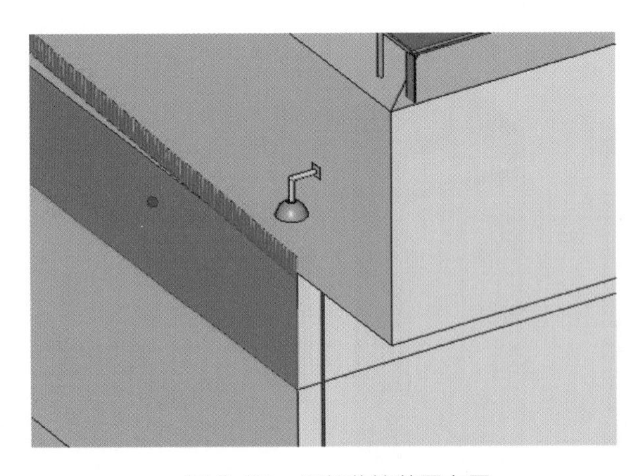

● 图 6-30 视频监控装置布置

3. 变电土建设计

（1）总图设计。

1）变电站场地三维地形模型。根据测量人员提供的 CAD 地形图，采用三维软件进行 dwg 地形图到三维地形模型的转换，在三维地形模型上进行总图布置，实现总图设计的可视化。三维地形模型如图 6-31 所示。

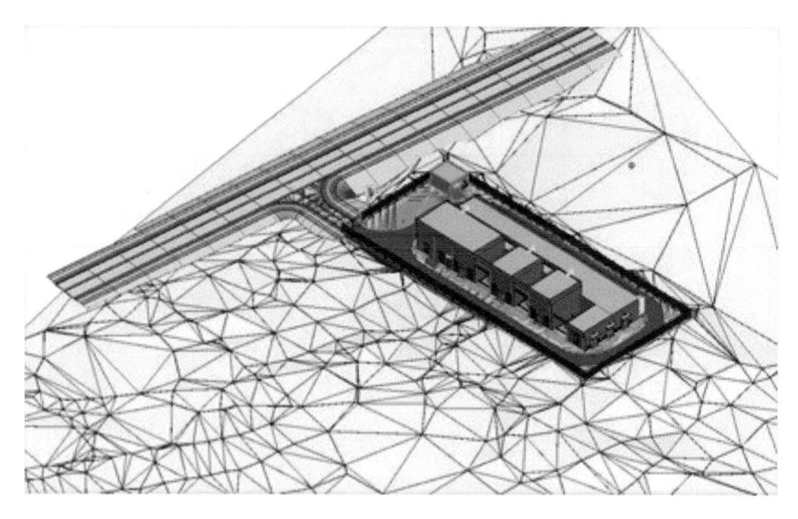

● 图 6-31　三维地形模型

2）变电站场地边坡、进站道路。根据总图软件的断面模块形成边坡和进站道路的三维模型，确定合理的场地标高，对边坡及挡土墙进行分析，建立建（构）筑物基础实际模型。场地边坡及进站道路如图 6-32 所示。

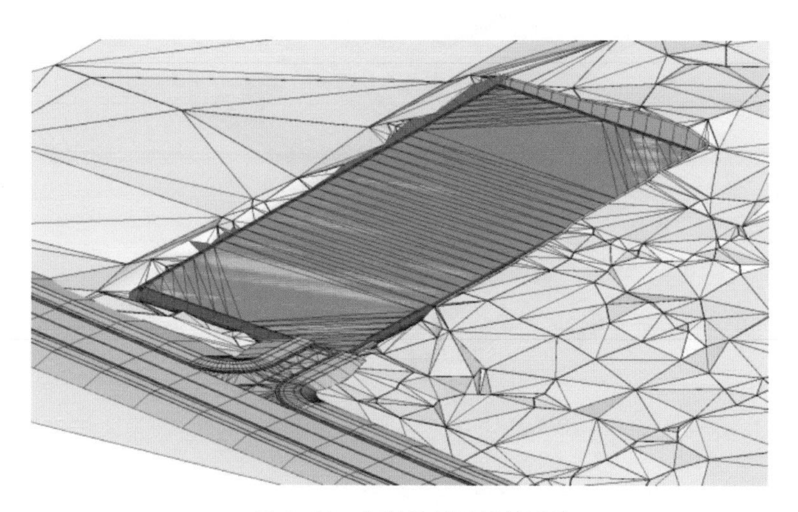

● 图 6-32　场地边坡及进站道路

3）变电站站内道路、围墙及场地。根据电气提资的总平面布置图，场地采用三维软件进行站内道路、围墙及场地的建模及工程量统计。围墙大门如图 6-33 所示。

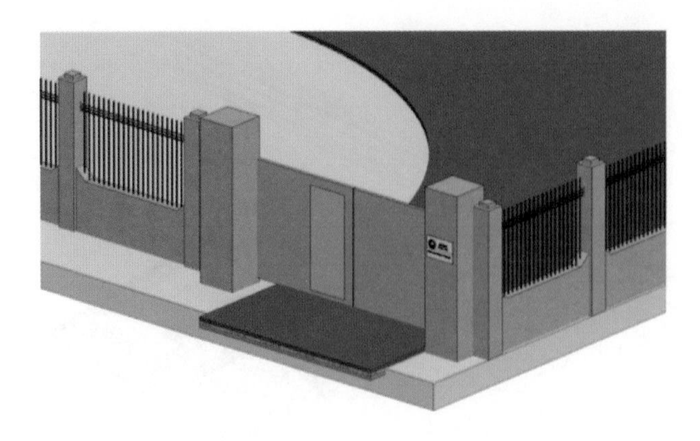

● 图 6-33　围墙大门

4）绘制全站电缆沟。根据电气提资的总平面布置图，绘制全站电缆沟，如图 6-34 所示。

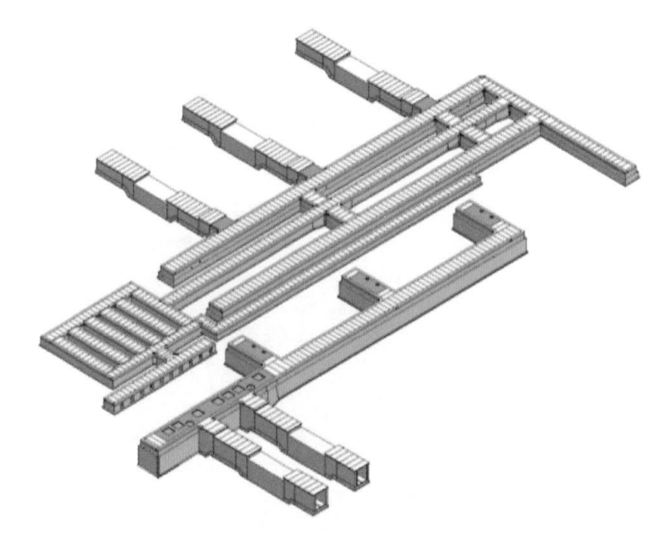

● 图 6-34　电缆沟布置

（2）建筑物设计。

1）结构计算分析建模。建筑物均采用三维结构计算软件进行空间结构分析，所有梁、柱、基础、板及梁柱节点构造均按计算分析结果采用三维结构软件建模，并完成柱脚节点、钢柱钢梁连接节点等深化设计。柱脚节点详图如图 6-35 所示。钢柱、钢梁节点连接详图如图 6-36 所示。

● 图 6-35 柱脚节点详图

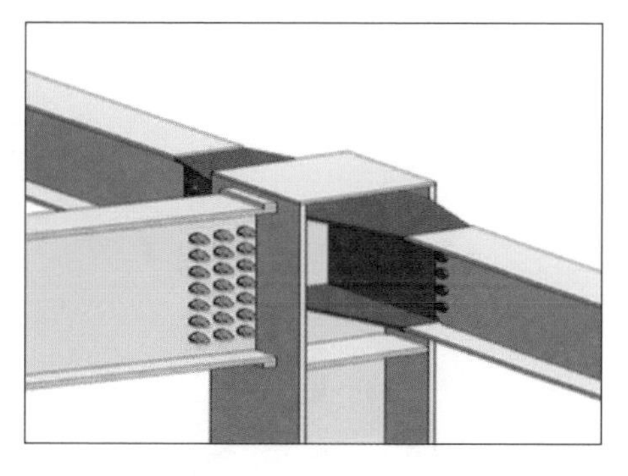

● 图 6-36 钢柱、钢梁节点连接详图

2）建筑设计模型。采用三维建筑软件设计，均按实际做法建模，属性信息完整，色彩符合三维设计建模规范的配色原则。建筑模型如图 6-37 所示。

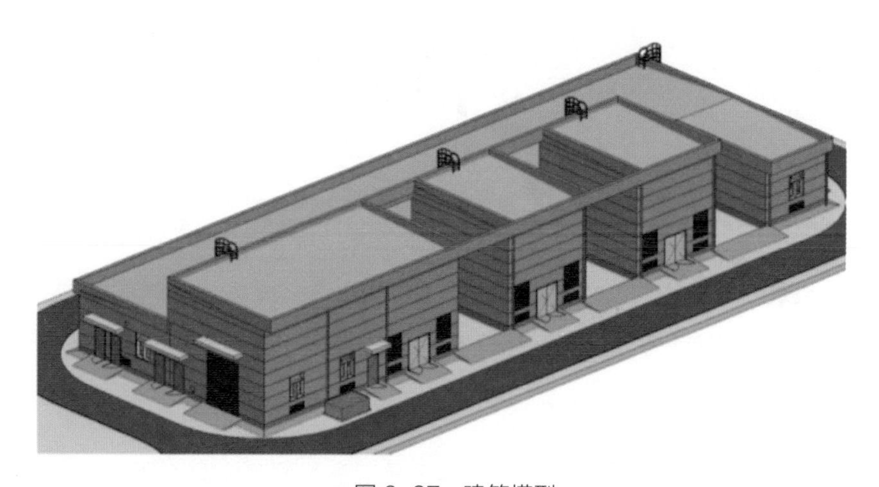

● 图 6-37 建筑模型

（3）水工、消防及暖通三维设计。

1）对全站及建筑物室内给排水系统进行精细建模，管道、检查井、雨水口等给排水构件信息符合实际信息。

2）对全站消防系统及消防设备进行精细建模，属性信息完整且符合实际信息。给排水及消防布置如图 6-38 所示。

3）对全站暖通系统及设备进行精细建模，空调、风机的设备参数、性能等信息完善，管道及附件均能与实际安装相符。暖通布置如图 6-39 所示。

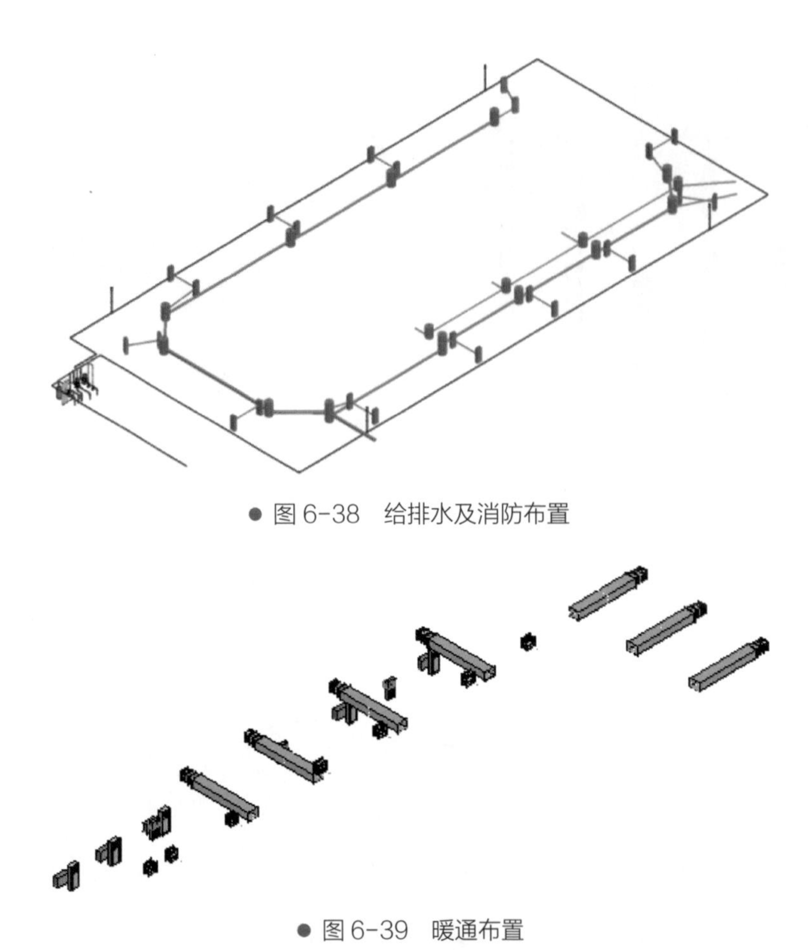

● 图 6-38 给排水及消防布置

● 图 6-39 暖通布置

6.2.3 实例成效

该工程通过采用三维设计，主要在电气距离校验、智能优化电缆光缆敷设和碰撞检测等方面相对于二维设计有较大的提升。

1. 电气距离校验

通过间隔信息布置三维模型，模型准确。通过变电站工程设计过程中三维数字化技术的应用，解决了变电站工程电气安全净距校验中的问题。通过校验带电部分至接地部分之间、不同相的带电部分、设备运输时外轮廓至带电部分、不同回路带电部分之间的距离，为优化平面布置提供依据。主变压器中性点带电距离校验如图 6-40 所示。

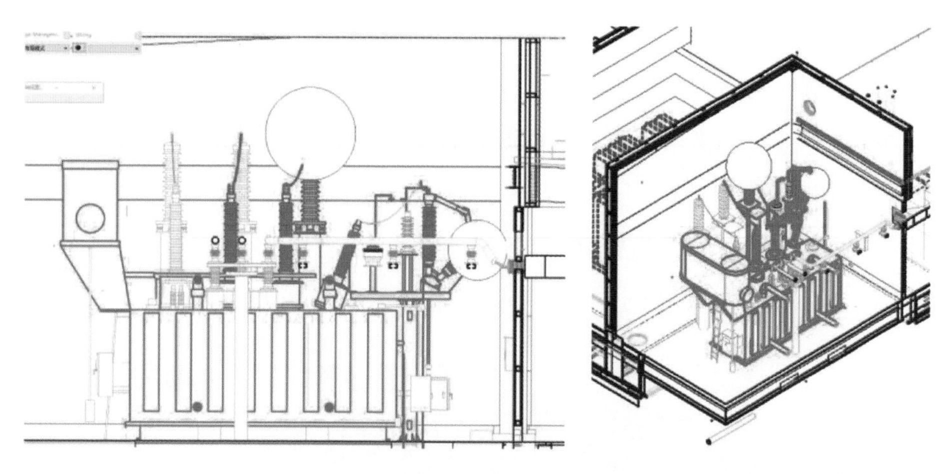

● 图6-40　主变压器中性点带电距离校验

2. 智能优化电缆光缆敷设

变电三维设计软件可自动实现全站电缆光缆优化敷设，统计长度，杜绝了人为误差，保证了设计结果的精确性，同时提高了设计速度。利用三维电缆敷设软件的路径可视化功能，可查找出电缆走向，自动敷设出最优的路径；并对三维设计成果进行剖切、出图、统计材料，得到精确的平断面图纸及设备材料清册，较通用设计节省电缆 6.5% 左右。电缆路径绘制如图 6-41 所示。

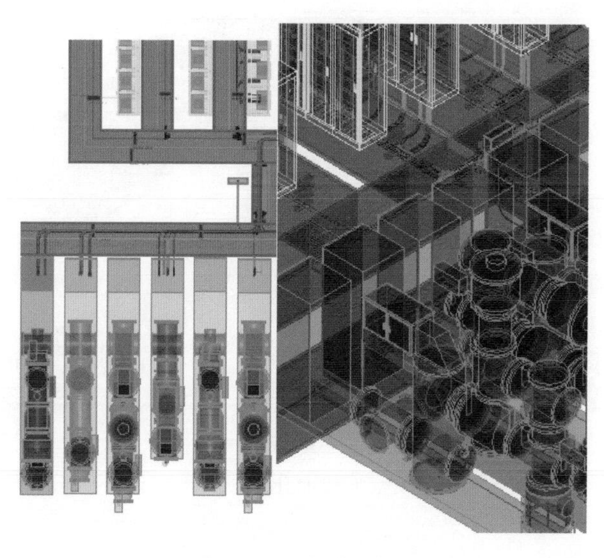

● 图6-41　电缆路径绘制

3. 碰撞检测

在完成各类模型后，进行建（构）筑物、电缆沟、给排水、设备基础等之间的碰撞检测和模拟施工，对模型硬碰撞和软碰撞的检测，并针对检查出来的结果进行优化设计。

在结构基础与电缆沟检测时，发现结构基础梁与电缆沟发生碰撞冲突，需要优化结构基础梁的位置。碰撞调整优化前后如图 6-42 所示。

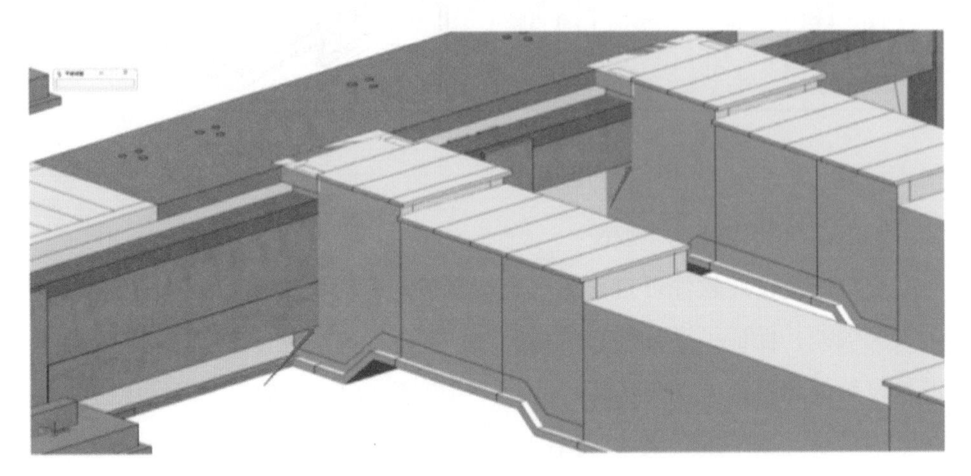

（a）优化前

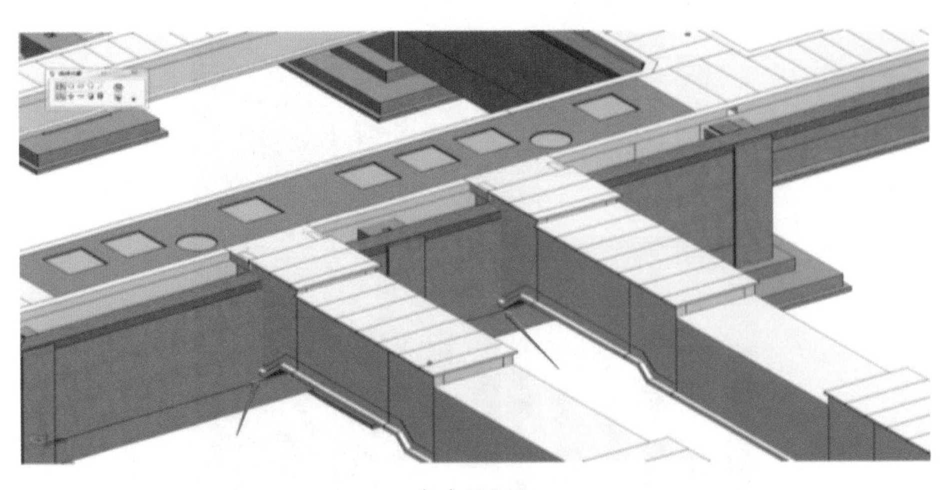

（b）优化后

● 图 6-42 碰撞调整优化前后

6.3

220kV 变电站工程设计实例

6.3.1 工程概况

常德 220kV 变电站工程采用湖南省电力有限公司标准化设计 HN-220-B-2 方案，采用三列式总平面布置，模型全景效果图如图 6-43 所示。主变压器 1×180MVA，220kV 为 4 回，110kV 为 4 回，10kV 为 14 回；220kV 双母线分段接线，110kV 双母线接线，均采用架空出线；10kV 单母线接线，采用电缆出线。220kV 采用户外 HGIS 设备，110kV 采用户外 GIS 设备，10kV 采用户内开关柜。

● 图 6-43　常德 220kV 变电站三维设计模型全景效果图

6.3.2 设计过程

1. 电气一次设计

根据现有的典型设计方案接线图，在软件的“主接线设计”→“回路编辑”

中找到原有的典型图，放置在图纸中，再依据需要调整相关参数或者设备，完成后保存为典型图纸。绘制电气总平面图的实际操作过程中，建议将各电压等级的设备分成不同的图纸，以便后续修改及调整。总平面布置图如图 6–44 所示。

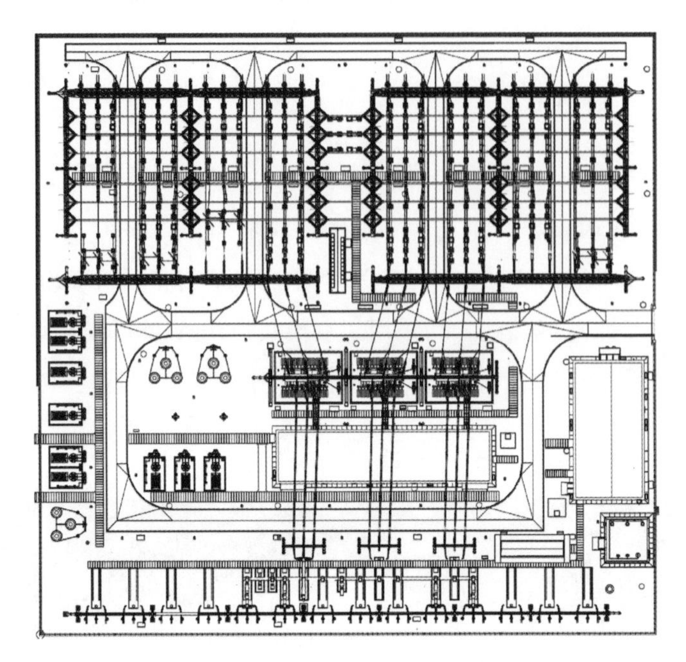

● 图 6-44　总平面布置图

全站防雷保护如图 6–45 所示。

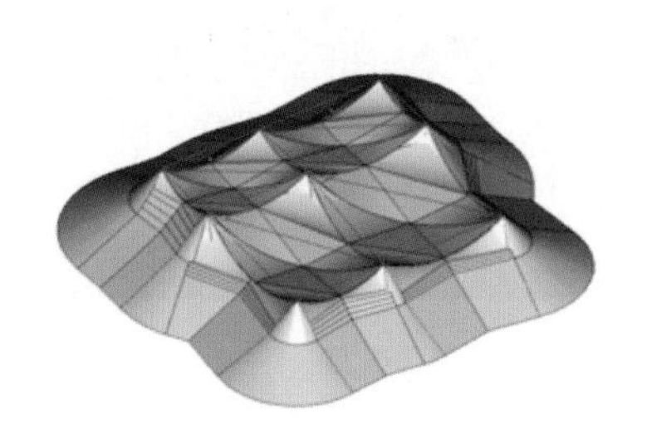

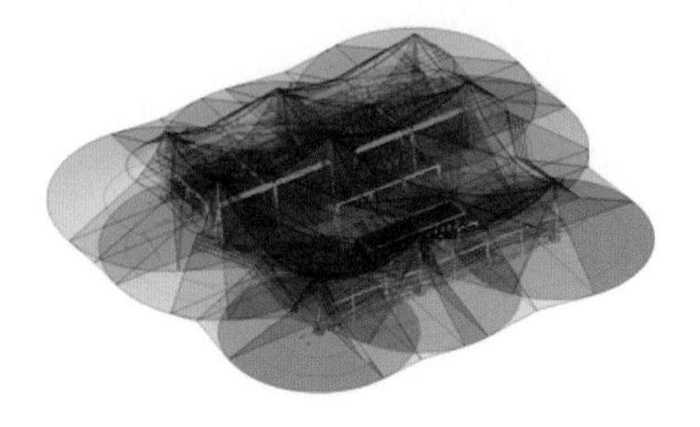

● 图 6-45　全站防雷保护

接地部分设计包括户内三维接地和户外三维接地。户内接地网布置如图 6–46 所示。户外接地网布置如图 6–47 所示。

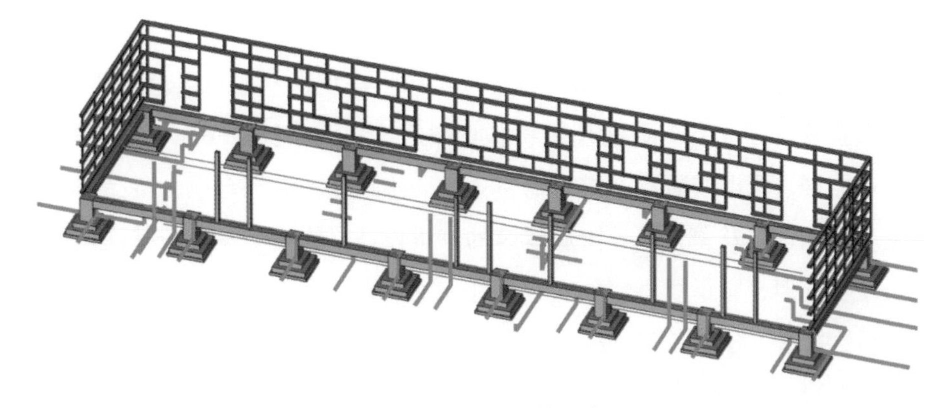

● 图 6-46　户内接地网布置

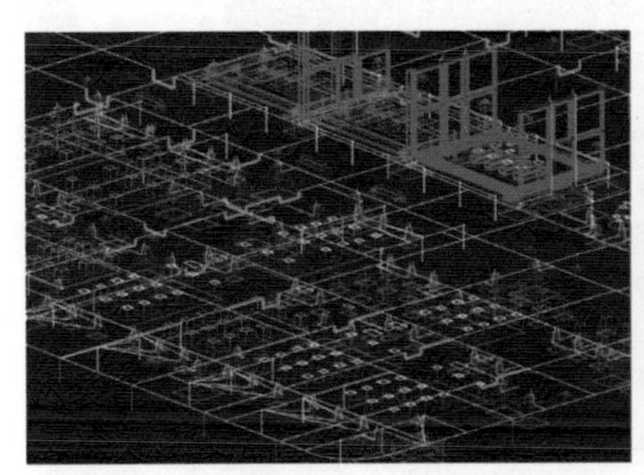

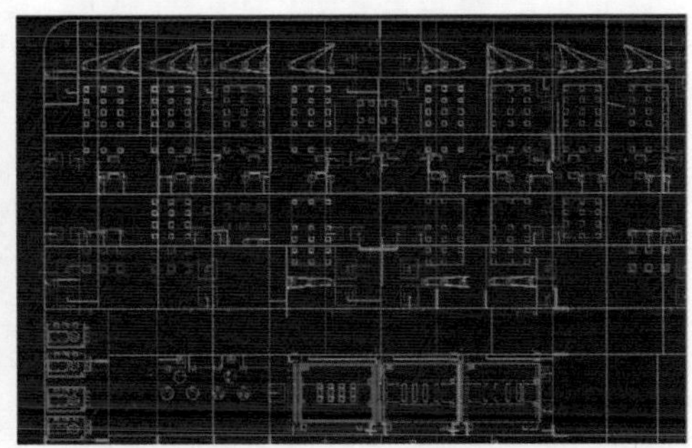

● 图 6-47　户外接地网布置

2. 电气二次设计

建立精细化的二次屏柜、柜内装置、蓄电池等二次设备模型。完成全站二次屏柜建模后，根据工程实际二次设备布置方式，将二次屏柜布置于二次设备室或预制舱，智能控制柜预制于配电装置场地，完成三维布置设计和主要空间软硬碰撞检测。直流电源屏 220kV 线路保护测控柜如图 6-48 所示。

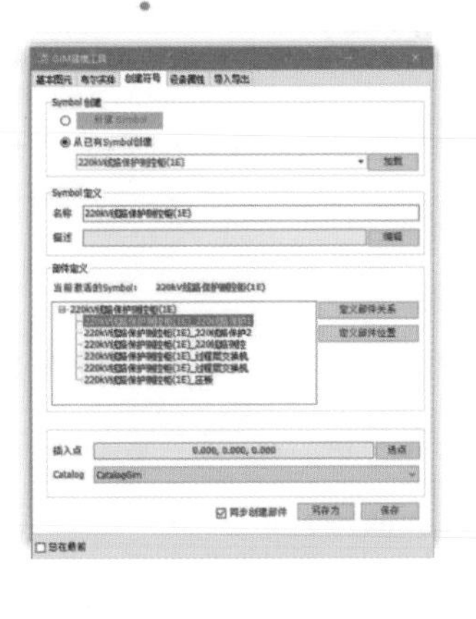

● 图 6-48　直流电源屏 220kV 线路保护测控柜

3. 变电土建设计

根据电气提供的总平面图，通过数字高程模型，开展站区总布置设计，综合布置要求建立各专业物理模型。其中建筑物设计包括阀厅、主辅控楼、主控通信楼、配电装置室、继电器室等主要生产建筑，综合楼、备品库等辅助生产建筑，以及警传室等附属建筑的三维设计；构支架及设备基础包括构架、设备支架、避雷线塔、独立避雷针和主要设备基础的三维设计；水工暖通包括给排水（含消防）、暖通主要设备、设施和管道的三维设计。根据测量人员提供的CAD地形图，进行实体三维建模，如图6–49所示。

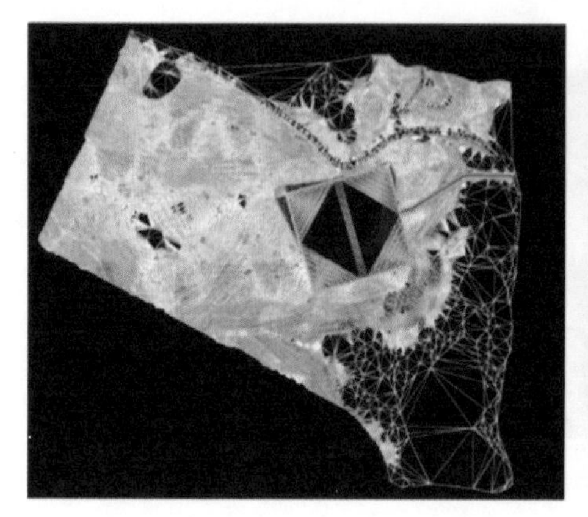
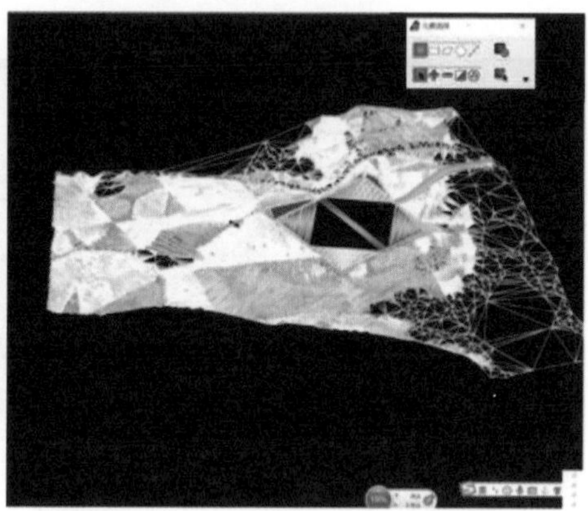

● 图6–49　三维地形

6.3.3　实例成效

该工程采用三维设计，主要在专业对接校验、电气距离校验、可视化防雷等方面提升了工程设计效果和设计效率。

1. 专业对接校验

户内配电装置布置与户外配电装置布置有一个区别就是户内配电装置如果有碰撞的地方很容易检查出来（见图6–50），经过与土建专业核实，将联络母线桥位置调整，从而避开此部分梁柱。

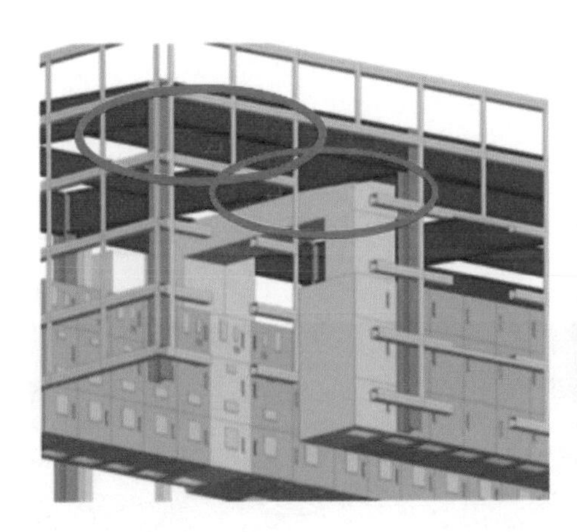
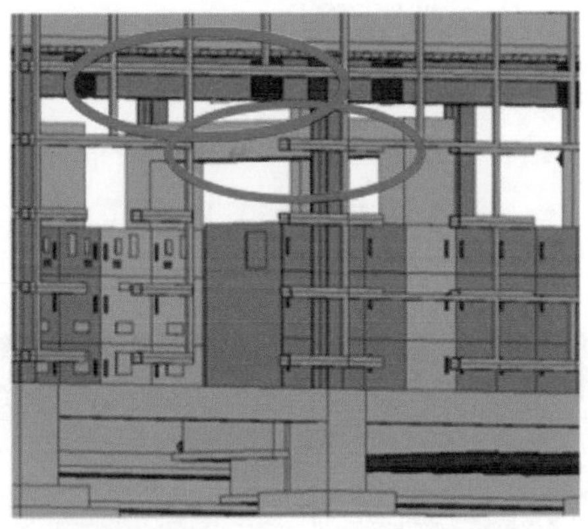

● 图 6-50　碰撞检测

2. 电气距离校验

依据变电站相关设计规范，在三维空间内校核安全净距，相比于传统二维人工校验方式，可解决复杂空间位置的校验问题，校验结果更为准确。电气距离校验如图 6-51 所示。

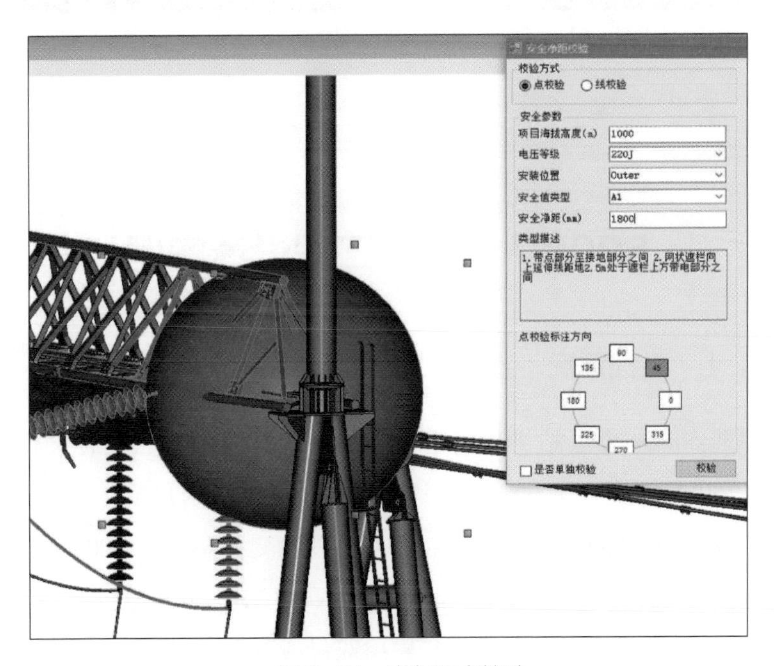

● 图 6-51　电气距离校验

3. 可视化防雷

根据避雷针的布置位置、高度与信息，生成全站三维保护范围图；还可以结合三维总平面设备和构架布置情况，三维保护效果直观可视，同时可生成二维保护范围图等设计成果。可视化防雷如图 6-52 所示。

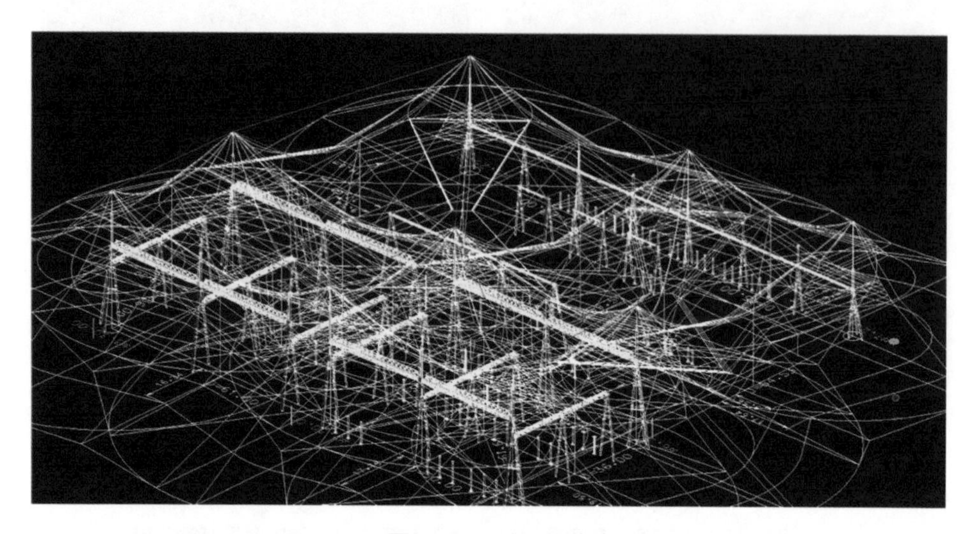

● 图 6-52　可视化防雷

500kV 变电站工程设计实例

6.4.1　工程概况

湘潭西 500kV 变电站工程采用 2019 年版《国家电网公司标准化建设成果（35～750kV 输变电工程通用设计、通用设备）应用目录》500-B-2 方案设计，其模型全景效果图如图 6-53 所示。主变压器 1×1000MVA，500kV 4 回，220kV 6 回，35kV 并联电容器 2×60Mvar，35kV 并联电抗器 2×60Mvar；500kV 采用 3/2 断路器接线，220kV 采用双母线双分段接线，35kV 采用单母线单元制接线；500kV 采用户外 HGIS 设备，220kV 采用户外 GIS 设备。

● 图 6-53 湘潭西 500kV 变电站三维设计模型全景效果图

6.4.2 设计过程

1. 电气一次设计

（1）系统设计。进入系统设计界面，按照湘潭西变电站工程规模创建参数化装置信息，可根据电压等级、主变压器数量、出线等信息参数化生成一个配电装置的信息。系统信息生成后，对主接线图进行参数化绘制。可读取系统设计中的回路信息，将典型回路方案的回路样式匹配给对应间隔，自动完成某配电装置主接线系统的参数化绘制。随着典型化回路逐渐完善，在其他工程中可反复使用，大大减少了绘图工作量。配电区域方案如图 6–54 所示。

（2）设备建模。完成系统设计后，大部分通用设备模型已经连同设备信息由公共库中选取到了湘潭西变电站工程库，依据工程实际情况对通用设备模型外形及参数进行修改，关键尺寸和参数需与实际招标设备保持一致。设备建模与导入如图 6–55 所示。

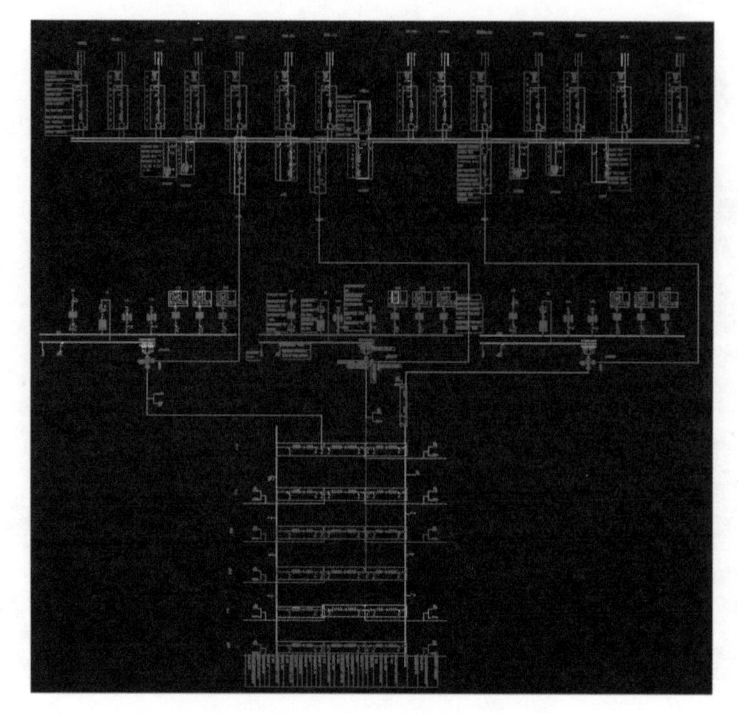

● 图 6-54　配电区域方案

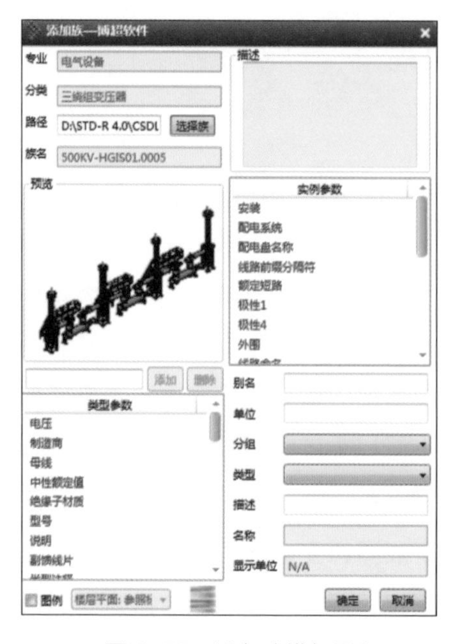

● 图 6-55　设备建模与导入

（3）总平面布置。开展平面布置前，需土建专业确定项目基点，以该工程为例，项目基点位于进站道路侧围墙中心线交界点。各专业的平面布置均以项目基点为基准布置相应设备或设施。在实际操作中，建议将工程按照施工图阶段卷册分成多个文件，以便于设计过程中的修改及调整。总平面布置如图 6-56 所示。

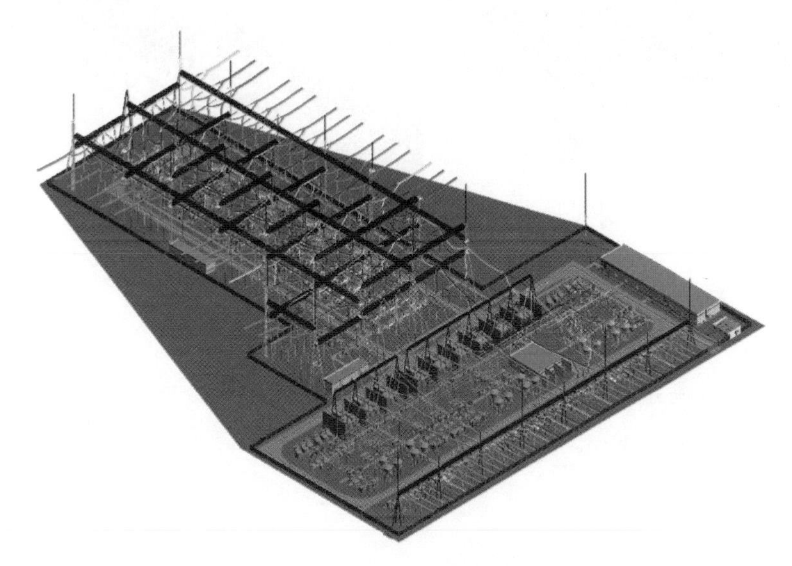

● 图 6-56　总平面布置

（4）防雷接地和照明。采用三维防雷设计，参数化自动绘制全站防雷保护图，在确保防雷保护范围达到要求的前提下，优化构架避雷针高度。构架避雷针和全站防雷保护如图 6-57 所示。

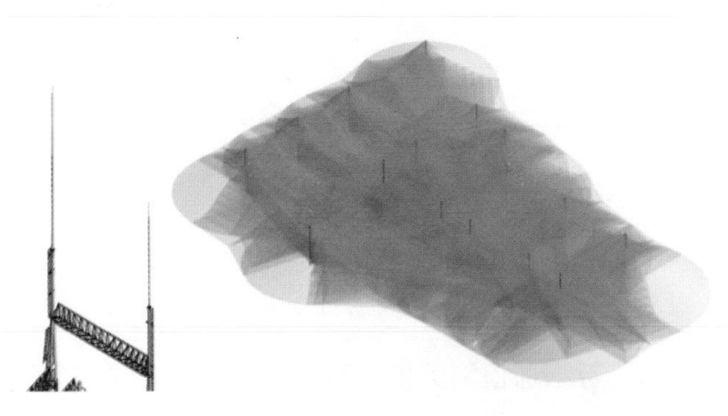

● 图 6-57　构架避雷针和全站防雷保护

照明与动力部分由于目前软件暂时无法完成照度计算，照明计算按照传统方式计算，在三维软件中进行布置，如图 6–58 所示。

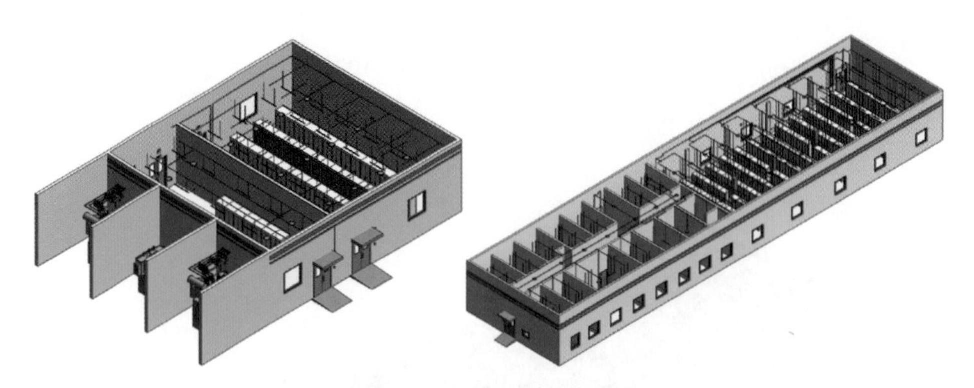

● 图 6–58 照明与动力布置

接地设计通过链接全站地下设施，主接地网避开设备、建筑物以及构筑物等基础，在满足接地要求的前提下，优化全站接地设计，减少接地材料。接地设计如图 6–59 所示。

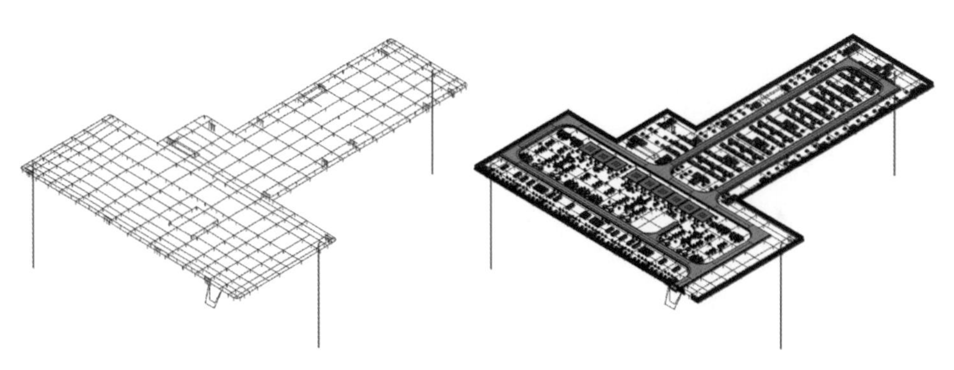

● 图 6–59 接地设计

2. 电气二次设计

（1）建模。从工程库中调用二次设备通用设备模型，包括二次屏柜、柜内装置、蓄电池等。根据二次屏柜实际尺寸进行调整修改，站控层设备（如监控主机、显示器、数据通信网关机、网络交换机等），间隔层设备（如保护装置、测控装置、安全自动装置等），过程层设备（如智能控制柜），交直流电源设备及通信设备，智能辅助控制系统设备（如摄像头、烟感探测器）等均建立各自的三维模型。二次设备模型如图 6–60 所示。

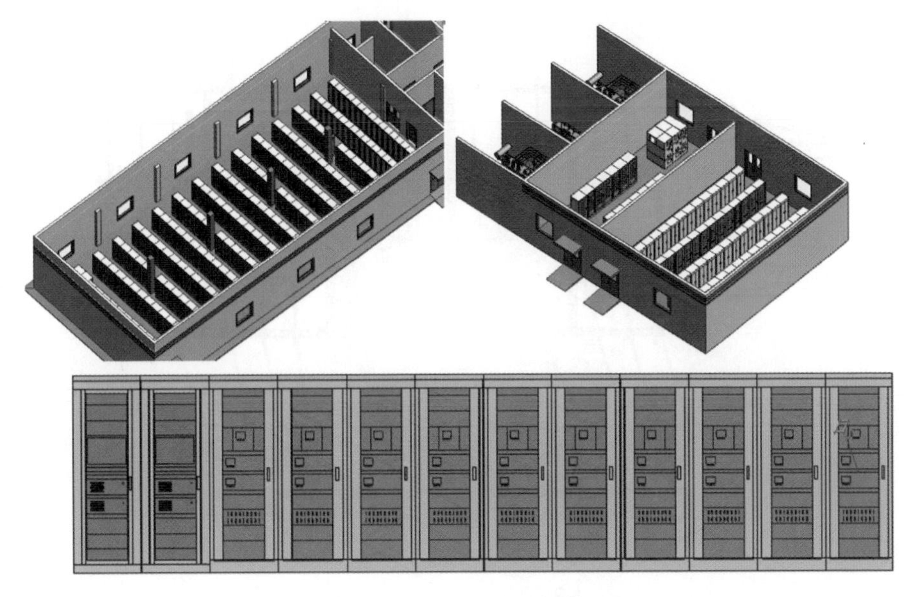

● 图 6-60 二次设备模型

（2）电缆敷设。先根据总平面布置图，结合构支架位置，运用三维软件设置电缆沟参数，再进行绘制。电缆敷设设计如图 6–61 所示。

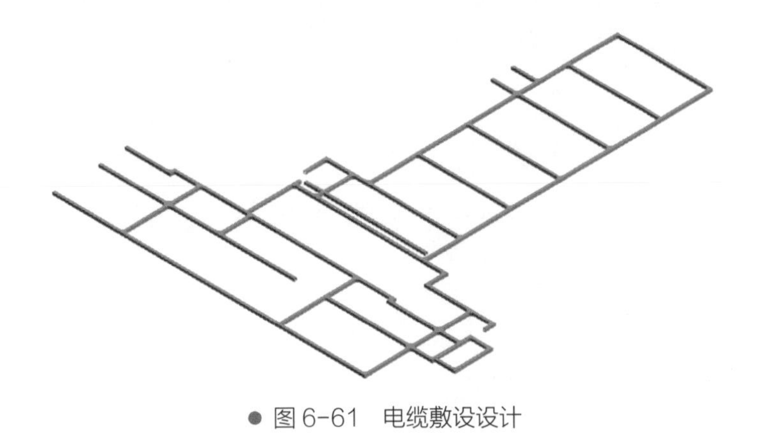

● 图 6-61 电缆敷设设计

然后对相关设备进行转换，包括主、子设备分割，精细化导线端点位置，如图 6–62 所示。

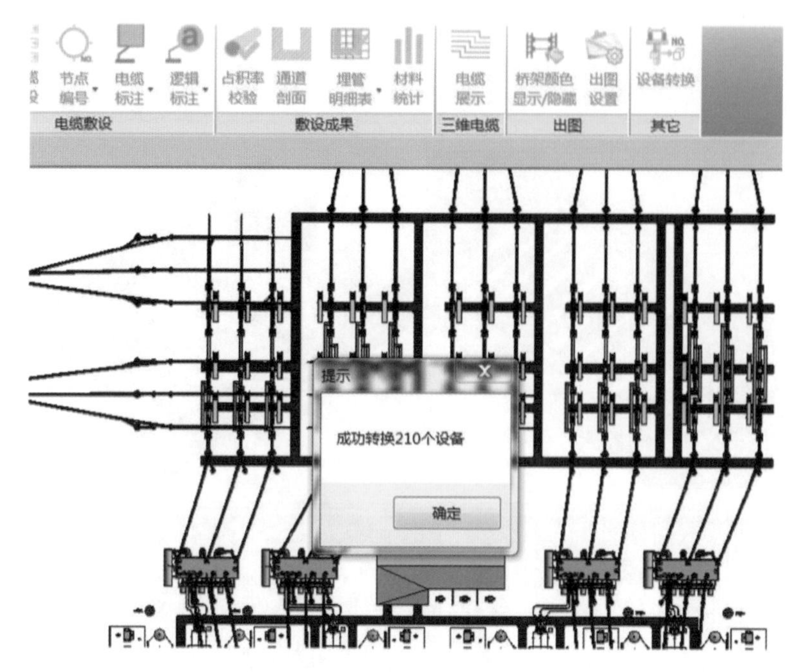

● 图 6-62　设备转换

在电缆自动敷设后可形成三维拓扑图，最终形成电缆、光缆和所需护管长度统计，完成全过程电缆智能化敷设，如图 6-63 所示。

● 图 6-63　过程电缆智能化敷设成果

3. 变电土建设计

（1）总图设计。

1）三维实景地形模型。工程前期在选定的站址，利用实时卫星动态差分技术测量地形图，通过人工参与，构建变电站场地及周边地形的三维数字实景模型。土建总图如图 6–64 所示。

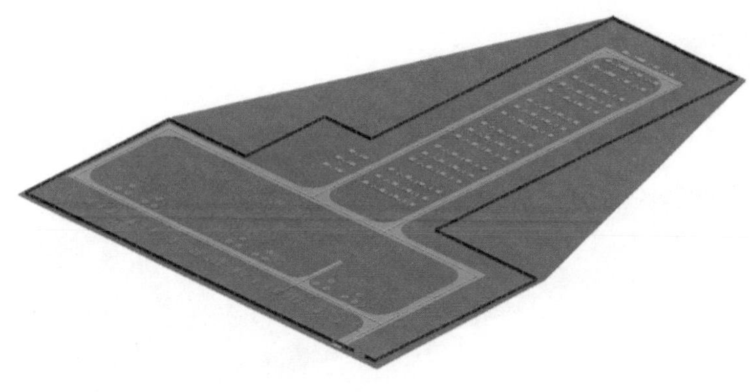

● 图 6-64　土建总图

2）三维地形模型。根据测量人员提供的 CAD 地形图，采用 Civil3D 软件进行实体三维建模。

3）站内道路、围墙及场地。根据电气提资的总平面布置图，场地采用设计软件进行站内道路、围墙的建模。围墙模型如图 6–65 所示。

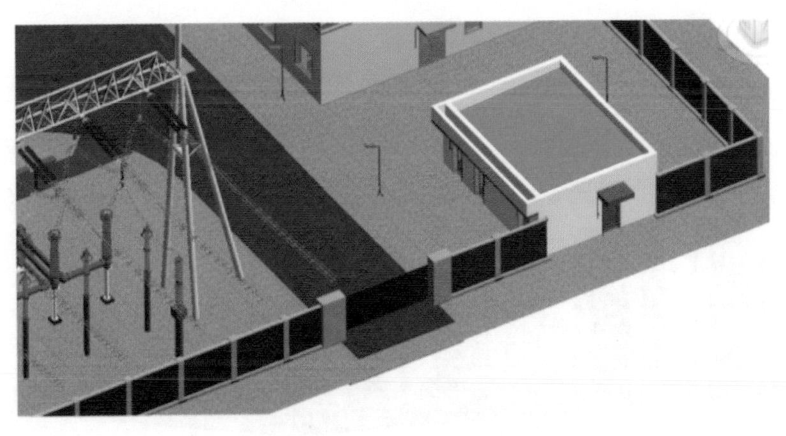

● 图 6-65　围墙模型

（2）建筑物。

1）采用 PKPM 软件进行结构计算。在确保设备运行安全可靠的原则下，结合结构分析成果，优化建筑物的空间布置。精细化装配式建筑构件，标准化构件模型库，深化装配式建筑模型，提高建设效率和建设质量。建筑物结构模型如图 6-66 所示。

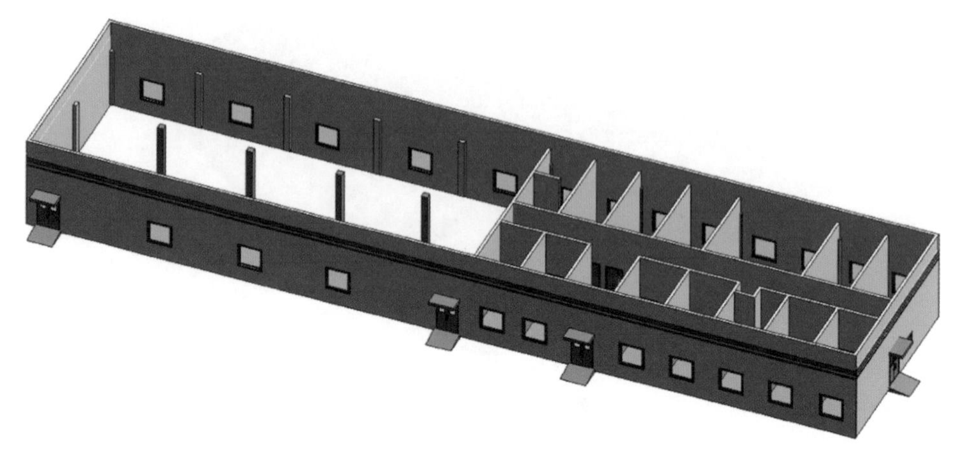

● 图 6-66　建筑物结构模型

2）分层建模。建筑物构配件根据实际材质和外形建模，并形成构件库；构配件完善真实，属性信息完整，色彩符合三维设计建模规范的配色原则。构配件结构图与配色如图 6-67 所示。

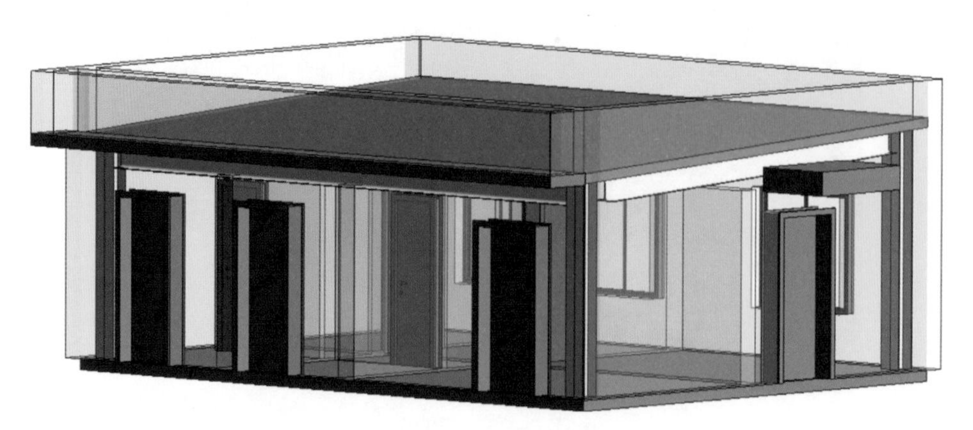

● 图 6-67　构配件结构图与配色

3）构支架。按照实际加工建成的结果进行构支架的精细建模，所有构件的连接件、挂点、接地件等均与实际材料一致。构支架模型如图 6–68 所示。

● 图 6-68　构支架模型

4）水工、消防系统三维设计。对站区和建筑物室内上下水管道、排水系统进行精细建模，管道、检查井、雨水口等给排水构件信息完整。

构建消防系统管网及设备；根据主变压器外形尺寸调整水喷雾管网及喷头的布置，并通过碰撞检测保证带电距离；输入或修改设备及管道信息，属性信息完整。按形状、标高、埋深等实际尺寸和材质构建给排水系统管、井、池、消防泵及消防管网等构建模型，给排水及消防系统的规格、材质等信息齐全。水工与消防系统模型如图 6–69 所示。

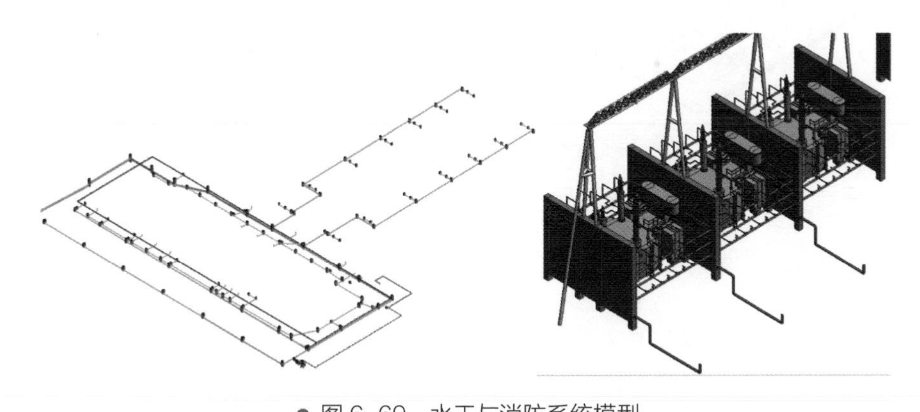

● 图 6-69　水工与消防系统模型

5）暖通系统三维设计。完成建筑物内的空调、风机及除湿机的设计，相关设备的属性信息完整，空调、风机的设备参数、性能等信息完善。暖通系统模型如图 6–70 所示。

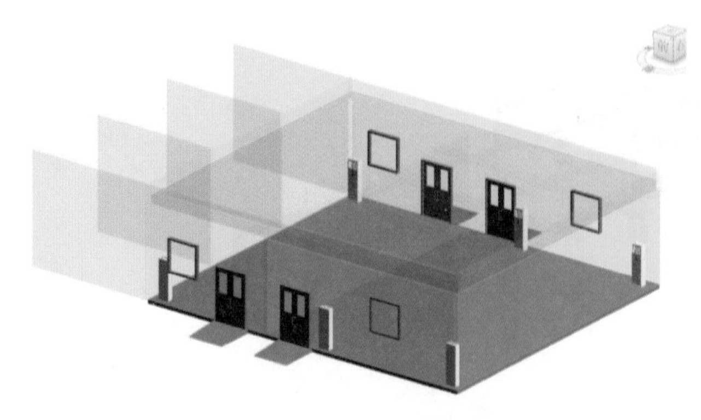

● 图 6-70　暖通系统模型

6）电缆沟三维设计。完成站区及户内电缆沟三维设计；优化电缆沟布置及形式，减少电缆长度，避免一、二次电缆沟交叉或共沟；根据电缆沟用途敷设电缆支架；根据防火墙位置设置标识沟盖板。电缆沟模型如图 6–71 所示。

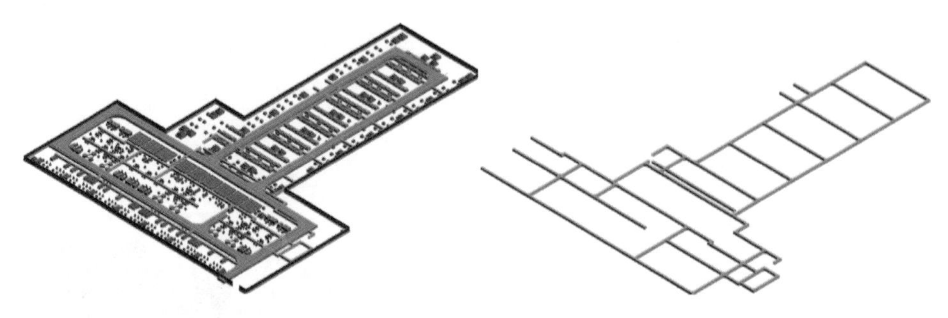

● 图 6-71　电缆沟模型

6.4.3　实例成效

该工程采用三维设计，主要在专业间三维碰撞检测、安全距离校验以及三维切图等方面实现了工程设计效果和设计效率提升。

1. 专业间三维碰撞检测

在三维模型中，通过全站的碰撞检测，检验是否有基础碰撞情况，保证工程实施。完成建筑与场地、土建与电气设备等碰撞检测，并根据碰撞检测报告优化布置。碰撞检测如图 6–72 所示。

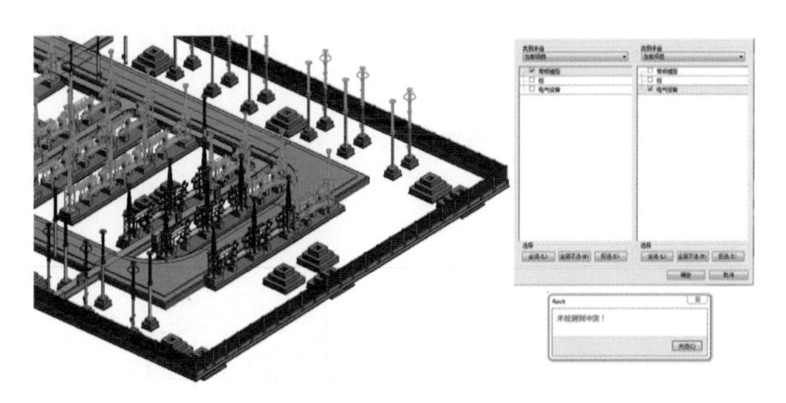

● 图 6–72 碰撞检测

2. 安全距离校验

该工程 500kV 配电装置区域接线和构架结构复杂，常规二维设计图纸中难以确定的安全净距部分，可以通过三维设计进行全方位安全净距校验，三维视图可以更加直观地检测到隐患。安全净距校验如图 6–73 所示。

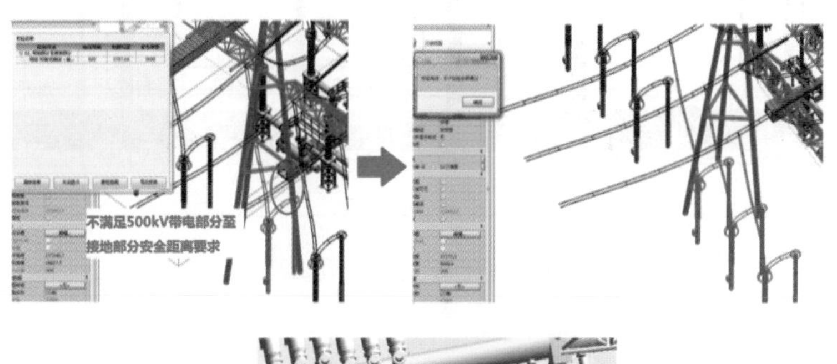

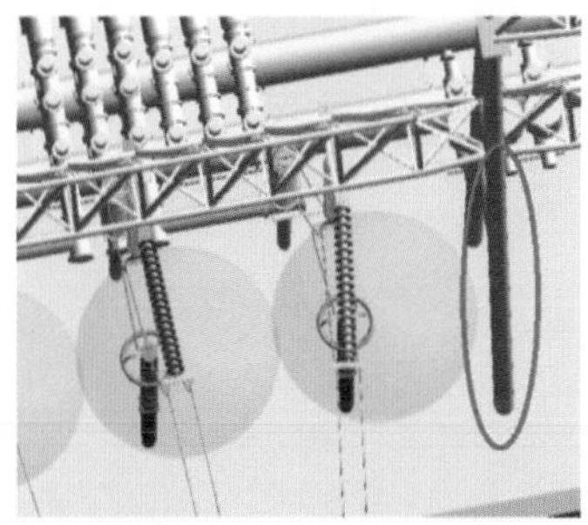

● 图 6–73 安全净距校验

3. 三维切图

引进三维设计技术后，出图方式得到改善，常规的二维平、断面图可以直接从三维布置图中提取而来。变电三维设计软件以工程数据库为核心，通过数据驱动三维模型，实现自动出图、联动更新、自动统计材料及生成设备材料表等一系列智能化成果，通过智能化手段避免了同一工程图纸不一致以及遗漏材料等情况，这种方式更快捷、更准确，更能提升设计水平。二维图提取如图 6-74 所示。

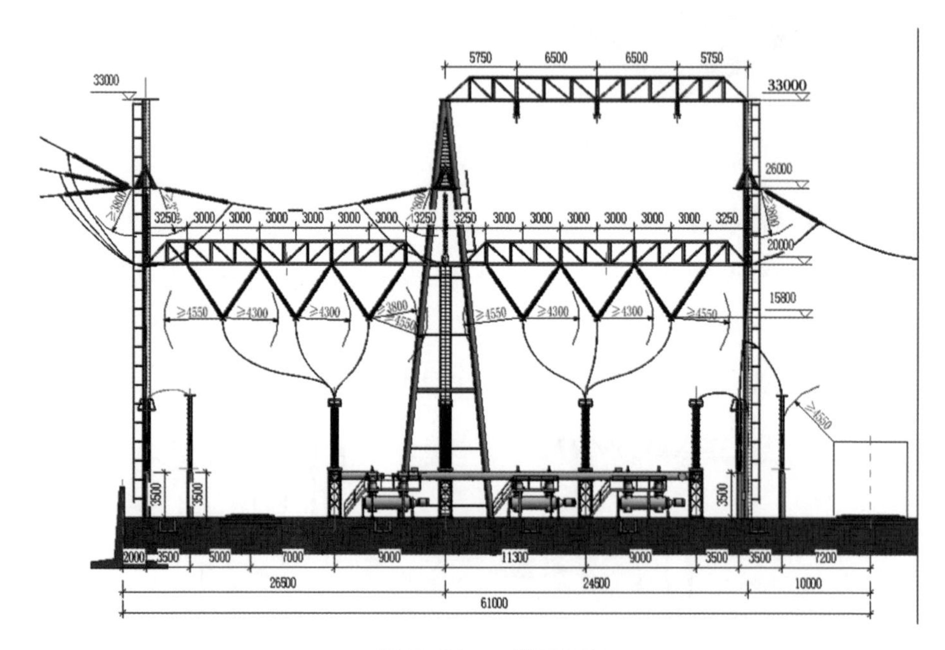

● 图 6-74　二维图提取

参考文献

[1] 盛大凯．输变电工程数字化设计技术 [M]. 北京：中国电力出版社，2014.
[2] 中国电力工程顾问集团有限公司，中国能源建设集团规划有限公司．电力工程设计手册 变电站设计 [M]. 北京：中国电力出版社，2019.
[3] 湖南省电力公司．输变电工程设计质量管理手册 [M]. 北京：中国电力出版社，2013.
[4] 王明疆，李梦，李尔康．数字化设计的历程及展望 [J]. 西北水电，2020（3）：16–21.
[5] 李青芯，贺瑞，程翀．电网三维数字化设计技术探讨及展望 [J]. 电力勘测设计，2020，140（S1）：8–13.
[6] 胡君慧，盛大凯，郄鑫，等．构建数字化设计体系，引领电网建设发展方向 [J]. 电力建设，2012，33（12）：1–5.
[7] 盛大凯，郄鑫，胡君慧，等．研发电网信息模型（GIM）技术，构建智能电网信息共享平台 [J]. 电力建设，2013，34（8）：1–5.
[8] 曹宇清．35 ~ 110kV 智能变电站模块化建设工作手册 [M]. 北京：中国电力出版社，2020.
[9] 国网上海市电力公司经济技术研究院，王固萍，祝瑞金．500kV 地下输变电工程数字化设计 [M]. 北京：中国电力出版社，2017.
[10] 国网河北省电力有限公司经济技术研究院．输变电工程设计典型案例分析（2017 年度）[M]. 北京：中国电力出版社，2018.
[11] 张鲲．三维数字化设计技术在输电工程中的应用 [J]. 电力勘测设计，2019（4）：55–60.
[12] 朱克平，何英静，倪瑞君，等．基于 GIM 的模块化变电站电缆敷设三维设计 [J]. 浙江电力．2019（7）：48–52.
[13] 周冰，周元强，李思浩，等．变电站工程建设全流程三维技术应用研究

[J]. 电力勘测设计，2019（7）：24–30.

[14] 任雨，郭计元，刘建，等．多源地理信息数据在输电三维设计中的应用 [J]. 电力勘测设计，2019（2）：15–1.

[15] 韩文军，余春生．面向输变电工程数据存储管理的分布式数据存储架构 [J]. 沈阳工业大学学报，2019，41（4）：366–371.

[16] 王沐雪，王紫叶，陈语柔，等．三维设计在输变电工程中的应用 [J]. 通信电源技术，2019，36（5）：81–83.

[17] 黄浩，杨立，李博，等．三维数字化输变电项目协同管理云平台建设方案的研究 [J]. 智能城市，2019，5（19）：100–101.

[18] 李思浩，孙建龙，周洪伟，等．变电工程数字化三维设计的深入应用研究 [J]. 电气技术，2018，19（3）：103–108.

[19] 杨继业，李健，王春生，等．三维数字化智能化技术在输变电工程设计中的深化研究 [J]. 电网与清洁能源，2018，34（5）：13–18，24.

[20] 陈晶．三维协同设计在智能变电站设计中的应用研究 [J]. 电气应用，2013，32（S1）：539–544.

[21] 郭西平．电网三维数字化及一体化信息管理平台的研发 [J]. 中国电力，2013，46（10）：96–100.

[22] 李志海．数字化三维变电站设计技术研究 [J]. 电气技术，2015（11）：83–86，90.